U0309867

新能源开发与利用丛书

海上风电机组可靠性、可利用率及维护

[英] 彼得·塔夫纳 (Peter Tavner) 著
张 通 等译

机 械 工 业 出 版 社

为避免使用化石燃料并寻求新的电源，开发海上风电已经成为目前全球能源产业需要迫切解决的问题。英国风力资源丰富且海上风电场对环境影响较小，因此作为几个主要国家之一，英国正在大力发展海上风电技术。

然而，为了开发海上风电必须解决一些重要的工程技术问题。这些问题主要围绕在如何能以与传统发电相竞争的单位成本捕获风能实现发电。这取决于海上风电场中风电机组的可靠性、可利用率以及寿命。通过经济高效的维护确保风电机组可利用率与寿命是降低海上风电寿命周期成本并推进这项新技术进一步发展的关键。

本书旨在对这些问题进行论述，并为风电生产商、开发商以及运营商展示恶劣环境中的海上风电机组的运行与维护的状况。在此基础上，进一步建议如何能够通过维护降低海上风电机组寿命周期成本。

译 者 序

最近几年全球风电发展速度加快，而海上风电因其具有资源丰富、不占用土地、通常靠近传统电力负荷中心等优点而受到了业界的广泛关注，正成为未来风电发展的重要方向之一。目前英国、德国、丹麦、荷兰等欧洲国家正在加大海上风电的开发力度。据估计，2020年欧洲近海风电装机容量将达到70GW。我国于2007年开始发展海上风电，取得了长足的进步，至2016年底，我国海上风电累计装机容量已达到1630MW，预计2020年将达到30GW。

然而，为了开发海上风电必须解决一些重要的工程技术问题。这些问题主要围绕在如何能以与传统发电相竞争的单位成本捕获风能实现发电。这取决于海上风电场中风电机组的可靠性、可利用率以及寿命。通过经济高效的维护确保风电机组可利用率与寿命是降低海上风电寿命周期成本并推进这项新技术进一步发展的关键。

本书旨在对这些问题进行论述，并为风电生产商、开发商以及运营商展示恶劣环境中的海上风电机组的运行与维护的状况。在此基础上，进一步建议如何能够通过维护降低海上风电机组寿命周期成本。

本书主要由张通翻译，其他参加翻译的人员有马辰智、边晓婕、张茹敏、韩凝、张瑀彤、喻一伟、何淇彰、曹可凡、张鑫、吕晓薇、陈逍雨、向大为。本书内容所涵盖的领域非常宽广，限于译者的水平，加之时间仓促，书中难免会出现翻译不当甚至错误之处，恳请广大读者批评指正。

译 者

原书前言

为避免使用化石燃料并寻求新的电源，开发海上风电已经成为目前全球能源产业需要迫切解决的问题。英国风力资源丰富且海上风电场对环境影响较小，因此作为几个主要国家之一，英国正在大力发展海上风电技术。

然而为了开发海上风电必须解决一些重要的工程技术问题。这些问题主要围绕在如何能以与传统发电相竞争的单位成本捕获风能实现发电。这取决于海上风电场中风电机组的可靠性、可利用率以及寿命。通过经济高效的维护确保风电机组的可利用率与寿命是降低海上风电寿命周期成本并推进这项新技术进一步发展的关键。

本书旨在对这些问题进行论述，并为风电生产商、开发商以及运营商展示恶劣环境中的海上风电机组运行与维护的状况。在此基础上，进一步建议如何能够通过维护降低海上风电机组寿命周期成本。

作者在相关领域具有10年以上的工作经验，特别是在运行与制造用于传统化石燃料电站与核电站的电气设备方面。风电行业可从传统发电工业中获得很多经验来降低全寿命周期成本。然而现代化石燃料电站与核电站都是专门设计、室内安装、一天24h/一周7天不间断人工值守的电厂，它们的工程实用性已经经过80多年的长期验证。作者从早年海军培训的经历中还了解到优良的设计、制造及维护对确保舰船在远海运行具有十分重要的作用，尽管舰船同样采取24h/7天不间断操控。过去100多年的海洋贸易经验已经证明如何实现海上设备可靠高效运行。另外，从过去40多年海上石油与天然气工业中，特别在北海（这里已安装或即将安装许多海上风电机组），可以学到如何安装、维护以及高效运行海上工程设备的经验，包括吸取一些减少人工操作运行过程中出现的教训。

海上风电与上述工业相类似，但具有无人值守、24h/7天自动运行以及岸上远程监控的新特点。在海上风力发电站建造、维护以及高度自动化运行中会出现许多工程问题与挑战。利用现有传统电站、航海以及海上石油与天然气工业的经验可以帮助我们克服这些工程难题。与此同时，海上风电工业的成功同样离不开不断创新、新技术的研发以及优秀的制造与管理。

英国风电咨询公司加勒德哈森GL联合创始人Andrew Garrad曾说过："在很长一段时间内风电工业的口头禅是'越来越大'，但现在它已经变成'越来越好'，这表明风电技术创新方向的改变。"

我希望这本根据我们在杜伦大学的研究工作并从英国的角度写作完成的图书可以帮助大家在未来达到这个目的。

Peter Tavner
杜伦大学

致 谢

在此，我要感谢对本书做出贡献的同事们以及我的博士生们，包括 Michael Wilkinson、Fabio Spinato、Chris Crabtree、Chen Bin Di、Mahmout Zaggout 和 Donatella Zappala；以及本科生、研究生及博士后们，包括 Hooman Arabian Hoseynabadi、Lucy Collingwood、Sinisa Djurovic、Yanhui Feng、Rosa Gindele、Andrew Higgins、Mark Knowles、Ting Lei、Luke Longley、Yingning Qiu、Paul Richardson、Sajjad Tohidi、Wenjuan Wang、Xiaoyan Wang、Matthew Whittle、Jianping Xiang 和 Wenxian Yang。同时，我也要感谢各位学术同僚，包括杜伦大学的 Rob Dominy、Simon Hogg、Hui Long、Li Ran 和 William Song；以及 Supergen Wind 联盟的各位成员，他们是 Geoff Dutton、Bill Leithead、Sandy Smith 和 Simon Watson；还有 Berthold Hahn、Stefan Faulstich、Joachim Peinke、Gerard van Bussel 等欧洲风能学会（European Academy of Wind Energy）的同事们，感谢你们帮助我了解风能在欧洲的发展情况。我还要特别感谢之前就职于 GL Garrad Hassan 公司，现已工作于斯特拉思克莱德大学的 Peter Jamieson，感谢他在风电行业的数年经验，也要感谢他出版的《风力发电机设计创新》一书（Jamieson，2011），这本书在提高风力发电机寿命性能方面起到了非常重要的作用。在此我也要提到卡塞尔大学的 Jurgen Schmid 教授，他不仅是欧洲风能学会的创立人之一，还首次开展了对风力发电机可靠性的研究，并于 1991 年出版了此类内容的第一本图书（Schimid & Klein，1991）。我还要对在编写附录2 的过程中，ReliaWind 协作项目中来自 GL Garrad Hassan 公司的成员对我的帮助，以及 E. ON Climate and Renewables 公司提出的宝贵意见表示衷心的感谢。

我也要感谢为本书提供支持的各类研究基金：感谢英国工程及物理科学研究委员会对 Supergern Wind 项目一期、二期提供的资金；感谢欧盟提供了欧盟第七框架计划的 ReliaWind 协作项目基金。最后，我还要向为本书提供数据、照片的各位企业内的同僚表示感谢，感谢 Alnmaritec 船业公司、ABB 电气传动公司、阿尔斯通风电公司、科里坡海上风电公司、科孚德公司、GL Garrad Hassan 公司、Hansen Transmissions MTS 公司，英国国家新能源中心、美国国家新能源实验室、西门子风电公司和 Wind Cats 公司；感谢杜伦大学的 Chris Orton 精心制作的图表。

术语表

符号	含义
A	对于风力发电机，该符号指代高湍流特性
B	对于风力发电机，该符号指代中等湍流特性
C	对于风力发电机，该符号指代低湍流特性
A	可利用率，$A = MTBF/(MTBF + MTTR)$
$A(t)$	各类子部件可利用率的时间函数
Acc	加速寿命试验中的加速因子
AEP	年发电量（单位：MWh）
C	容量系数（%）
CoE	能耗成本（单位：英镑/MWh）
$F(t)$	故障强度（可由 PLP 或威布尔分布方程表示）
F 或 F^{-1}	正向/反向快速傅里叶变换
FCR	年固定费用率（%）
η	效率
H_s	海面波浪高度
ICC	初始资金成本（单位：英镑）
I	传动系统惯性（单位：$kg \cdot m^2$）
I	湍流强度，定义详见 IEC 61400 第 1 部分，计算公式为 σ/u
I_{char}	湍流特性，定义详见 IEC 61400 第 1 部分
I_{ref}	当风速 u_{ref} 为 15m/s 时的预期湍流值
k	能量平衡公式中的常数
ku_n	当风速 u 为 n（单位：m/s）时的湍流相关系数
$\lambda(t)$	子部件、机器的瞬时危险率函数（单位：故障/子部件/年）
λ	随时间变化的子部件、机器的故障率（单位：故障/子部件/年）
N	转子转速（单位：r/min）
n	年数
P	功率（单位：W）
P_{det}	故障检测概率
p	极对数
Q	热流动量（单位：W/m^2）
R	电阻（单位：Ω）
$R(t)$	各子部件可靠性或存活率函数的时间函数（单位：故障/机器/年）
r	贴现率（%）
S	具体发电量（单位：MWh / m^2/年）
σ	风速的标准方差
T	转矩（单位：N · m）
T	温度（单位：℃）
ΔT	温升（单位：℃）
T	波浪时长（单位：s）
u	风速（单位：m/s、mile①/h、kn②）
θ	子部件的故障间隔时间，计算公式为 $\theta = 1/\lambda$（单位：h）
V_{ref}	位于风力发电机轮毂高度处的平均风速（单位：m/s）
V	方均根电压（单位：V）
W	风力发电机传动系统做功量
ω	角频率（单位：rad/s）

① 1mile = 1609.344m。

② 1kn = 1nmile/h = 1.852km/h。

缩略语表

缩略语	英文全称	中文解释
AEP	Annualised energy production	年发电量
AIP	Artemis Innovative Power	Artemis 创新能源公司
ALT	Accelerated life testing	加速寿命测试
AM	Asset management	资产管理
AMSAA	Army Materiel Systems Analysis Activity	军用材料系统分析活动
BDFIG	Brushless doubly fed induction generator	无刷双馈异步发电机
BMS	Blade Monitoring System	叶片监控系统
BOP	Balance of Plant	工厂平衡
CAPEX	Capital expenditure	资本支出
CBM	Condition – based maintenance	基于状态的维护
CMS	Condition Monitoring System	状态监控系统
CoE	Cost of energy	发电成本
DCS	Distributed Control System	分布式控制系统
DDPMG	Direct drive permanent magnet synchronous generator	直驱永磁同步发电机
DDT	Digital Drive Technology （AIP）	数字驱动技术（AIP）
DDWRSGE	Direct drive wound rotor synchronous generator and exciter	直驱绕线转子同步发电机和励磁机
DE	Drive end of generator or gearbox	发电机或齿轮箱的驱动端
DFIG	Doubly fed induction generator	双馈异步发电机
EAWE	European Academy of Wind Energy	欧洲风能学会
EFC	Emergency feather control	紧急顺桨控制
EPRI	Electric Power Research Institute，USA	美国电力研究院
EWEA	European Wind Energy Association	欧洲风能协会
FBG	Fibre Bragg Grating	光纤光栅
FCR	Fixed charge rate，interest rate on borrowed money	固定收费率（即借款利率）
FFT	Fast Fourier Transform	快速傅里叶变换
FM	Field maintenance	现场维修

（续）

缩略语	英文全称	中文解释
FMEA	Failure Modes and Effects Analysis	故障模式及效果分析
FMECA	Failure Modes, Effects and Criticality Analysis	故障模式、效果及危险性分析
FSV	Field support vessel	现场支援船
HAWT	Horizontal axis wind turbine	水平轴风力发电机
HM	Health monitoring	健康监测
HPP	Homogeneous Poisson process	齐次泊松过程
HSS	Gearbox high – speed shaft	齿轮箱高速轴
HV	High voltage	高压
ICS	Integrated Control System	综合控制系统
IEC	International Electrotechnical Commission	国际电工委员会
IEEE	Institute of Electrical and Electronic Engineers	美国电气与电子工程师学会
IET	Institution of Engineering and Technology (former IEE)	英国工程技术学会（前国际电气工程师学会）
IM	Information management	信息管理
IMS	Gearbox intermediate shaft	齿轮箱中间轴
IP	Intellectual property	知识产权
LCC	Life cycle costing	寿命周期成本
LSS	Gearbox low – speed shaft	齿轮箱低速轴
LV	Low voltage	低压
LWK	Landwirtschaftskammer Schleswig – Holstein database for Germany	德国 Landwirtschaftskammer 石勒苏益格 – 荷尔斯泰因数据库
MCA	Marine and Coastguard Agency	海洋海岸警卫队
MIL – HDBK	US Reliability Military Handbook	美国军方可靠性手册
MM	Maintenance management	维修管理
MTBF	Mean time between failures	平均故障间隔时间
MTTR	Mean time to repair	平均维修时间
MV	Medium voltage	中压
NDE	Non – drive end of generator or gearbox	发电机或齿轮箱的非驱动端
NHPP	Normal homogeneous Poisson process	正态齐次泊松过程
NPRD	Non – electronic Parts Reliability Data	非电类可靠性数据
O&M	Operations and maintenance	运行与维护
OEM	Original equipment manufacturer	原始设备生产商
OFGEM	Office of Gas and Electricity Markets	天然气与电力市场办公室

（续）

缩略语	英文全称	中文解释
OFTO	Offshore Trasmission Operator	海上输电运营商
OM	Operations management	运行管理
OPEX	Operational expense	运行成本
OREDA	Offshore Reliability Data	海上运行可靠性数据
OWT	Offshore wind turbine	海上风力发电机
PLC	Programmable logic controller	可编程序控制器
PLP	Power law process	幂律过程
PMG1G	Permanent magnet synchronous generator with 1 – stage gearbox	含一级齿轮箱的永磁同步发电机
PMSG	Permanent magnet synchronous generator	永磁同步发电机
PSD	Power spectral density	功率谱密度
RBD	Reliabilty block diagram	可靠性框图
RMP	Reliability modelling and prediction	可靠性建模与预测
RNA	Rotor nacelle assembly	转子舱装配
RPN	Risk Priority Number	风险优先数
SCIG	Squirrel cage induction generator	笼型异步发电机
TBF	Time between failures	故障间隔时间
TTF	Time to failure	失效时间
TTT	Total time on test	总测试时长
VAWT	Vertical axis wind turbine	垂直轴风力发电机
WF	Wind farm	风电场
WMEP	Wissenschaftlichen Mess – und Evaluierungsprogramm database	Wissenschaftlichen Mess – und Evaluierungsprogramm 数据库
WRIG	Wound rotor induction generator	绕线转子异步发电机
WRIGE	Wound rotor induction generator and exciter	绕线转子异步发电机和励磁机
WRSGE	Wound rotor synchronous generator and exciter	绕线转子同步发电机和励磁机
WSD	Windstats database for Germany	德国风电数据库
WSDK	Windstats database for Denmark	丹麦风电数据库
WT	Wind turbine	风力发电机
WTCMTR	Wind turbine condition monitoring test rig	风力发电机状态监控测试台

目录

第1章

海上风电发展概述

1.1 风电的发展

早在2000多年前，世界各地的人们已经开始发展使用风能的旋转式机械装置，尤其是在伊朗和中国（具体可见第10章，附录1）。

然而，用于发电的风力发电机（WT）的发展则开始于19世纪末期，历史上著名的3台风力发电机为：1883年发明于美国的水平轴风力发电机（HAWT），也被称为Brush风力发电机；1887年发明于苏格兰的垂直轴风力发电机（VAWT），也被称为Blyth风力发电机；1887年发明于丹麦的HAWT，也被称为la Cour风力发电机。

在20世纪30~40年代，发电功率在100kW~1MW之间的大型风力发电机在德国、俄罗斯、美国发展并生产。然而，现代大型风力发电机的发展则起源于欧洲、美国，随着1973年埃及、叙利亚和以色列之间的第4次中东战争引起了油价上升，20世纪70~80年代的欧盟、美国能源部的实验项目推动着风力发电机的发展。关于风力发电机的发展史，附录1中的照片给出了具体的说明，过去80年中的重要大型风力发电机项目则在表1.1中列出，这些风力发电机的进化受到了可靠性、可利用率因素的深刻影响。

风力发电机设计的发展历程中，选择VAWT还是HAWT，双叶片还是三叶片，逆风还是顺风，齿轮驱动还是直接驱动，都对风力发电机之后的发展造成了影响。考虑到很多早期的陆上风力发电机原型机的可靠性非常差，这样的发展历程值得我们注意。

位于美国佛蒙特州的纽帽山（Grandpa's Knob）、英国奥尼克郡（Orkney）和德国Growian的风力发电机仅仅运行了几百个小时，其轮毂和叶片部分便发生了灾难性的故障。然而，盖瑟风力发电机运行了11年，却未曾进行过大修；这种成功的风力发电机结构以丹麦概念为基础，这一理论也逐渐开始主导现代风力发电机的发展。

始于这些微不足道的开端，现代风力发电机迅速发展至如今的盛况。图1.1展示了全球装机容量。

随着德国、丹麦风电行业的发展，在1985年开始了对风力发电机可靠性的记录[1]，随着1973年美国风电场数量的增加，1987年美国也开始了对风力发电机可靠性的记录。各类报告对风力发电机可靠性进行了总结并已发布，其中包括参考文献［2，3］中提到的资料。20世纪90年的荷兰[4]在考虑于北海的荷兰海岸线上建立海上风电场时，

表 1.1 1931 ~ 2011 年全球风力发电机发展情况

年份	地点	类型	功率/MW	转子直径/m	塔高/m	叶片数	驱动	桨距	转速	备注
1931	苏联，雅尔塔 WIMIE - 3D	逆风 HAWT	0.10		30	3	齿轮驱动	可调整叶瓣	各档速度	与 6.3kV 分布式系统连接，功率因数为 32%，单柱风车全结构旋转，早期大型三叶片风力发电机
1941	美国，佛蒙特州的纽帽山	顺风 HAWT	1.25	57	40	2	齿轮驱动	桨距控制，失速调节	固定速度	与电网相连
1951	英国，奥克尼郡约翰·布朗工程	逆风 HAWT	0.10	18		3	齿轮驱动	全跨度桨距调节	固定速度	与电网相连
1956	法国 Nogent - le - Roi 风能研究站	顺风 HAWT	0.80			3	齿轮驱动	全跨度桨距调节	固定速度	与电网相连
1956	丹麦盖瑟 Johannes Juul	逆风 HAWT	0.20	24		3	齿轮驱动	固定桨距，失速调节；叶片上配有空气动力翼尖制动器（超速时自动运行）	固定速度	即所谓的盖瑟风车，这便是丹麦三叶片风力发电机的设计概念
1979	丹麦，尼伯	逆风 HAWT	0.63			3	齿轮驱动	固定桨距，失速调节	固定速度	丹麦概念
1980	丹麦，尼伯	逆风 HAWT	0.63			3	齿轮驱动	全跨度桨距调节	固定速度	
1981	美国 MOD2 波音	顺风 HAWT	2.50	91		2	齿轮驱动	全跨度桨距调节	各档速度	
1983	德国大型风电场（Growian）	顺风 HAWT	3.00	100		2	齿轮驱动	全跨度桨距调节	各档速度	通过全功率周波变流器与电网相连
1985	英国奥克尼郡 LSI 风能组	逆风 HAWT	3.00	60		2	齿轮驱动	可调整叶瓣间距调节	各档速度	通过全功率变流器与电网相连
2007	德国库克斯港 Enercon E126	逆风 HAWT	7.58	126		3	直接驱动	全跨度桨距调节	各档速度	通过全功率变流器与电网相连

风力发电机维护时的交通便利对于风力发电机的影响引起了人们的顾虑，风力发电机的可靠性、维护工作以及获取更高的风力发电机可利用率的需求则引起了更广泛的思考。以上这些问题可以降低风电的成本，以此保证风电能够与低成本的化石燃料竞争。

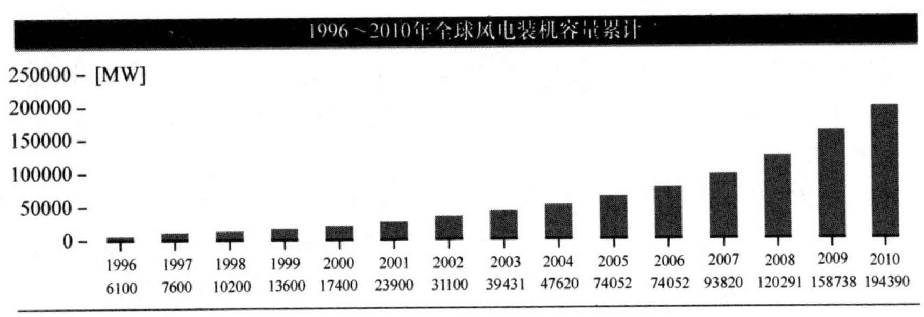

图1.1 1996~2010年全球年均风电装机容量增长

对于发电量大于1MW，以丹麦概念为基础的陆上风力发电机，其运行可利用率已经高于98%，平均故障间隔时间（MTBF）大于7000h，若将故障定义为时长达24h的停机，则故障率稍稍超过1次/台/年。图1.2展示了这些早期的风力发电机故障记录结果。这些可靠性的改善过程将会在第2章中得到具体阐述。

图1.2来源于参考文献［2］，其数据来自各类公开的资料，显示了1987~2005年之间陆上风力发电机可靠性的稳步提升，并和其他与电网相连的分布式发电装置进行比较。然而，风力发电机的可靠性仍有待提高，其中海上风力发电机的排列方案则对其可靠性有重要影响。

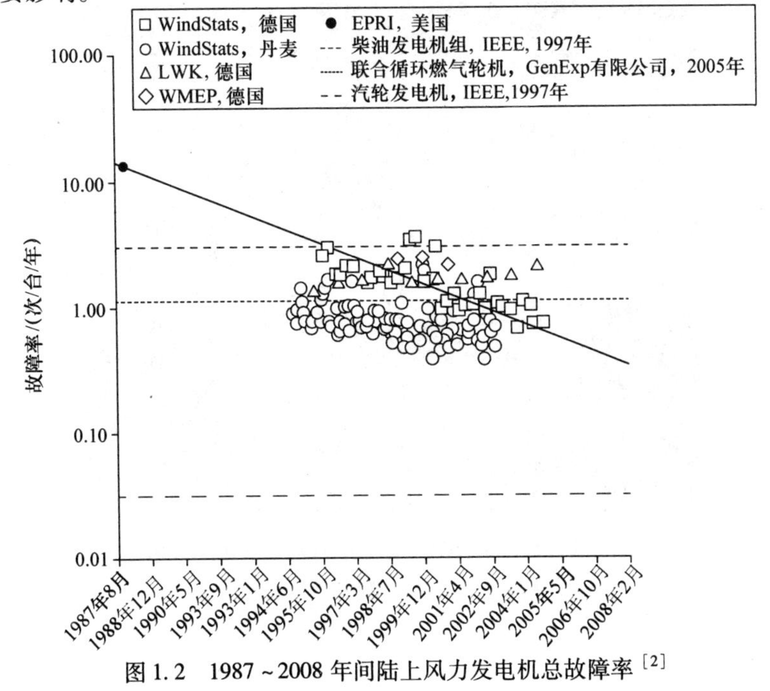

图1.2 1987~2008年间陆上风力发电机总故障率[2]

1.2 大型风电场

从20世纪80年代开始，随着我们尝试采用地理上某些范围内分散的风电资源，大型风电场中风电机组的部署方案成为了现代风电的要点之一。加利福尼亚州风电场建于20世纪70、80年代（见图1.3），由大规模的小容量风电机组组成，即100多台低于100kW发电量的风电机组按组排列。

大规模风电场的优势之一在于电能资源是实质的，可以合理地解释与电网相连所花费的成本，而由于人员、工具与设备都安排在风电场现场或附近，这会使维护工作的收益率更高。目前，无法分辨风电机组增长的可靠性（见图1.2）是否与其在大型风电场中的排列方案有关，不过排列方案很有可能是一个主要因素。

对于大型的陆上风电场，其主要的障碍在于视觉上的影响，这一点对于人口密集的国家而言格外重要，举个例子，英国民众在风电场审批过程中将空间、舒适度和视觉上的影响看得非常重要。总而言之，当大型风电场在美国、西班牙以及德国北部得以修建时，英国的大型风电场却很少见，这是因为英国风电场在规划过程中不支持建立大型的集中式风电场；英国的陆上风电场通常仅有1～30台风电机组。不过，英国目前在运行的最大陆上风电场由140台2.3MW西门子水平轴风电机组组成，该风电场位于靠近格拉斯哥的Whitelee（见图1.4），于2010年开始运行。

图1.3 20世纪80年代早期加利福尼亚州大型风电场（含超过100台风电机组）示意图

图1.4　位于格拉斯哥附近的Whitelee处的英国最大风电场
（含140台2.3MW西门子水平轴风电机组）现场图

1.3　首批海上风电建设

第一座海上风电场在1991年于丹麦Vindeby建设完成，该风电场由11台风电机组组成，部署于波罗的海海域Fyn岛附近不受恶劣天气侵袭的非感潮水域。在英国，由2台风电机组组成的小型海上风电场于2001年在靠近Northumberland的Blyth的北海海域建成，该水域有浪潮（见图1.5）。

图1.5　位于Blyth的英国第一座海上风电场（含2台Vestas V66水平轴风电机组）
（来源：AMEC Border Wind）

海上风电场的安装需要大量资金投入，这使得研发人员开始增加未来海上风电场的规模。第一座大型海上风电场在2000年建于丹麦哥本哈根附近的Middelgrunden，该风电场含有20台西门子SWT1.0/54风电机组（见图1.6）。

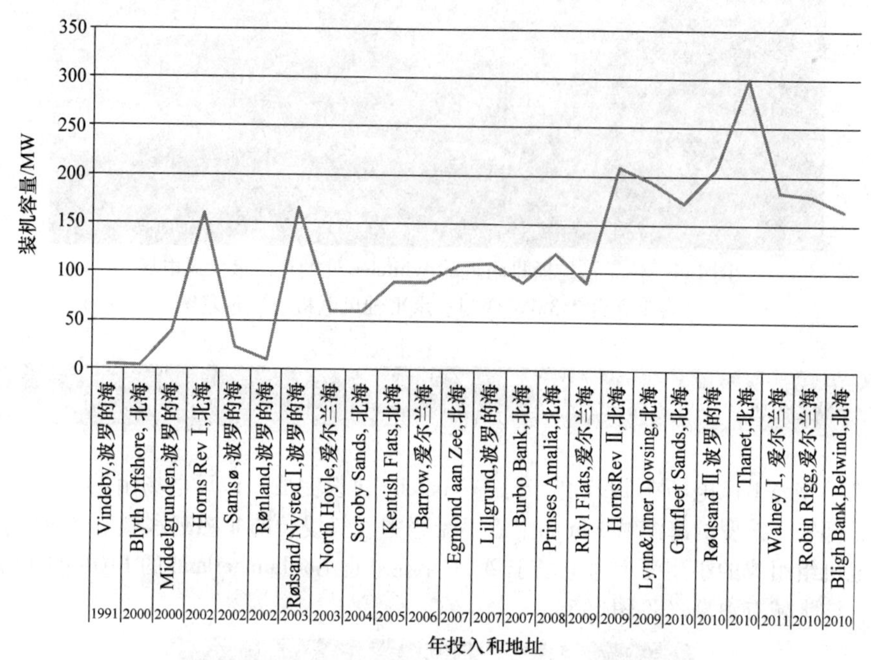

图1.6　1991~2010年间北欧海上风电场规模增长趋势

1.4 北欧海上风电

1.4.1 概述

表1.2总结了北欧当前运行和计划建设中的海上风电场，该表说明了随着德国、荷兰、瑞典风电行业的进一步发展，丹麦、英国早期的小规模风电场正在逐渐变大。表1.2中所列出的风电场的累计发电量为5.3GW。图1.6对表1.2进行了进一步的总结，显示了北欧海上风电场规模逐步扩大的趋势。荷兰的海上风电项目研究结果则可以在参考文献［5］中查看。

表1.2　在建欧洲海上风电场名单（至2011年）

风电场名称	容量/MW	国家	风力发电机数量	制造商	种类	风力发电机机额定功率/MW	年份
Vindeby	4.95	丹麦	11	西门子		0.45	1991
Blyth Offshore	4	英国（第一批）	2	维斯塔斯	V66	2.0	2000

（续）

风电场名称	容量/MW	国家	风力发电机数量	制造商	种类	风力发电机机额定功率/MW	年份
Middelgrunden	40	丹麦	20	西门子	SWT-2.0-76	2.0	2000
Horns Rev Ⅰ	160	丹麦	80	维斯塔斯	V80	2.0	2002
Samsø	23	丹麦	10	西门子	SWT-2.3-82	2.3	2002
Rønland	9.2	丹麦	4	西门子	SWT-2.3-93	2.3	2002
Rødsand/Nysted Ⅰ	166	丹麦	72	西门子	SWT-2.3-82	2.3	2003
Frederikshavn	2.3	丹麦	1	西门子	SWT-2.3-82	2.3	2003
North Hoyle	60	英国（第一批）	30	维斯塔斯	V80	2.0	2003
Scrobe Sands	60	英国（第一批）	30	维斯塔斯	V80	2.0	2004
Kentish Flats	90	英国（第一批）	30	维斯塔斯	V90	3.0	2005
Barrow	90	英国（第一批）	30	维斯塔斯	V90	3.0	2006
Egmond aan Zee	108	荷兰	36	维斯塔斯	V90	3.0	2007
Lillgrund	110	瑞典	48	西门子	SWT-2.3-93	2.3	2007
Burbo Bank	90	英国（第一批）	25	西门子	SWT-3.6-107	3.6	2007
Beatrice	10	英国	2	RePower	5M	5.0	2007
Prinses Amalia	120	荷兰	60	维斯塔斯	V80	2.0	2008
Hywind	2.3	挪威	1	西门子	SWT-2.3-82	2.3	2009
Rhyl Flats	90	英国（第一批）	25	西门子	SWT-3.6-107	3.6	2009
Horns Rev Ⅱ	209	丹麦	91	西门子	SWT-2.3-92	2.3	2009
Lynn & Inner Dowsing	194	英国（第一批）	54	西门子	SWT-3.6-107	3.6	2009
Alpha Ventus	60	德国	12	RePower & Areva	5M & M 5000	5.0	2009
Gunfleet Sands	173	英国（第一批）	48	西门子	SWT-3.6-107	3.6	2010
Rødsand Ⅱ	207	丹麦	90	西门子	SWT-2.3-93	2.3	2010
Thanet	300	英国（第二批）	100	维斯塔斯	V90	3.0	2010
Walney Ⅰ	184	英国（第二批）	51	西门子	SWT-3.6-107	3.6	2011
Robin Rigg	180	英国（第二批）	60	维斯塔斯	V90	3.0	2010
Baltic Ⅰ	48	丹麦	21	西门子	SWT-2.3-93	2.3	2010
Bligh Bank，Belwind	165	比利时	55	维斯塔斯	V90	3.0	2010
Greater Gabbard	504	英国（第二批）	140	西门子	SWT-3.6-107	3.6	
London Array	630	英国（第二批）	175	西门子	SWT-3.6-120	3.6	
Sheringham Shoal	317	英国（第二批）	88	西门子	SWT-3.6-107	3.6	

（续）

风电场名称	容量/MW	国家	风力发电机数量	制造商	种类	风力发电机机额定功率/MW	年份
Anholt	400	丹麦	111	西门子	SWT-3.6-120	3.6	
Pori	2.3	芬兰	1	西门子	SWT-3.6-101	2.3	
Walney Ⅱ	183	英国（第二批）	51	西门子	SWT-3.6-120	3.6	
Borkum Riffgat	108	丹麦	30	西门子	SWT-3.6-107	3.6	
Baltic Ⅱ	288	丹麦	80	西门子	SWT-3.6-120	3.6	
Dan Tysk	288	丹麦	80	西门子	SWT-3.6-120	3.6	
总计	**5675**						

1.4.2 波罗的海

波罗的海没有潮汐，但其风况有结冰、波浪的潜在危险。波罗的海的第一座海上风电场于2000年在丹麦哥本哈根附近的Middelgrunden建成，该风电场含有20台风电机组（见图1.7）。随着Middelgrunden附近一系列海上风电场的建设，如丹麦的Nysted（72台风电机组）、瑞典的Lillgrund（48台风电机组，见图1.8）和丹麦的Rodsand（90台风电机组）等的建设，波罗的海海域内的海上风电场发展得以迅速地加快。

图1.7 波罗的海海域第一座大型风电场（位于哥本哈根附近的Middelgrunden，含20台西门子SWT1.0水平轴风电机组）

1.4.3 英国海域

当英国Blyth风电场完成建设后，皇冠地产公司分三批完成了英国海上风电场的许

图1.8 位于瑞典 Lillgrund 的大型海上风电场（含48台风电机组）

可执照的发放工作。第一批的许可证发放工作较为谨慎，为了让开发人员、安装人员和运行人员积累经验，采用的是由25台或30台风电机组组成的风电场模型。事实证明，这是一种成功的模型，该模型的益处可以从图1.6看出。在丹麦，对于波罗的海环境较好的水域，许可证的发放速度更快，海上风电场的规模也急速增大，如北海的 Horns Rev 风电场（含80台风电机组）。由于在海上风电场的安装过程中采用的风电机组为陆上风电机组，这使得 Horns Rev 风电场在第一年的运行中出现了运行问题，也引发了风电机组原始设备生产商（OEM）、风电场开发商对于未来北海风电方案的重要反思，降低了风电场规模扩大的速度。在接下来的英国第二批许可证发放过程中，规划的风电场的规模增加到了50台风电机组以上，但规模的增长速度变缓。不过，即使使用了与 Horns Rev 风电场同样类型的风电机组，第一批中小型风电场的早期运行是成功的，并未发生 Horns Rev 风电场的严重运行问题，这一成果激励着开发商。故以2011年开始的 Thanet 风电场（含100台风电机组）为首的第二轮建设在快速进行。同时，荷兰、比利时、丹麦的研发人员也同样加快其北海海域的风电场建设，如 Prinses Amalia 风电场（含60台风电机组）、Belwind 风电场（含55台风电机组）以及 Horns Rev 二期风电场（含91台风电机组）。

在英国，第三批许可证将会面向更大规模，如含500~600台风电机组的风电场，不过此类风电场仍在规划阶段。

1.5 世界其他地方的海上风电

1.5.1 美国

美国尚未建设海上风电场，但正在进行大量的资源量测、开发工作，以对在东部沿海建设海上风电场的可能性进行考察。

1.5.2 亚洲

中国海上风电行业的发展已经开始，目前为止，中国已经建造了三座小型海上风电场，如表1.3所示。2007年，由一台风电机组组成的风电场在渤海湾谨慎地投入运行；在如东，一座由16台风电机组组成的潮间风电场也已开始运行。在上海东海大桥，一座规模更大的海上风电场已经开始了建设工作，图1.9展示了其中一台正在安装中的3MW风电机组。

表1.3 中国海上风电场、潮间风电场统计

风电场	类型	容量/MW	省份	风电机组数量/台	原始设备生产商和类型	年份
北海	海上风电场，与海上石油平台相连	1.5	辽宁	1	金风1.5 MW	2007
如东	潮间风电场，与电网相连	30	江苏	16	各类生产商	2009
东海	海上风电场，与电网相连	102	上海	34	Sinovel SL3000/90	2010

图1.9 在上海附近的东海安装一台华锐风电公司生产的3MW风电机组

1.6 海上风电技术与经济

1.6.1 专业术语

风电机组可利用率的定义需要被阐述清楚。从2007年起，国际电工委员会的一个工作组开始着手构建IEC 61400 – Pt26标准，通过时间、能量输出对风电机组的可利用率进行定义。然而，直至标准发布，国际上仍未有从时间、能量角度对风电机组可利用率进行的统一定义。不过，在英国已有两种可利用率的定义被广泛地采用[6]，总结如下：

技术可利用率，也称为系统可利用率，是指某台风电机组或某座风电场可以发电的时长的百分比，通常用理论最大百分比表示。

商业可利用率，也称为风力发电机可利用率，通常为风电场与风电机组原始设备生产商的商业合同中的关键条款，用于评估风电场项目运行情况。部分商业合同的项目可能将必要停机时间、计划维修时间、电网故障、极端天气等导致的停运时间排除。

对于本书其余部分，“可利用率”这一术语用于指代技术可行性，其具体定义如上文所示，将用于不同项目之间的比较。

从以上的定义可知，技术可利用率必然低于商业可利用率，这是因为前者算入了更多的停机时间。对于海上风电场，一个非常重要的问题便是可利用率A同时受到时间t、风速u的影响，即$A(u, t)$[7]。

对于可靠性，以下表达式非常有用：

平均故障时间 MTTF

平均维修时间 MTTR

后勤延迟时间 LDT　　(1.1)

停机时长 MTTR + LDT

平均故障间隔时间 MTBF ≈ MTTF　　(1.2)

$$\mathrm{MTBF} \approx \mathrm{MTTF} + \mathrm{MTTR} = \frac{1}{\lambda} + \frac{1}{\mu} \tag{1.3}$$

$$\mathrm{MTBF} = \mathrm{MTTF} + \mathrm{MTTR} + \mathrm{LDT} \tag{1.4}$$

故障率
$$\lambda = \frac{1}{\mathrm{MTBF}} \tag{1.5}$$

维修率
$$\mu = \frac{1}{\mathrm{MTTR}} \tag{1.6}$$

商业可利用率
$$A = \frac{\mathrm{MTBF} - \mathrm{MTTR}}{\mathrm{MTBF}} = 1 - \left(\frac{\lambda}{\mu}\right) \tag{1.7}$$

技术可利用率
$$A = \frac{\mathrm{MTTF}}{\mathrm{MTBF}} < 1 - \left(\frac{\lambda}{\mu}\right) \tag{1.8}$$

以上表达式中，时间为变量。而可利用率也可以通过产能表示，这对于运行人员来说更有用（见图1.10）。

容量系数和比能率是两种常用的术语，用来表达一台风电机组或一座风电场的发电能力。容量系数C的定义为某一额定功率为P的风电机组（或风电场）实际年均发电量E（MWh）占额定年均发电量AEP的百分比：

$$C = \mathrm{AEP} \times \frac{100}{P \times 8760}\% \tag{1.9}$$

比能率S（MWh/m²/年）的定义为某台风电机组的AEP与其转子扫过的区域面积的归一值A（m^2）的比值：

$$S = \frac{\mathrm{AEP}}{A} \tag{1.10}$$

额定功率P与转子扫过区域A的比值由R_s表示，对于同一风电机组类型，R_s值不变：

$$R_s = \frac{P}{A} \tag{1.11}$$

也可以表示为

$$R_s = \frac{S}{C \times 8760} \tag{1.12}$$

对于某种特定的风电机组，比能率与容量系数成正比：

$$S = R_s \times C \times 8760 \tag{1.13}$$

因此，对于某台风电机组或某座风电场，其运行性能可以用实际的C或S的期望值的比例表达。

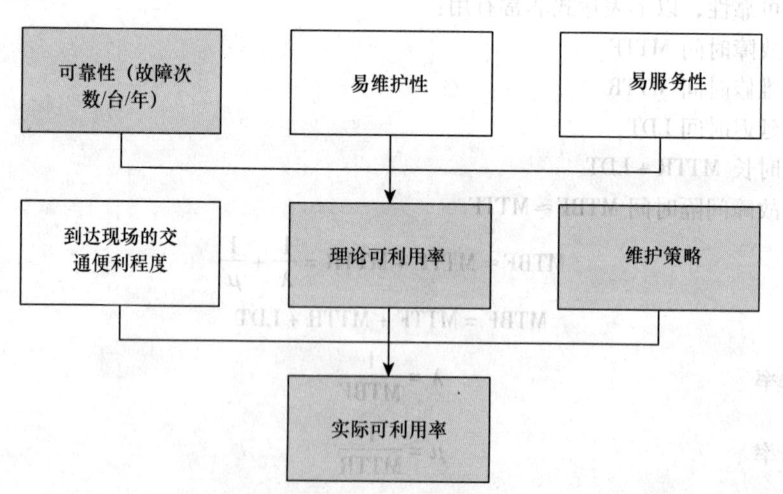

图1.10　由风电机组性能、交通便利程度、维护策略决定的风电机组可利用率函数[8]

1.6.2 安装成本

海上风电场由大型风电机组组成，这些大型的风电机组的资本成本大概为120万英镑/MW，而陆上风电机组的资本成本则为65万英镑/MW[6]。海上风电机组的结构庞大，对于3.5MW海上风电机组，其轮毂需要安装在高于海平面90m的位置；其转子直径的数量级则为100m。最初，风电机组的框架将在浅水区（水深5~20m）进行组装，每个框架的重量也会相对较轻，大约为400t，具体视额定功率而定。与典型的陆上石油、天然气装置不同的是，海上风电机组对于地基的垂直外加负荷力矩与风力、海浪产生的倾覆力矩相比较小。故海上风电机组的地基成本可能最高占安装成本的35%[6]。于是，海上风电机组的单位资本成本偏大，并随着风电场安装水域的水深的增加而增加。

不过，和油气行业一样，一份海上风电机组的设计方案可以通过批量生产应用于一座或多座海上风电场，而不是每一个结构或地基都需要进行单独设计。因此，海上风电机组的资本成本将会随着未来的后续风电项目的开展而逐渐降低，这一点已在丹麦、瑞典、英国、德国以及荷兰的海上风电项目中得到体现。

将中国东海大桥的海上风电场与英国第一批风电项目的资本成本进行比较，其结果如图1.11所示。中国海上风电场的资本成本为215万英镑/MW，高于英国125万英镑/MW。这是因为中国的海上风电行业仍在起步阶段，而英国已经积累了一定的风电发展经验。随着风电资产的增加，中国风电成本将会逐渐降低。

关于成本的更多具体信息，请见参考文献［9］。

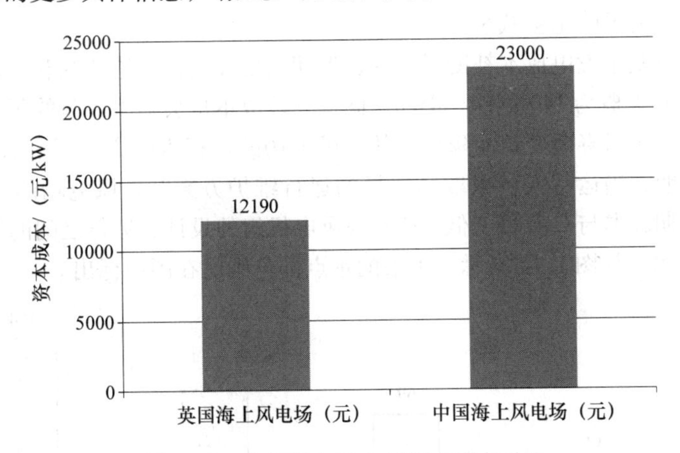

图1.11 中英海上风电场资本成本对比

1.6.3 发电成本

发电成本（CoE）通常用于评估不同风电场的经济效益。该方法被用于国际能源署（IEA）、欧盟经济合作与发展组织（OECD）与美国核能署（NEA）的一份联合报告中[10]。该报告比较了不同电能生产方式的成本。美国所采用的一种风电机组系统 CoE（英镑/MWh）的简化计算公式如下：

$$\mathrm{CoE}=\frac{\mathrm{ICC}+\mathrm{FCR\ O\&M}}{\mathrm{AEP}} \tag{1.14}$$

式中，ICC 为初始资本成本（英镑）；FCR 为年均固定收费率（%）；AEP 为年均发电量（MWh）；O&M 为年均运行维护成本（英镑）。

该方法的计算结果与参考文献［11］中平准化发电成本一致，FCR 是以贴现率为变量的函数：

$$\mathrm{FCR}=\frac{r}{1-(1+r)^{n}} \tag{1.15}$$

式中，r 不为零。贴现率 r 是通货膨胀率与实际利率之和。若将通货膨胀率忽略不计，贴现率等于利率。实际运行中，r 通常不为零，若出现 $r=0$ 的特殊情况时，FCR 则为 ICC 除以风电场经济寿命的年数的值，通常年数 n 设为 20 年。

参考文献［12］针对英国早期第一批发放许可的海上风电场进行了 CoE 的初步估计。估计结果表明，该阶段英国海上风电场的 CoE 为陆上风电场的 1.5 倍（见图 1.12）。λ 和 μ 的改善可能会使这些数据更加理想。

英国对第一批海上风电场 CoE 的资助大概为 69 英镑/MWh，而陆上风电场则为 47 英镑/MWh。图 1.13 将中英 CoE 进行了比较，其中中国上海的东海大桥风电项目 CoE 为 980 元/MWh（即约 91 英镑/MWh），安装成本大约为 23000 元/ MWh（即约 2150 镑/kW）。同样的，CoE 将会随着风电行业的运行经验的积累而逐渐降低，运行管理成本会下降，资本投资的风险也会减小。

这些计算是基于发电成本补助得到的，近期的研究减去了这些福利，计算得到英国海上风电场 CoE 大概为 140 英镑/ MWh。同理，该成本也会随着经验的积累、资本成本的降低以及风电机组寿命变长而降低，其中风电场的运行维护方案对后者的影响甚大。早期的研究表明，当运行人员采取高质量的运行维护方案时，风电场的可利用率将更高，全寿命周期成本与 CoE 将变低。CoE 与风电机组的设计、运行之间的关系在参考文献［13］中列出，如图 1.14 所示。本书的重点部分则已在图中标出。

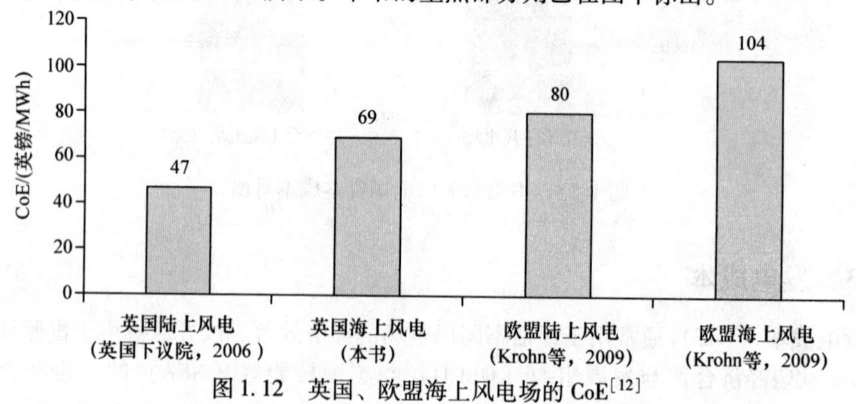

图 1.12　英国、欧盟海上风电场的 CoE[12]

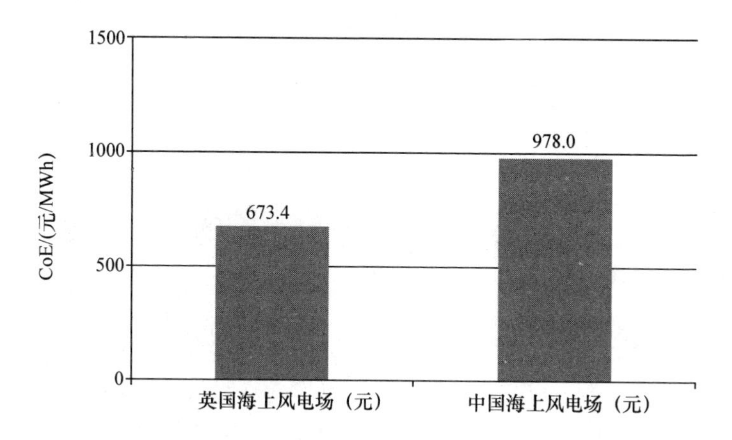

图 1.13　中英海上风电场 CoE 对比

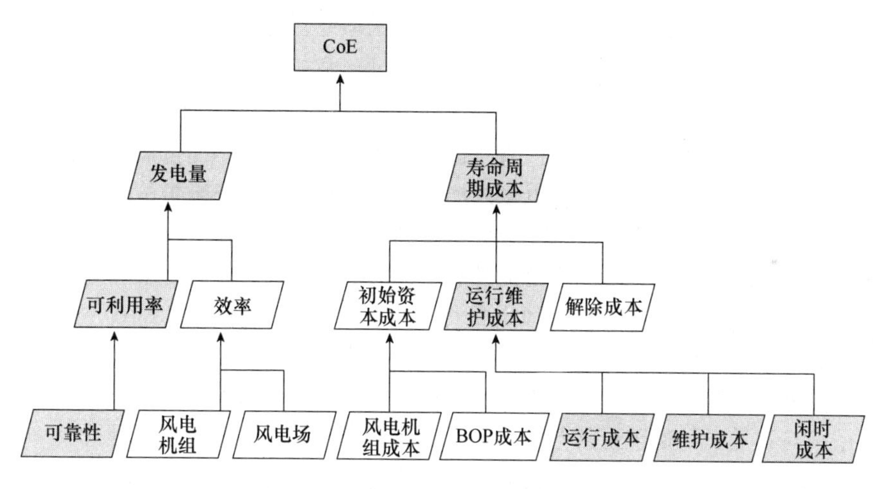

图 1.14　CoE 组成结构（灰色区域内容为本书重点内容）[13]

1.6.4　运维成本

海上风电成本的估计值随着风电场的地点、具体项目而波动，不过 1.6.2 节已指出，海上风电项目的成本远远超过陆上风电项目[4]。随着风电场设计方案对海上运行环境愈发适应，良好的经济方案将会通过风电场全寿命周期成本的控制而实现。图 1.15 展示了典型的浅水区风电场系统全部成本的费用明细[14]。海上风电场的大部分溢价主要由风电机组的地基、与电网的连接以及运维费用造成。

海上风电场的运维工作远比陆上风电场复杂。因此，欧洲的某些海上风电场的运维成本占总成本的 18% ~23%，远高于陆上风电场 12% 的比重[8]。海上的运行环境使架设工作、试运行工作更加繁重；与此同时，海上风电场日常养护、维修工作的交通问题也不可无视。在冬季，由于严酷的海况、风况或较低的能见度，工作人员可能连续很多

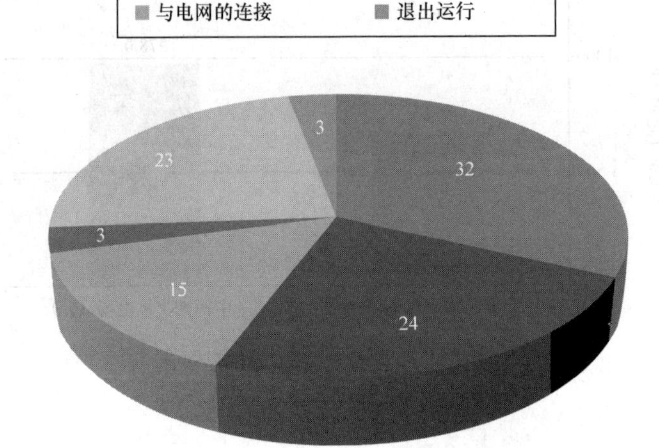

图 1.15 浅水区海上风电场成本组成

天无法到达风电场现场。即使天气适宜，运维工作的成本也高于陆上风电场，具体的成本受到离岸距离、风电场位置、风电场规模、风电机组可靠性及维护策略的影响。海上的运行环境需要特殊的起重装备来完成大型子部件的安装、更换工作，这样的工作可能无法在短时间内迅速完成，现场也可能没有这样的工作条件。因此，维护方案的规划需要用到先进的技术，来处理安装在风电机组上的监控与数据采集（SCADA）系统与状态监测系统（CMS）的数据，这样的技术要求我们对海况、定性物理理论以及其他设计工具有透彻的了解，来采取一些不同于以往的故障模式预测方法。为了保障风电机组的可利用率与容量系数处于正常范围，海上远程监控与外观检验越来越重要。

1.6.5 可靠性、可利用率以及维护对发电成本的影响

计算 CoE 的式（1.11）也可以表示为以 λ 和 μ 为变量的函数，该函数体现了可靠性与维护工作对 A 和 CoE 的影响：

$$\mathrm{CoE}=\frac{\mathrm{ICC}\times\mathrm{FCR}\times\mathrm{O\&M}(\lambda,1/\mu)}{\mathrm{AEP}(A(1/\lambda,\mu))} \tag{1.16}$$

随着故障率 λ 的降低，代表可靠性的 MTBF（即 $1/\lambda$ 计算）增加，可利用率 A 也增加，从而减少运维成本。停机时间 MTTR 降低，可维护率 μ 与可利用率 A 则会增加，从而导致运维成本的降低。可以看出，λ 和 μ 得到改善时，CoE 会降低。

1.6.6 历史工作

J. Schmid 教授发表了第一份关于欧洲风电机组可靠性的数据报告[1]。欧盟第七框架计划 ReliaWind 项目[15]则基于风电机组可靠性的历史文献整理出报告[16]。

1.7　任务分工

1.7.1　概述

在海上风电场的研发、建设和运行工程中，有许多利益相关人员，他们的行为决定了风电场发电的目标能否实现，即利用可再生风能实现可靠的发电，产生价格有竞争力的电能，并向每位利益相关人员返还合理的收益。本书考虑了风电场在建设完成后运行中一项重要任务，即保证风电场计划收益能够以高效、可预测的方式实现。下文的内容阐述了各位利益相关人员的任务，以便读者理解他们的工作对风电场规划的影响。

1.7.2　管理者

在英国，天然气与电力市场（OFGEM）作为管理方决定了海上风电市场格局。其中格外重要的一点在于海上风电传输运营商（OFTO）的逐渐发展，这保证了海上风电场与陆上输电网之间将有安全、灵活的连接。OFTO 连接装置的长期可利用率与其可靠性对于海上风电场发电目标的实现至关重要，但其技术可靠性的问题不在本书讨论的范畴之内。

1.7.3　投资者

海上风电场的投资方包括银行、能源公司以及含负责签发海上用地许可的英国皇冠地产在内的土地所有者。风电场资产的可靠性与可利用率是投资者的投入资本能够可靠地、可预测地得到回报的保障，故对于投资者而言是重中之重。对于风电这一新兴技术，投资者遇到的主要困难在于理解其相关的技术问题，从而合理地确定其投资的参数。本书的目的便是为投资者们解释风电场可靠性、可利用率的技术问题，以此方便诸位更加精确的设计其参数。

1.7.4　认证机构与担保人

包括 Germanischer Lloyd 与 Det Norsk Veritas 在内的认证机构负责确认风电机组的设计以及其相关的水下结构能够满足 IEC 的标准。项目的保险公司也是同样重要的参与者之一，他们决定了大型海上风电项目的保险费用。这些操作的重要之处在于保证安装、运行阶段配有必需的健康安全方案，以此保证工作人员安全问题得到保障。

陆上风电行业的认证保险的流程已相对成熟，并已证实在保证机器、框架结构的安全性和投资的安全性上是有效的。考虑到更加严苛的运行环境，这些手续在海上风电行业更加重要。不过，这也意味着风电场的设计方案需要更加着重于满足安全、认证的要求，而非提高发电量。

1.7.5 开发商

海上风电场的开发商逐渐演变为投资财团、能源公司、风电机组制造商和运营商，其目标便是通过风电场发电设备的开发，在风电场被售给主要发电公司等长期运营商时获得一定收益。由于海上风电场资产的规模较大、复杂程度较高，这些财团开始招揽长期的投资商作为研发团队的一员，并要求财政方面的专家对相关的技术问题有较好的了解。

海上风电场的研发很大程度上依赖于海上安装设备包括港口、船坞、安装船、维护船以及管理、操作这些设备所需要的人力与基础设施，通常由土木与海洋工程相关企业提供，其在海上风电场研发队伍中的重要性也日益增加。

1.7.6 原始设备生产商

风电场涉及的主要原始设备生产商为风电机组原始设备生产商。然而，风电场是集发电、采电与输电设备资产为一体的复杂发电设施，同时风电场还含有一个 BOP，这使风电场也需要电缆、输电设备原始设备生产商。

管理机构希望输电设备原始生产商更多地参与 OFTO（海上输电运营商）活动。不过，海上输电设备原始生产商仍在海上风电场的设备、变电站的资金、管理、技术问题上有重大的影响力。

1.7.7 运营商与资产经理

海上风电场运营商由大型电力公司担任，将电能输送到输电网。

大部分运营商拥有多种发电技术以及使用石油、核能和可再生能源发电的设备。对于部分专业的海上风电运营商，尤其是斯堪的纳维亚市场的运营商，其正在发展的海上风电设备的技术比较复杂，他们也在努力发展本身的技术来配合陆上风电、水电以及燃气发电的现有设备。

在未来，将会有更多的专业人员出现，不过海上风电资产的规模和复杂程度意味着更大型的运营商，以此可以平衡海上风电场的相关风险。

随着风电行业逐步成熟，现有以认证和安全为导向的方法很有可能出现改变，这是因为资本项目的资金支出增加，对其收益的要求也更加严格，这也促进了以产品为导向的方法的出现。在风电行业现在的发展阶段中，运营商、资产管理者、认证机构、担保人与投资商之间的关系将会愈发紧密。

1.7.8 维护公司

风电场的维护公司为不同的风电场利益相关者工作。海上风电机组原始设备生产商具有大规模的成熟维护人员团队，对陆上、海上风电机组的运维工作比较熟悉。在试运行和保修期间，维护者可以通过其设备接触到 SCADA 数据流。部分风电机组原始设备生产商拥有数据中心，服务人员、设计人员可以浏览其所有风电机组数据。通过风电机组原型机测试、供应链研发和生产测试，维护公司对其所维护的风电机组类型也有了详细的了解。维护人员则利用本厂生产的风电机组进行训练，来充分了解每一种风电机组类型的特点。在保修期间，根据项目合同的规定，工作人员所学到的这些专业知识将会有用武之地。风电机组原始设备生产商对于风力发电设备的长期寿命也有一定的了解，但他们资产管理的经验相对较少。对于部分风电机组原始设备生产商，当他们意识到这些经验对于他们管理维护市场能够带来利润，并能帮助研发人员和运营商提高全寿命周期性能时，这一现象可能随之改变。

运营商对风电场的运行也有非常多的经验，与风电机组原始设备生产商的性质不同，运营商更多专注于生产需求与设备的全寿命周期性能。运营商具有自己的管理方式，不过他们中的部分运行维护人员可能仍然在某些管理工作上依赖分承包商和风电机组原始设备生产商。然而，运营人员经常缺乏对单台风电场设备的深入了解，同时严重依赖保修期的运行经验来积累足够的知识和经验。

当保修期结束后，运营人员可以选择和风电机组原始设备生产商续签维护合同。但当海上风电场运营商规模够大，积攒了较多风电场的运行经验后，很多运营商可能选择其本身的运行维护部门，以此实现自己的风电场管理理念，并保证风电场的长期运行。

风电场维护工作很大程度上依赖于管理技术和管理成员实现维护的能力。风电场的设计方案、风电机组的选择、合适的交通设备的可利用率，空闲时间和工具都可以促进风电场的维护工作的进行，当然，如果员工没有在 H&S 进行良好的训练，没有具备设备相关的维护技术，维护工作是无法成功开展的。这一点非常重要，并会在本书后续部分展开详细描述。

1.8 小结

在过去的20年间，全球大型陆上风电场飞速发展，额定功率超过100MW的风电场现在已经非常常见，全球风电装机容量已经超过238GW，年均发电量已超过345TWh。过去十年间，陆上风力发电的成功鼓励着各国、各运营商们开始发展更大规模的海上风电场。

这一趋势在欧洲蔓延开来，在北海、波罗的海和爱尔兰海海域，英国的海上风力发电量达到了全欧洲第一，未来年发电量将超过800GWh，最大规模的海上风电场由100台风电机组组成，额定发电量为300MW。

中国已经做出承诺，将安装133MW的海上风电机组。综合东南沿海区域的电力负荷、已发展成熟的电网，以及优良的海上风电资源来看，不久的未来，中国海上风电将会大规模发展。

美国已经开始考察在东部沿海发展风电的可能性，东部沿海区域很有可能成为风电高速成长的地带。

现有的欧洲海上风电场选址的经济分析已经说明了风电机组安装成本比陆上风电场高出了约100%，CoE比陆上风电场高出了约33%，运行管理成本则高出了18%~23%，这些均与海上风电场的选址有关，并随着经验的积累逐渐变化。

本章同时还对海上风电行业的各类角色进行了清楚的阐述。

1.9 参考文献

[1] Schmid J., Klein H.P. *Performance of European Wind Turbines*. London and New York: Elsevier, Applied Science; 1991. ISBN 1-85166-737-7

[2] Tavner P.J., Xiang J.P., Spinato, F. 'Reliability analysis for wind turbines'. *Wind Energy*. 2006;**10**(1):1–18

[3] Ribrant J., Bertling L. 'Survey of failures in wind power systems with focus on Swedish wind power plants during 1997–2005'. *IEEE Transactions On Energy Conversion*. 2007;**22**(1):167–73

[4] van Bussel G.J.W., Schöntag C. 'Operation and maintenance aspects of large offshore windfarms'. *Proceedings of European Wind Energy Conference, EWEC1997*. Brussels, Belgium: European Wind Energy Association; 1997.

[5] Beurksens J. (ed.). *Converting Offshore Wind into Electricity-the Netherlands Contribution to Offshore Wind Energy Knowledge*. Delft, Netherlands: Eburon Academic Publishers; 2011. ISBN 978-90-5972-583-6

[6] UK DTI (Department of Trade and Industry) and BERR (Department for Business Enterprise and Regulatory Reform) (2007 and 2009) Offshore wind capital grants scheme annual reports. London, UK: DECC & BERR

[7] Faulstich S., Lyding P., Tavner P.J. 'Effects of wind speed on wind turbine availability'. *Proceedings of European Wind Energy Conference, EWEA2011*, Brussels: European Wind Energy Association; 2011

[8] van Bussel G.J.W., Henderson A.R., Morgan C.A., Smith B., Barthelmie R., Argyriadis K., *et al*. *State of the Art and Technology Trends for Offshore Wind Energy: Operation and Maintenance Issues* [Online], Delft University of Technology. European Commission; 2001

[9] EWEA. *The Facts*. EWEA; 2009. ISBN 978-1-84407-710-6

[10] OECD. *Projected Costs of Generating Electricity*. IEA, OECD, NEA Report, Paris, France; 2005

[11] Walford C.A. *Wind Turbine Reliability Understanding and Minimizing Wind Turbine Operation and Maintenance Costs*. Sandia Labs, Albuquerque, USA, Report SAND, 2006

[12] Feng Y., Tavner P.J., Long H. 'Early experiences with UK round 1 offshore wind farms'. *Proceedings of Institution of Civil Engineers, Energy*. 2010;**163**(EN4):167–81

[13] Jamieson P. *Innovation in Wind Turbine Design*. Chichester, UK: John Wiley & Sons Ltd; 2011. ISBN 978-0-470-69881-2

[14] Byrne B.W., Houlsby G.T. 'Foundations for offshore wind turbines'. *Philosophical Transactions of the Royal Society London*. 2003;**361**(A):2909–30

[15] ReliaWind. Available from http://www.reliawind.eu/ [Last accessed 8 February 2010]

[16] Arabian-Hoseynabadi H. ReliaWind Project Deliverable. D.1.1 Literature Review, November 2008. Available from http://www.reliawind.eu/files/publications/pdf_20.pdf [Accessed 10 May 2012]

第2章 海上风电机组相关的可靠性理论

2.1 引言

现代2MW风电机组是一座装有复杂的发电机的大型钢筋混凝土结构。整个机组的可靠性取决于一些已知的不确定性因素。它们影响：

1）结构可靠性，预计故障率为$<10^{-4}$次/年并需要考虑这类低故障率的分散性；

2）机电可靠性，受限于电机运行故障，通常按$10^{0}\sim10^{-3}$次/年恒定故障率预计各子部件的故障率；

3）控制系统可靠性，取决于环境、机电问题以及控制系统软件可靠性。

受天气随机变化的影响，特别是海上风电机组受风和海浪共同作用，风电机组的可靠性分析更为困难。

为理解与预测这些因素的影响，有必要对可靠性理论进行深入了解，参考文献[1]对风电可靠性理论进行了介绍。

为跟踪产品不同运行时期可靠性随时间的变化情况，基于Crow－AMSAA（军用材料系统分析活动）可靠性增长模型取得了显著的发展[2]。相同的模型可用于现场故障数据收集以调查产品可靠性是否保持恒定还是随时间增加或退化。

2.2 基本定义

子部件的可靠性定义为在一定时间期间和运行条件下能够满足正常功能运行的概率。可靠性的定义可分解为以下四个基本要素：

1）概率；

2）功能要求；

3）时间变量；

4）充分展示性能所需的运行环境。

可靠性、不可靠性与故障强度的函数$\lambda(t)$有关，具体见后文。

对于连续运行的系统，例如允许可修复故障的风电机组，该可靠性的定义用作评价是有一定难度的。因此，我们提出了一种更合适的评价手段，即可利用率。可利用率的定义为该系统在未来某时刻处于运行状态的概率，该定义的基本要素缩减为两个：

1）可操作性；

2）时间。

故障是指子部件在给定环境下，无法完成指定功能；此时该子部件处于故障状态，与运行状态相反。

不可修复系统是指在一次故障之后即弃用的系统，例如小型电池、灯泡。

可修复系统是指在故障发生后，该系统可以通过一定的维修手段恢复至运行状态，而不是更换整个系统，例如风电机组、汽车发动机、发电机和计算机。

维修手段包括增加新零件，更换零件，拆除损坏零件，更改、调整设置，升级软件，润滑以及清洁。

2.3 随机变量及连续变量

对于风电机组可靠性，随机变量是指基于连续变量（如时间）离散地记录下的故障 X。将日历时间作为连续变量，这样一定稳妥吗？日历时间虽然很方便使用，但是却不一定适合可靠性分析，比如说：

1）试验时长可能更加合适；

2）风电机组的旋转周期也可能更加合适，尤其是对于空气动力及传动部分的子部件的可靠性分析而言；

3）风电机组发电量（GWh）也可能更加合适，尤其是对于电气相关子部件的可靠性分析而言。

运行人员很难追踪到风电机组运行的初始日期，因而难以测量试验的总时长。然而，某一特定时间段内的故障次数，即截尾数据则很容易测得。

对于不同随机变量之间的差别的举例如图 2.1 所示[3]。该点列图使用了德国风电数据库的数据（见第 3 章），展示了基于日历时间的每台机组每年的故障率和每台机组每吉瓦时的故障率。在图 2.1a 中，故障率随时间得到改善；在图 2.1b 中，方差变大，但是每吉瓦时的故障率逐渐上升。图 2.1b 则说明了对于更加大型、技术复杂度更高的风电机组，故障率整体较低，但故障率随时间呈明显上升趋势。

图 2.1 告诉我们，数据采集、展示的方法十分重要。为所采集的随机变量 X 选定连续变量也十分重要：

1）随机变量 X 有不同的表达方式；

2）离散变量、连续变量具有不同的表达方式；

3）无论是日历时间、测试时长、风电机组发电量还是风力发电机旋转周期，连续变量的选择应视具体的解读而定；

4）不同表达方式下基于不同离散变量或连续变量的 X 点列图能够提供不同的信息；

5）信息采集所覆盖到的元件是否为可修复部件需要判定；

6）如果数据采集方式合适，变量选择恰当，那么随机变量 X 的统计数据可以提供

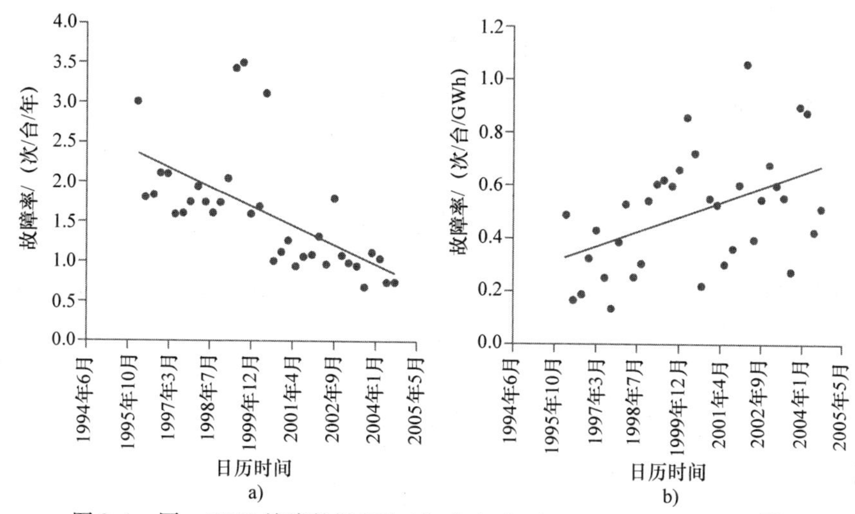

图2.1 同一WSD故障数据用次/台/年与次/台/GWh展示结果比较[3]：
a）次/台/年与时间；b）次/台/GWh与时间

稳健的可靠性信息；

7）反之，可靠性数据可能有误。

下面将对随机变量的概率分布进行研究。

2.4 可靠性理论

2.4.1 可靠性函数

以下的公式及各可靠性函数之间的数学关系并未指定任何额定的故障概率分布，适用于可靠性分析的所有概率分布。设共检验N_0个相同部件：

$$N_s(t)=t\text{ 时刻仍在正常使用的部件} \tag{2.1}$$

$$N_f(t)=t\text{ 时刻发生故障的部件} \tag{2.2}$$

因此

$$N_s(t)+N_f(t)=N_0 \tag{2.3}$$

对于任意时刻t，存活率即可靠性函数$R(t)$为

$$R(t)=\frac{N_s(t)}{N_0} \tag{2.4}$$

同理，故障概率，即累积分布函数或不可靠性函数$Q(t)$为

$$Q(t)=\frac{N_f(t)}{N_0} \tag{2.5}$$

式中

$$R(t)=1-Q(t) \tag{2.6}$$

故障密度函数$f(t)$为

$$f(t)=\frac{1}{N_0}\left(\frac{\mathrm{d}N_{\mathrm{f}}(t)}{\mathrm{d}t}\right) \tag{2.7}$$

故障强度即风险率函数为

$$\lambda(t)=\frac{1}{N_{\mathrm{s}}(t)}\left(\frac{\mathrm{d}N_{\mathrm{f}}(t)}{\mathrm{d}t}\right) \tag{2.8}$$

$$\lambda(t)=\frac{1}{R(t)}\left(\frac{\mathrm{d}R(t)}{\mathrm{d}t}\right) \tag{2.9}$$

故障密度函数以仍在正常运行部件的数量 $\lambda(t)$ 做归一化处理，如图 2.2 所示。

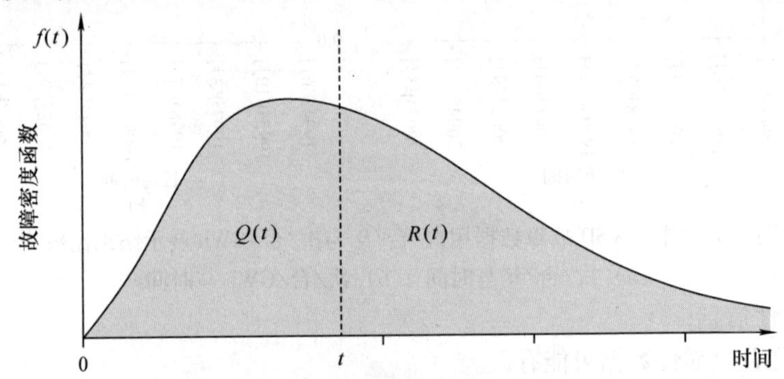

图 2.2　基于时间的故障密度函数［即可靠性 $R(t)$ 及故障率 $Q(t)$］

当 λ 为常数且不随时间变化时，故障密度呈指数分布，此时风险率即为故障率。此时，风险率/故障率 $\lambda(t)$ = （每单位时间故障次数/故障的部件个数）：

$$R(t)=1-Q(t) \tag{2.10}$$

$$f(t)=\frac{\mathrm{d}Q(t)}{\mathrm{d}t}=\frac{-\mathrm{d}R(t)}{\mathrm{d}t} \tag{2.11}$$

或

$$Q(t)=\int_0^t f(t)\,\mathrm{d}t \tag{2.12}$$

及

$$R(t)=1-\int_0^t f(t)\,\mathrm{d}t \tag{2.13}$$

故障密度函数最终会覆盖所有区域，则有

$$R(t)=\int_0^{\infty} f(t)\,\mathrm{d}t=1 \tag{2.14}$$

2.4.2　可靠性函数计算示例

采用以上方法对某一大型海上风电场数据进行计算，计算示例如下所示。该例选自参考文献［4］中的某一风电场。

该示例选用了含 1000 台风电机组的大型海上风电场，且风电机组均不可修复。风电机组的故障率保持不变。表 2.1 记录了 19 年间的累计故障量与存活量，对总和为 1 的故障密度函数及风险率进行了计算，即记录了该风电场的运行可靠性。各函数的变化及其性质如图 2.3 所示。

表 2.1 某海上风电场 1000 台不可修复风电机组故障记录

时间间隔	每段间隔故障次数	累计故障量 N_f	存活量 N_s	故障强度函数 $f(t)$	不可靠性函数或累计故障分布 $Q(t)$	可靠性函数或存活率函数 $R(t)$	故障强度或风险率 $l(t)$
0	140	0	1000	0.140	0	1.000	0.151
1	85	140	860	0.085	0.140	0.860	0.104
2	75	225	775	0.075	0.225	0.775	0.102
3	68	300	700	0.068	0.300	0.700	0.102
4	60	368	632	0.060	0.368	0.632	0.100
5	53	428	572	0.053	0.428	0.572	0.097
6	48	481	519	0.048	0.481	0.519	0.097
7	43	529	471	0.043	0.529	0.471	0.096
8	38	572	428	0.038	0.572	0.428	0.093
9	34	610	390	0.034	0.610	0.390	0.091
10	31	644	356	0.031	0.644	0.356	0.091
11	28	675	325	0.028	0.675	0.325	0.090
12	40	703	297	0.040	0.703	0.297	0.144
13	60	743	257	0.060	0.743	0.257	0.264
14	75	803	197	0.075	0.803	0.197	0.470
15	60	878	122	0.060	0.878	0.122	0.652
16	42	938	62	0.042	0.938	0.062	1.024
17	15	980	20	0.015	0.980	0.020	1.200
18	5	995	5	0.005	0.995	0.005	2.000
19	0	10000	0	0			
总计	**1000**			**1**			

图 2.3c、d 这两幅图的内容均值得注意，图 2.3c 描述了覆盖面积累计为 1 的故障密度函数并将其与图 2.2 作比较，图 2.3d 则描述了风险率。图 2.4 展示了故障强度函数的“浴盆曲线”，即早期故障阶段、偶然故障阶段和耗损故障阶段。图 2.3c 描述了第二阶段故障密度函数呈指数型下降的趋势，该曲线体现了第二阶段故障的偶然性。在图 2.3d 中，故障密度函数以风险率作归一化处理时，这些随机的故障的风险率或故障率则为常数。

2.4.3 故障率不变时的可靠性分析

可修复系统的不可靠性可以根据故障强度的“浴盆曲线”进行建模[5]，该曲线代表了整体子部件寿命的三个不同阶段，具体如图 2.4 所示。

反过来，“浴盆曲线”的每个阶段都可以用一个故障强度函数表示，如图 2.5 所示。

本章节内容建立在可修复系统的“浴盆曲线”（见图 2.4）及其数学公式幂律函数的基础之上。幂律函数是泊松过程的一个特例，其故障强度公式写为

$$\lambda(\tau) = \rho\beta t^{\beta-1} \tag{2.15}$$

式中，β 是无量纲的形状参数，决定了曲线的趋势。故障强度随着形状参数 β 变化。

ρ 是规模参数，单位为 1/年。$\lambda(t)$ 在本章节内的单位即为次/台/年，其中台是指风电机组或某子部件的数量。

当 $\beta>1$（$\beta<1$）时，曲线呈下降（上升）趋势。当 $\beta=1$ 时，幂律过程的强度函数

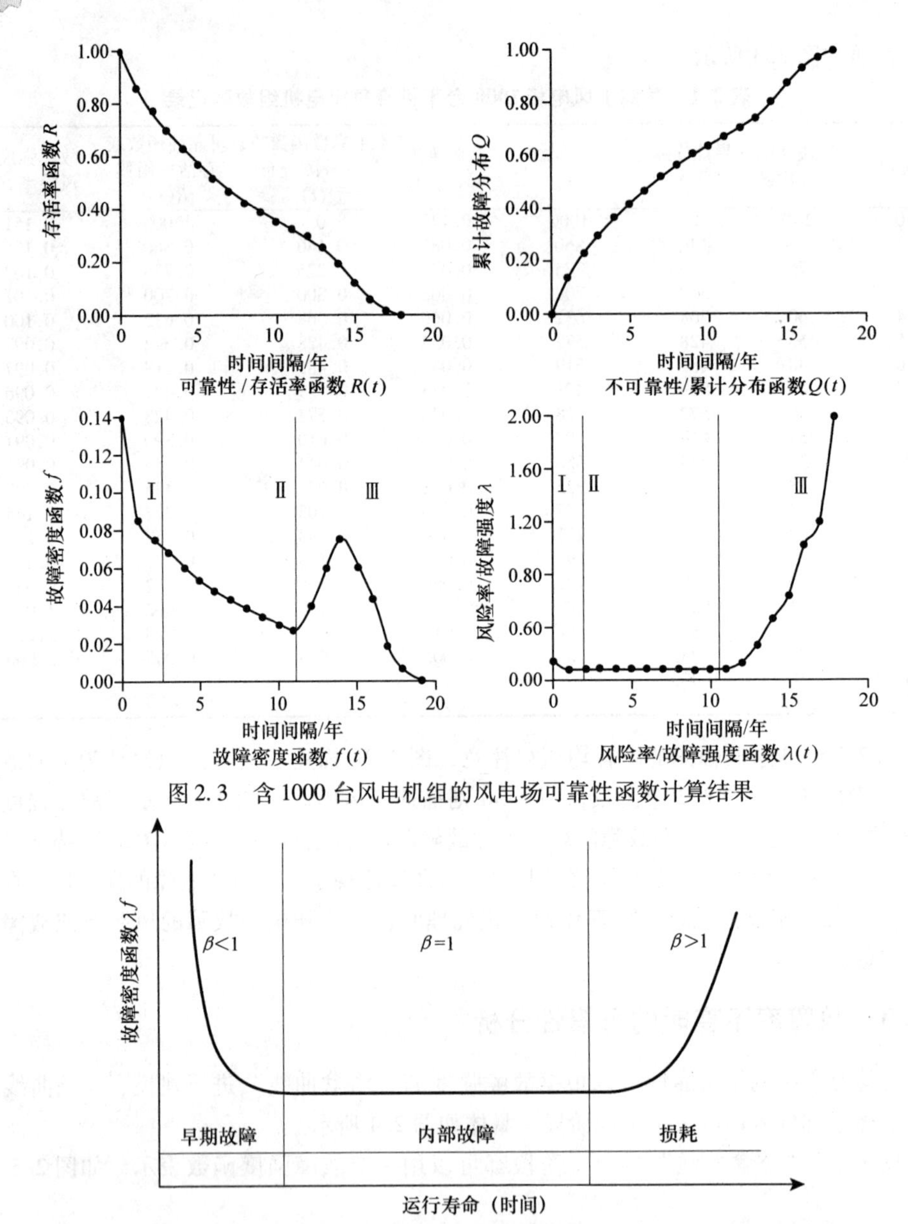

图 2.3　含 1000 台风电机组的风电场可靠性函数计算结果

图 2.4　反映可修复系统及其全寿命周期可靠性变化的故障强度函数“浴盆曲线”

等于 ρ，相当于“浴盆曲线”的底部即内部故障阶段。此时 λ 即为平均故障率。

对用于分析故障数据的可靠性理论各要素的总结在参考文献［1，4－6］以及下一节中给出。

2.4.4　点过程

点过程是一个用于描述在某一时间或空间内的离散事件发生的随机模型。在可靠性

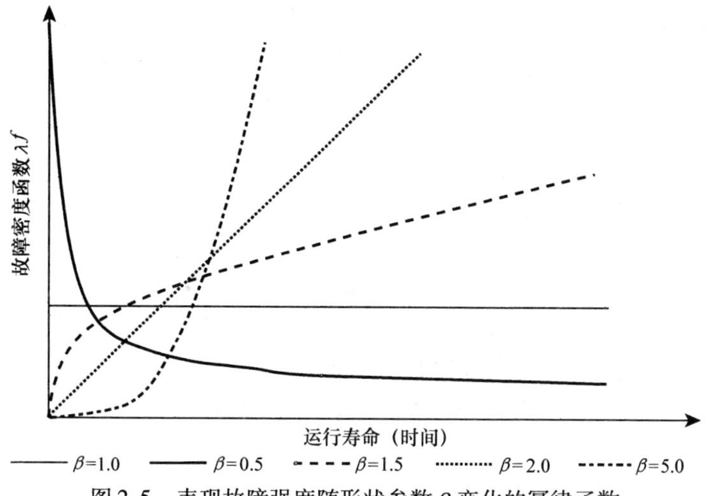

图 2.5　表现故障强度随形状参数 β 变化的幂律函数

分析中，可修复系统的故障可以在日历时间域内用点过程表达，如每小时、每季度、每年，日历时域也可以换成一个运行方面的变量，如驾驶的里程数或飞行小时数。

随机变量 $N(t)$ 用于表示在时间间隔［0，t］内故障事件发生的次数，被称为计数随机变量。从而可得，在某一时间间隔（a，b］内发生的事件次数为

$$N(a,b] = N(b) - N(a) \tag{2.16}$$

点过程平均函数 $\Lambda(t)$ 即为在时长为 t 的时间间隔内预期故障次数 E：

$$\Lambda(t) = E[N(t)] \tag{2.17}$$

故障变化率 $\mu(t)$ 即为预期故障次数随时间变化的比率：

$$\mu(t) = \frac{\mathrm{d}\Lambda(t)}{\mathrm{d}t} \tag{2.18}$$

故障强度方程 $\lambda(t)$ 即为一较短时间间隔内，发生一次或多次故障的最大概率 P 除以时间间隔长度：

$$\lambda(t) = \lim_{\Delta t \to 0} P(N(t, t + \Delta t]) \geqslant \frac{1}{\Delta t} \tag{2.19}$$

如果同一时刻发生故障的概率为零，即平均函数 $\Lambda(t)$ 不是连续的，那么有

$$\lambda(t) = \mu(t) \tag{2.20}$$

2.4.5　非齐次泊松过程

假设故障发生时，系统采用最少的维修措施，即将故障子部件恢复至故障发生前的状态，此时非齐次泊松过程（NHPP）可以用来表达可修复系统可靠性的变化[5]。计数过程 $N(t)$ 即在运行时间或日历时间 t 之后累积的故障次数，在满足以下条件时即属于泊松过程：

$$N(0) = 0 \tag{2.21}$$

对于任意 $a < b \leqslant c < d$，随机变量 N（a，b］和 N（c，d］是独立的。这就是泊松过

程的独立增量性质。

强度函数 λ 为

$$\lambda(t) = \lim_{\Delta t\to 0}\frac{(P(N(t,t+\Delta t]) = 1)}{\Delta t} \tag{2.22}$$

需要注意的是，如果 λ 是常数，那么该过程为齐次泊松过程（HPP）。

系统不会发生同时段故障：

$$\lim_{\Delta t\to 0}\frac{(P(N(t,t+\Delta t]) \geqslant 2)}{\Delta t = 0} \tag{2.23}$$

非齐次泊松过程的主要性质为：在时间间隔（a，b］内的故障次数 N（a，b］是一个呈泊松分布的随机变量，点过程平均方程为

$$\Lambda(a,b] = E[N(a,b]] = a\lambda(t)\mathrm{d}t \tag{2.24}$$

2.4.6 幂律过程

当经过时间 t 后，故障累计次数 $N(t)$ 如下式所示，则非齐次泊松过程被称为幂律过程：

$$N(t) = \rho t^{\beta} \tag{2.25}$$

因此，特定时间间隔［t_1，t_2］内的预期故障次数为

$$N[t_1,t_2] = N(t_2) - N(t_1) = \rho(t_2^{\beta} - t_1^{\beta}) \tag{2.26}$$

故障强度函数则为

$$\lambda(t) = \frac{\mathrm{d}N(t)}{\mathrm{d}t} = \rho(t_2^{\beta} - t_1^{\beta}) \tag{2.27}$$

用幂律函数来描述可修复系统的优势之一，在于其强度函数［式（2.21）］非常灵活，可以通过形状参数 β 来分别表示“浴盆曲线”（见图 2.4）的三个不同阶段，具体如表 2.2 所示。

表 2.2 不同故障强度对应的 β 取值

β 取值	故障强度	原因	模型种类
$\beta<1$	随时间下降	系统有所改善/实际系统更改	NHPP
$\beta=1$	不随时间变化，$\lambda(t)=\rho$	设计无大幅度改动，磨损还未出现	HPP
$\beta>1$	随时间上升	材料恶化/压力累积	NHPP

2.4.7 测试总时长

Crow - AMSAA 模型[2]的多个公式中的变量 t 是指点过程的时长，但却与日历时间不同，如 WSDK（丹麦 Windstats 数据库）、WSD 和 LWK（德国 Landwirtschaftskammer Schleswig Holstein 数据库）的故障数据表所示。可靠性的提高，以及其他可靠性测试，一般都是以对正在进行研究的各类子部件开展的特定测试为基础。对于一个可修复的系统，测试在故障发生后或计划的检查完成后结束，在上一次故障发生后系统运行的小时数也被记录下来。在累积了一定数量的故障后，故障数据通过 Crow - AMSAA 等数学模

型做插值处理来验证其达到的可靠性，也就是军事标准术语所说的“所展示的可靠性”。图表中的独立变量 t 即为累积量测试总时长（TTT），是指观察期间所有子部件的运行小时数的积分。系统处于不运行状态的小时数则不被纳入测试总时长的计算。使用测试总时长而不是日历时间既有好处也有坏处，并且风电机组故障数据中的测试总时长也必须得到清楚的定义[7]。首先，可靠性工程本身就采用运行小时数而非日历时间。这一点将可靠性分析与可利用率分析区别开来。通过这样的时间计数方法，很多机电系统便可以通过循环次数或是总运行小时数来测定其寿命，一般这与日历计算的寿命很不一样。不过，日历时间在可靠性分析中也非常重要，例如化学物理性质会随着时间恶化，比如说绝缘体的绝缘特性。对于来源于 LWK、WSD 或 WSDK 的数据集，第 i 个时间间隔记为 ΔTTT_i，则测试总时长可通过将风电机组的总台数 N_i 与该间隔所包含的小时数 h_i 相乘得到。在获取系统运行信息之后，风电机组发电过程中不在运行中的小时总数将被减去。在这些测量中，该数据仅包括风电机组的故障时长，而不是风电机组因缺风而无法运行的时间。任意一时间单元 k 的总测试时长之和 t_k 如下式所示：

$$t_k = \sum_{i=1} \Delta TTT_i = \sum_{i=1} N_i(h_i - l_i) \tag{2.28}$$

对于来源于 LWK、WSD 或 WSDK 的数据的计算，需要考虑以下三个方面：

在每个时间间隔内，被量测的风电机组代表了所有风电机组。即每个时间间隔的量测样品的可靠性代表了所有风电机组的可靠性。该假设对于克服量测数据中，每个时间间隔内量测的风电机组台数不同这一问题是非常重要的。在实际过程中，当样品风电机组是从所有机组内任意挑选，并且各台风电机组的使用情况一致时，任何可靠性的改善或退化就会随着一定比例在所有风电机组中扩散开来，具体体现在形状参数 b 上。

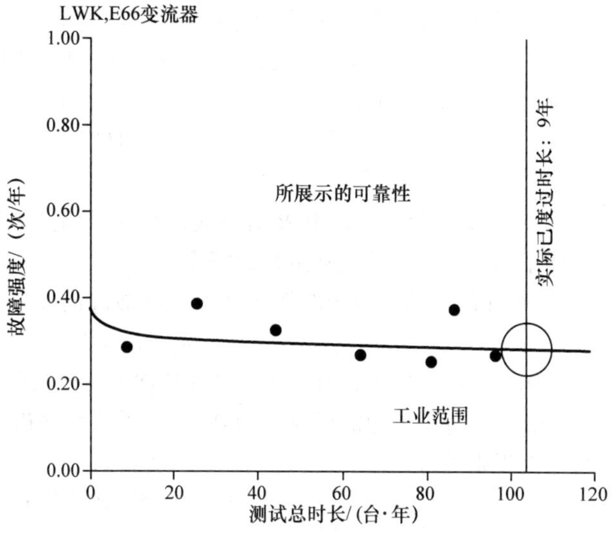

图 2.6　显示某一子部件处于早期故障时所展示的可靠性程度的基于总测试时长的故障强度[7]

采用测试总时长时，故障强度曲线会随着横坐标延伸。由于测试总时长由测试风电机组台数确定，故总时长不同于日历时间，没有绝对的含义。横坐标轴 t 仅对被检查的所有风电机组有意义，通过显示图 2.6 右侧的光标，日历时间也可以被推断出来。

由于强度函数在测试总时长而不是日历时间的基础上对数据进行处理，这样的计算方法本质上即为在每个时段根据风电机组的台数进行加权。风电机组台数越多，总测试时长的时间间隔越长，该搭配的约束更强。当采用总测试时长而不是日历时间时，横轴随着风电机组台数增多而间隔变大，尺度参数也增大。在早期故障阶段或稳定故障阶段，最重要的结果即为图2.6所展示的可靠性。

2.5 可靠性框图

2.5.1 综述

各独立的子部件可以在可靠性建模与预测（RMP）过程中，通过以上的方法用一系列串联或并联的可靠性框图（RBD）来表达它们的功能。图2.7展示了两种可靠性图形块的排列方式。

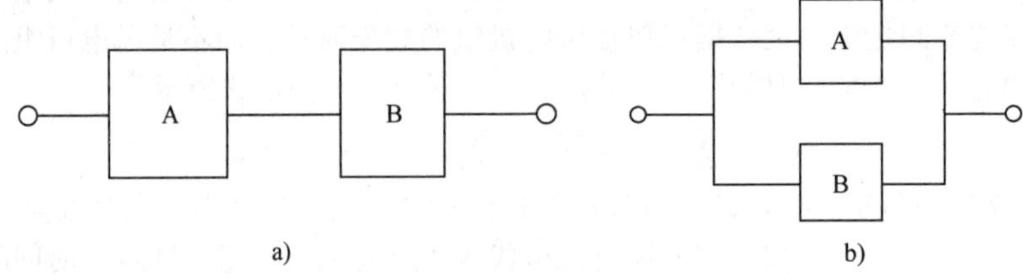

图2.7 可靠性框图中的各类子部件：a）串联部件；b）并联部件

2.5.2 串联系统

从可靠性角度来讲，如果一组子部件中每一个的状态均能决定系统是否正常运行，只要一个子部件发生故障，系统就会故障，则这些子部件被称为串联的。

假设某一系统含有两个相互独立的部件A和B，两个部件如轮系串联连接：

$$R_p = \Pi R_i \quad (2.29)$$

上式被称为产品可靠性规则。

如图2.7a所示，令R_a和R_b分别表示独立子部件A和B正常运行的概率；R_s用来表示串联子部件组的整体正常运行的概率。

令R_a和R_b分别表示子部件A和B发生故障的概率，可得

$$R_s = R_a \times R_b \quad (2.30)$$

示例：某一齿轮箱含有6个相同的依次连接的齿轮，每一个齿轮决定了系统的正常运行。那么当每个齿轮的可靠性为0.95时，该串联齿轮组的系统可靠性是多少？由产品可靠性规则可得

$$R_s = 0.95^6 = 0.7350$$

2.5.3 并联系统

从可靠性角度来讲，如果一组子部件中只需要一个子部件便能保证系统正常运行，只有全部子部件发生故障时系统才会发生故障，则这些子部件被称为是并联的。

假设某一系统含有两个相互独立的部件A和B，两个部件并联连接（见图2.7b），

如某一齿轮箱并联连接的两个润滑油泵。从可靠性角度来讲，系统的正常运行只需要其中一个子部件能正常工作。

同样地，令 R_a和 R_b分别表示独立子部件正常运行的概率，令 R_p表示该并联子部件组整体正常运行的概率。令 Q_a和 Q_b分别表示子部件 A 和 B 发生故障的概率，可得

$$Q_p = \Pi Q_i \tag{2.31}$$

$$R_p = 1 - \Pi Q_i \tag{2.32}$$

示例：某一系统含有 4 个并联连接的泵，每个泵的可靠性均为 0.99。该并联泵组的可靠性与不可靠性是多少？

$$Q_p = (1 - 0.99)^4 = 0.01^4 = 0.00000001$$

$$R_p = 1 - Q_p = 0.99999999$$

2.6　小结

本章阐述了可靠性分析主要的数学内容，以此来帮助理解本书中来自于风电机组、风电场的数据。可以看出，通过一些简单的数学方法我们可以提取出重要的信息和总体的结果。

然而，数据的处理必须非常小心，方可保证对数据的解读是可靠的。

2.7　参考文献

[1] Birolini A. *Reliability Engineering, Theory & Practice*. New York: Springer; 2007. ISBN 978-3-538-49388-4

[2] *MIL-HDBK-189: Reliability Growth Management*. Washington: US Department of Defense; 1981

[3] *Windstats (WSD & WSDK) quarterly newsletter, part of WindPower Weekly, Denmark*. Available from http://www.windstats.com [Last accessed 8 February 2010]

[4] Billinton R., Allan R.N. *Reliability Evaluation of Engineering Systems: Concepts and Techniques*. 2nd edn. New York & London: Plenum Press; 1992. ISBN-13: 978-0306440632

[5] Rigdon S.E., Basu A.P. *Statistical Methods for the Reliability of Repairable Systems*. New York: John Wiley & Sons; 2000

[6] Goldberg H. *Extending the Limits of Reliability Theory*. New York: John Wiley & Sons; 1981

[7] Spinato F. *The Reliability of Wind Turbines*. Doctoral thesis, Durham University; 2008

第3章 实际风电机组的可靠性

3.1 引言

本章采用了参考文献［1－3］中基于陆上风电机组的研究以及参考文献［4］中对于海上风电机组的一些额外的信息，对现有的风电机组的可靠性进行描述。图1.2展示了陆上风电机组的总故障率，在此时，对故障给出定义是非常重要的。

风电机组是一种无人操控的自动装置，除了齿轮箱、发电机或叶片等有着明显原因的故障，其运行的停止一般很容易被归类为故障。更加常见的情况是，风电机组的控制器检测到运行环境不在风电机组的安全运行范围之内，风电机组因此停止运行。这种情况一般是由某种无法接受的运行条件引起的，如温度过高、速度过快或桨距问题。控制系统将风电机组从电网解列并将其转入紧急顺桨状态（EFC），从而使其停止运行。故障可以通过以下某一种方式解决：

1）自动重起动；

2）手动操作的远程重起动；

3）风电机组技术员到现场进行现场重起动；

4）风电机组技术员进行修复工作，使得风电机组得以再次起动。

在不同情况下，上述原因能够导致风电机组停运。图1.2的数据应该被认为是停运率，而不是故障率。参考文献［1－3］所提到的调查涉及超过24h的停运。这些数据涵盖了严重的停运事件，通常这些停运时长超过24h，无法通过自动、远程或现场的重起动解决。因此，这些停运事件通常与某些损坏有关，风电机组原始设备生产商或运行人员无法确定损坏的具体问题，直到故障子部件的替换或维修工作完成。

因此，为了确定风电机组运行的可靠性，必须对停运率或故障率 λ 在实际应用方面有一定的了解，并通过 $MTBF = 1/\lambda$ 得到平均故障间隔时间。为了了解风电机组的可利用率，需要知道构成逻辑延迟时间（LDT）的停运或停工期以及通过知道修复率 μ 来计算平均修复时间 $MTTR = 1/\mu$，从而得到可利用率 $A = MTBF/(MTBF + MTTR + LDT)$，具体见式（1.3）~式（1.10）。

对于风电机组故障率的了解让我们可以对风电机组可靠性方面的性能进行比较，并对某些子部件引起风电机组不稳定的因素进行调整。这样，未来风电机组的运行性能能够通过维护措施得以提高。

值得一提的是，如果调查显示风电机组的故障率较低而平均修复时间或停运时间较长，则该风电机组可利用率可能与故障率较高而平均修复时间较短的风电机组一样。例如，调查显示故障率为1次/台/年、停运时间≥24h的风电机组的可利用率与故障率为24次/台/年、停运时间≥1h的风电机组相同。

3.2 典型风电机组结构及主要部件

现代三叶片逆风水平轴风电机组的基本结构如图3.1所示。

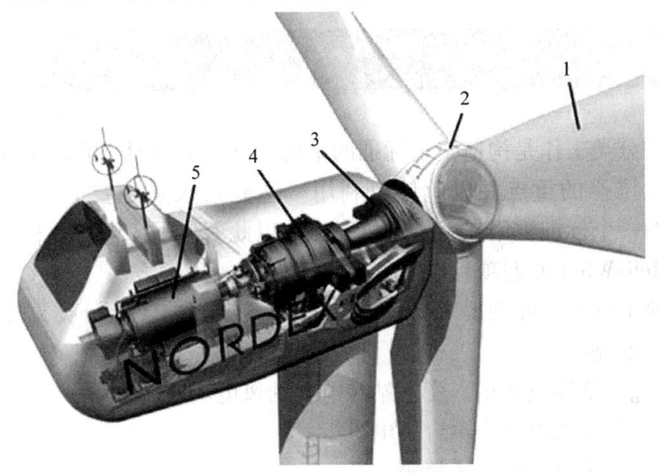

图3.1 现代三叶片逆风水平轴风电机组结构（来源：Nordex）
1—叶片 2—含变桨距机构的轮毂 3—主轴承 4—齿轮箱 5—发电机

除图3.1所示的结构之外，现代风电机组的设计也有多种形式。确定故障情况尤其是其在风电机组结构中的具体位置，以及对故障对风电机组可靠性、可利用率的影响进行记录也是很重要的。为保障系统运行，风电机组装配了SCADA和SMS系统来自动采集风电机组装置周围的传感器与报警电路的数据，使得风电机组在其运行允许范围内自动运行。

3.3 可靠性数据采集

风电行业还未对可靠性数据的采集方法制定标准，然而石油、天然气行业都已经制订了标准[5]。不过，较早完成的一项风电可靠性研究项目[6]［德国Wissenschaftlichen Mess - und Evaluierungsprogramm数据库（WMEP）］开发了一种标准数据采集系统，具体可见有关参考文献。值得一提的是，风电机组发生的每个故障事件都使用一种标准化的运行人员报告表格进行记录，如附录3所示。

欧盟第七框架计划的 ReliaWind 联盟[7]项目基于 WMEP 和在附录 2 给出的其他研究工作，针对大型风电场制订了一种标准数据采集方法。这种方法使用自动采集并经过滤波的 SCADA 数据，以及维护人员的记录内容，并没有使用运行人员的报告。对于风电场和单台风电机组，在数据采集系统中对数据采集对象的结构及分类进行定义是必需的。分类将对即将采集的数据的细节给出定义，分类越细致，采集的数据就越细致。风电机组配备了 SCADA 系统，可以从风电机组附近采集数据，如上一节所述。虽然数据与运行人员报告相比，每单位时间记录的信息量更大，但考虑到 SCADA 系统已经开始自动采集可靠性数据，具体的分类应与可靠性数据中的分类一致，尽管与运行人员报告相比每单位时间的数据量更大。风电机组分类的描述将在下一节展开。

3.4 风电机组分类

风电机组的分类工作是构造一个标准的结构，这一措施对于我们精确定义故障的位置，确定维护及维修的重点并以此使可利用率达到最大是必要的。在参考文献［9］中，能源行业的一个标准被用在了风电机组上，以此衍生了风电行业相应的分类以及各部分的命名。ReliaWind 联盟项目也制订了一个标准的分类方法，该方法专门面向大型风电场，并反映了行业标准的要求。本书的 11.2.3 节给出了该分类方法，该分类方法基于以下的 5 层系统：

1）系统，如包括风电机组、变电站和电缆的风电场；

2）子系统，如某风电场中单台风电机组；

3）部件，例如风电机组的齿轮箱；

4）子部件，例如齿轮箱的高速轴；

5）零件，如传动轴的高速轴承。

本书也阐述了以参考文献［10］中的方法为基础的可靠性数据采集方法。该分类法将用于本书的其余章节。

3.5 故障定位、故障模式、根本原因及故障原理

风电机组的分类让我们可以在可靠性调查中精确地确定故障的位置，但从可靠性的角度讲，我们需要理解发生故障的根本原因以及将两者联系起来的故障原理。图 3.2 描述了故障根本原因和故障模式之间的关系。图 3.3 则以风电机组主传动轴故障的根本原因与故障模式之间的联系为例，清楚地展示了两者之间的联系。

图 3.2 故障根本原因与故障模式之间的联系

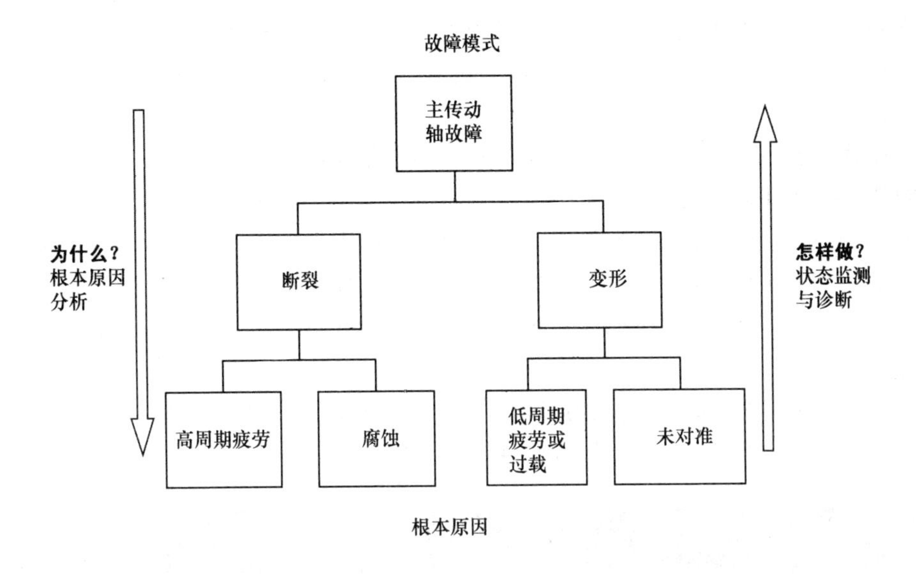

图 3.3　风电机组主传动轴故障的根本原因与故障模式之间的联系

该联系的重要之处在于可以从中获取关于故障位置的有利证据，从而推断出故障模式。但从运行和管理的目的出发，确定故障的根本原因则重要得多，运行人员或维修人员可以通过追踪故障的根本原因来预测初期故障的发展过程。这些知识对于规划维护和减少停机时间是非常宝贵的。图 3.3 说明了数据检测在追踪过程中是非常重要的组成部分。

3.6　可靠性实际数据

当风电机组的分类定义工作完成，风电机组的各部分也已经用标准化的方式完成命名后，风电机组可靠性的数据即可被采集。公开范围内已有对风电机组可靠性的若干调查，包括：

1）丹麦、德国开展的风电数据调查[7]（分别缩写为 WSDK 和 WSD）。该调查含有在 25 年内，配备齿轮驱动装置或直接驱动装置的定速或变速风电机组的故障率数据。

2）参考文献［2］提及的瑞典、芬兰开展的各种调查。

3）德国的 LWK 调查[11]。该调查覆盖了 15 年间 5800 台风电机组－年，配备齿轮驱动装置或直接驱动装置的定速或变速风电机组的故障率数据。

4）德国的 WMEP 调查[6]。该调查覆盖了 15 年间 15400 台风电机组－年，配备齿轮驱动装置或直接驱动装置的定速或变速风电机组的故障率数据。

5）欧洲的 ReliaWind 调查[7,8]。该调查包含了 450 座风电场－月数据，其中包括在不多于4 年的不同时间段内，约350 台齿轮驱动的陆上变速风电机组的运行数据。运行数据包括35000 次停机事件的记录，每次事件以上文阐述的标准分类法进行记录。

总而言之，1）中 WSD 和 WSDK 的数据并未将风电机组的故障按照不同种类或不同部件区别开来，而2）、3）和4）则将其分类整理。除此之外，5）中的 ReliaWind 将数据再次细分，分为部件、子部件和某些零件，即3.4 节所阐述的分类方法。因此，在以上清单中，越往后数据源越详细。但为了保证机密性，ReliaWind 的数据没有标出每台风电机组的具体型号，而 WMEP 和 LWK 的数据则标出每台风电机组的具体型号。

在本书编写时，海上风电场的实际数据在公开范围内非常少，仅有欧洲早起公开赞助的项目的一些报告，详见参考文献［4］。

3.7 数据对比分析

参考文献［1］基于 WMEP 和 LWK 混合的风电机组数据，给出了最简单的陆上风电机组可靠性结果的比较，图3.4 为摘自 LWK 数据的一个示例。

参考文献［2，12，13］也做了比较分析。

图3.4 说明了总体而言，停运时长超过24h 的故障率随着风电机组的额定功率的增加而上升。

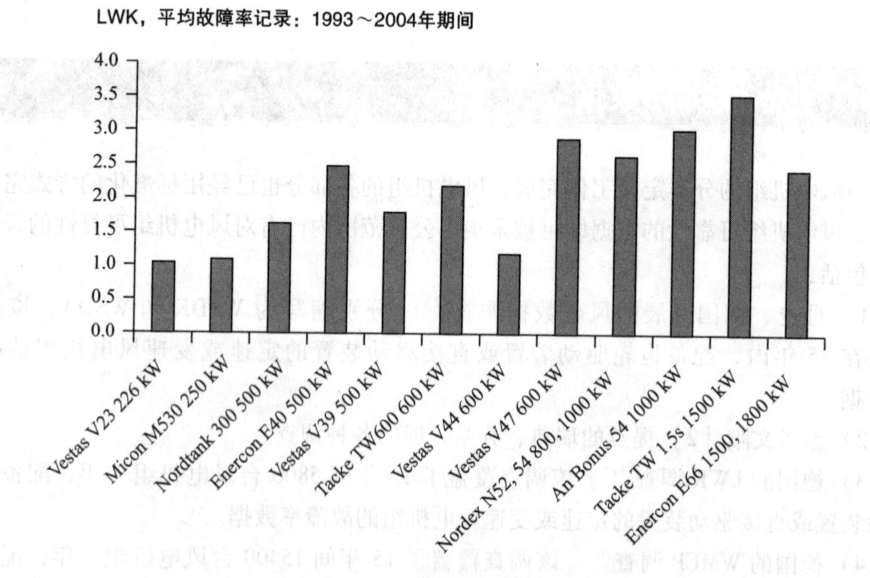

图3.4 LWK 在1993～2004 年共5800 台风电机组-年关于风电机组故障率随额定功率的变化趋势的数据[11]

图3.5的结果显示，风电机组的电气子部件的故障率相对更高，但由于叶片、齿轮箱和发电机子部件的关系，驱动机构的停机时间是最长的。从故障率可知，停机时间较长并不是由各部件的内在设计缺陷引起的，而是由于实际更换部件的工作较为复杂性，通常需要用到吊车并提前进行维修工作的计划。

还有值得一提的一点是图3.5中两项调查所记录下来的停机时间不同。LWK展示的是总停机时间，而WMEP则仅记录了平均维修时间。如式（1.3）所示，平均维修时间短于停机时间，图3.5也证实了这一点。

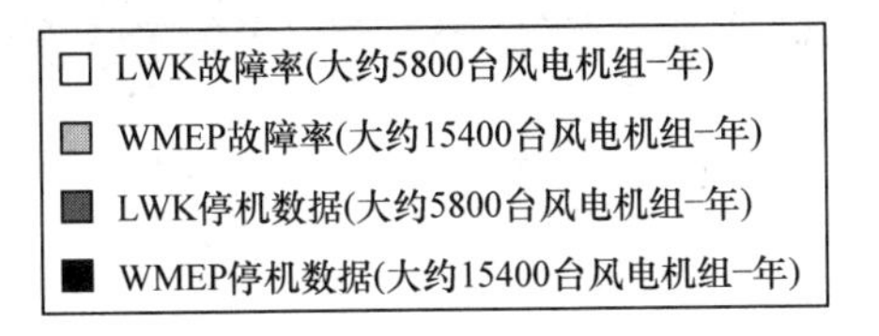

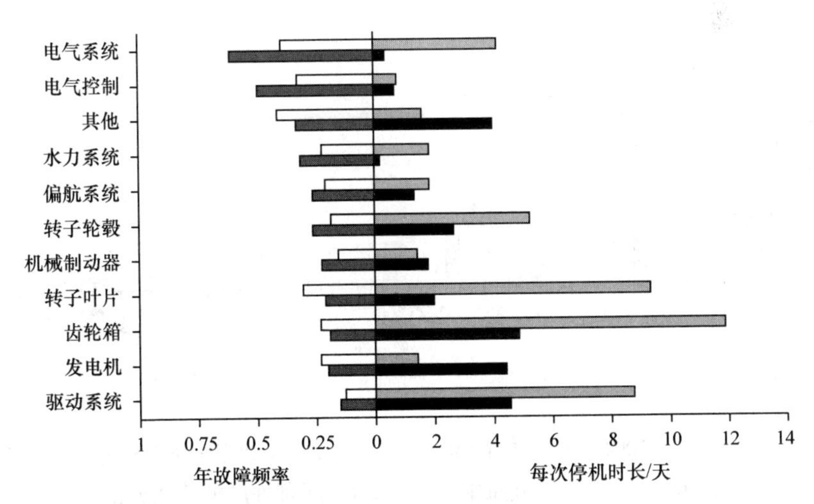

图3.5　LWK和WMEP在1991～2004年共20000台风电机组-年关于风电机组子部件故障率、每次故障停机时间的数据[6,11]

从图3.6可看到，更近期一些的ReliaWind调查有更详细的风电机组子部件故障数据，还包括了大于1h的停运事件的数据。图3.6a中的数据与公开范围的调查数据所展示的结果相似，这是由于考虑到新型的风电机组还未发生过重大的齿轮箱、发电机或叶片故障，图3.6b的数据较为不同，展示的重点则放在了转子、功率模块上。

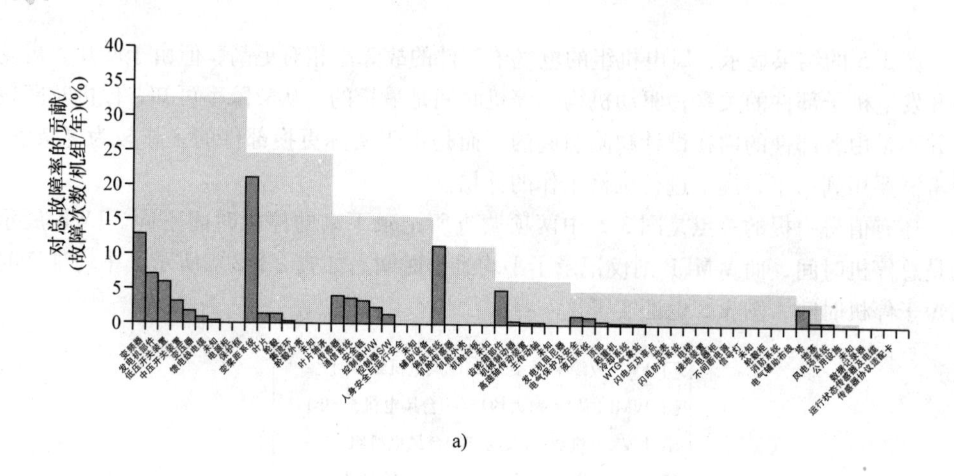

a)

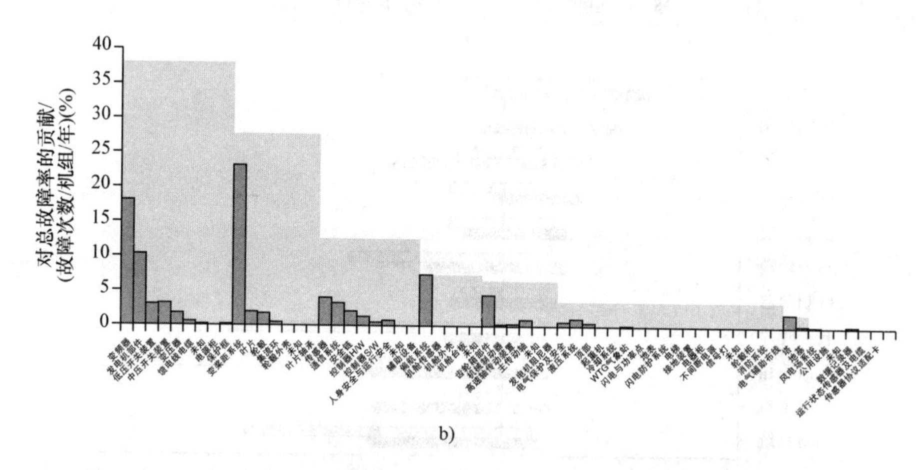

b)

图 3.6 ReliaWind 在 2004～2010 年共 1400 台风电机组－年数据中风电机组子部件可靠性数据[12]：a）子部件故障率分布；b）子部件停机时间分布

3.8 已知可靠性相关内容

基于以上结果，对风电机组的可靠性有了以下了解：

1）风电机组故障率随时间呈下降趋势，故随着时间增加，更多可靠的风电机组被制造出来。

2）根据故障的定义，1～3 次/台/年的故障率以及大于等于 24h 的停机时间的故障在陆上风电机组中是常见的。

3）对于海上风电机组，由于维护工作大概一年一次或者频率更低，故障率保持在 0.5 次/台/年是有必要的。

4）风电机组的配置不同，其故障率也不同，但至今还未有任何一项技术表现出了明显的优势。我们认为，如果一项技术的运行经验足够多，维护工作足够好，那么该技术便能达到某种合适的可靠程度。

5）风电机组的规格增大，其故障率也会随之增加。该现象可以归因于在过去15年间风电机组设计规格的大幅增长以及其设计复杂程度的增加。

6）公开范围内的数据调查中，风电机组故障率最高的子部件按照重要性排序如下：

① 转子变桨距系统；
② 变流器（如电气控制器件、电力电子器件、逆变器）；
③ 电气系统；
④ 转子叶片；
⑤ 发电机；
⑥ 液压系统；
⑦ 齿轮箱。

7）风电机组停机时间最长的子部件按照重要性排序如下：

① 齿轮箱；
② 发电机；
③ 转子叶片；
④ 变桨距系统；
⑤ 变流器（如电气控制器件、电力电子器件、逆变器）；
⑥ 电气系统；
⑦ 液压系统。

上面的排序会因风电机组的型号和配置而有所变化，也可能随着时间推移，受到风电机组运维及资产管理策略的影响而改变。

一项近期的研究[13]表明，陆上风电机组中，有75%的故障造成了总共5%的停机时间，而剩下的25%的故障造成了95%的停机时间。陆上风电机组的停机时间主要受一些大型故障影响，通常这些大型故障与齿轮箱、发电机和叶片有关，所需的更换措施复杂而昂贵。而造成共5%停机时间的75%的故障，大部分与电厂、变流器、电气桨距系统、控制装备以及开关设备有关，此类故障在陆地环境中的维修相对简单。众所周知，风电机组的很大一部分报警，来自于电气系统。

上述数字对海上风电机组的运行费用有很大的影响。海上风电机组的故障率通常与陆上相同，但是其停机时间受海上风电场的位置及交通便捷程度的影响很大，这使得在陆上引起了5%停机时间的那些75%的故障在海上造成的停机时间大幅增加。

3.9　已知故障模式

图3.6所展示的ReliaWind调查结果表明，在1400台风电机组－年的调查数据中，有6种可靠性最低的子部件，分别按不可靠性程度排序如下：

1）电气或液压驱动的变桨距装置；

2）电力电子变流器；

3）偏航系统；

4）控制系统；

5）发电机；

6）齿轮箱。

ReliaWind 项目同时也对调查中风电机组的类型开展了故障模式及效果分析，并指出这 6 种子部件中最重要的故障模式，如表 3.1 所示。

运行可靠性较低的子部件从量测数据中客观地得到，而故障模式则通过 ReliaWind 的合作人员主观地得出。

表 3.1 ReliaWind 项目中通过故障模式及效果分析得到的不可靠子部件和故障模式[10]

子系统/部件	故障模式 1	故障模式 2	故障模式 3	故障模式 4	故障模式 5
变桨距系统	电气驱动型（13 个中的 5 个）液压驱动型（全部 5 个）	电池发生故障 比例阀内部泄漏	桨距电动机发生故障电磁阀内部泄漏	桨距电动机变流器发生故障液压缸泄漏	桨距轴承发生故障位置传感器性能降低或无信号
变流器（18 个中的 5 个）	发电机侧或电网侧变流器发生故障	无发电机速度信号	撬棍电路发生故障	变流器冷却装置发生故障	控制板发生故障
偏航系统（全部 5 个）	偏航系统齿轮箱及齿轮润滑装置不合规格	风向信号减弱	引导装置性能降低	液压缸性能降低	制动器操纵阀停止工作
控制系统（全部 5 个）	温度传感器模块失灵	PLC 模拟输入信号异常	PLC 模拟输出信号异常	PLC 数字输入信号异常	PLC 直接控制器异常
发电机部件（11 个中的 5 个）	集电环电刷磨损	定子绕组温度传感器发生故障	编码器发生故障	轴承发生故障	外部风扇故障
齿轮箱部件（全部 5 个）	行星齿轮发生故障	高速轴轴承发生故障	中间轴轴承发生故障	行星轴承发生故障	润滑系统失灵

3.10 故障模式与根本原因间的联系

图 3.5 和图 3.6 中的故障信息给出了故障位置，表 3.1 给出了故障模式。然而，提高可靠性必须做到确定故障的根本原因，如果有可能还需要消除根本原因。两者之间的关系已在图 3.2 中给出，该关系取决于图 3.7 所示的顺序。

由于风力发电的分散性质，以及每台风电机组较低的额定功率，风电机组原始设备生产商或发电机运行人员很少对故障进行根本原因分析。因此，行业关于故障根本原因的了解必须建立在风电场可用的监控手段之上，这一问题将会在第 7 章中讨论。图 3.7 中有一点非常重要，即天气在风力发电中有着重要的作用，天气不只是能量转换的源头，也是故障的根本原因之一。这一问题在第 15 章即附录 6 中展开并讨论。

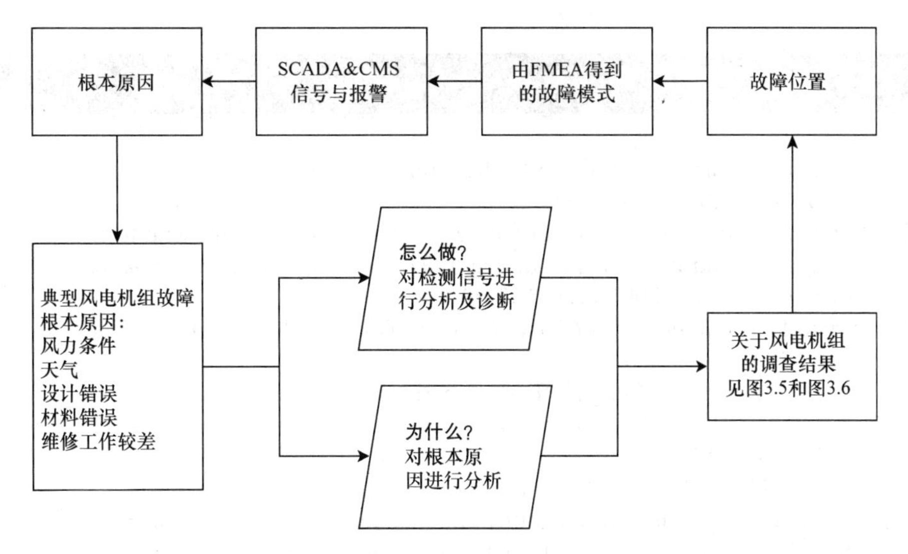

图 3.7　风电机组的故障位置、故障模式与故障根本原因之间的联系

3.11　小结

本章展示了如何用风电机组的可靠性数据制定风电机组性能的基准，并用于风电机组未来的运行、维护工作的组织、规划，特别是对于海上风电机组。风电机组可靠性的相关数据需要谨慎地进行采集，风电机组与风电场的分类方法也需要用通用的方式进行定义。其他行业已有标准的分类方法，而风电行业的标准方法也正在筹划中。显然，对于故障或停机事件也必须要有标准化的定义，以此保证数据可以通过一种有效的工程与管理上的方法进行比较。

通过公开的数据，可以使用风电机组的分类方法总结出可靠性问题相关的几个主要研究问题。对于陆上风电机组，故障率为 1 ~ 3 次/台/年，每次停机时间大于等于 24h 的故障较为常见。陆上风电机组故障中，有 75% 的故障共造成了 5% 的停机时长，而剩余的 25% 的故障造成了 95% 的停机时长。而对于海上风电机组而言，由于到达风电机组所在位置的时间变长了，该 75% 的故障所造成的 5% 的停机时长将会增加，这主要是因为陆上风电机组容易安排现场维修，其较小故障则能够更迅速地得到修复。

海上风电机组故障率通常设为 0. 5 次/台/年，但实际情况与该故障率不相符。

源于一项有限的调查，图 3. 6 展示了在现代风电机组中可靠性最低的子部件、引起不可靠性的故障模式以及故障与其根本原因之间的联系。

3.12 参考文献

[1] Tavner P.J., Xiang J.P., Spinato F. 'Reliability analysis for wind turbines'. *Wind Energy*. 2006;**10**(1):1–18
[2] Ribrant J., Bertling L. 'Survey of failures in wind power systems with focus on Swedish wind power plants during 1997–2005'. *IEEE Transactions on Energy Conversion*. 2007;**22**(1):167–73
[3] Spinato F. *The Reliability of Wind Turbines*. Doctoral thesis, Durham University; 2008
[4] Feng Y., Tavner P. J., Long H. 'Early experiences with UK round 1 offshore wind farms'. *Proceedings of Institution of Civil Engineers*, Energy 2010; **163**(EN4):167–81
[5] EN ISO 14224:2006, Petroleum, petrochemical and natural gas industries – collection and exchange of reliability and maintenance data for equipment
[6] Faulstich S., Durstewitz M., Hahn B., Knorr K., Rohrig K. Windenergie Report, Institut für solare Energieversorgungstechnik, Kassel, Deutschland, 2008
[7] *Windstats (WSD & WSDK) quarterly newsletter, part of WindPower Weekly, Denmark*. Available from http://www.windstats.com [Last accessed 8 February 2010]
[8] Wilkinson M.R., Hendriks B., Spinato F., Gomez E., Bulacio H., Roca J., *et al*. 'Measuring wind turbine reliability: results of the ReliaWind project, Scientific Track'. *Proceedings of European Wind Energy Conference EWEA2011*. Brussels, Belgium: European Wind Energy Association; 2011
[9] VGB PowerTech. *Guideline, Reference Designation System for Power Plants, RDS-PP, Application Explanation for Wind Power Plants, VGB-B 116 D2*. 1st edn. Essen: VGB PowerTech e.V.; 2007
[10] ReliaWind. *Deliverable D.2.0.4a-Report, Whole system reliability model*. 2011. Available from http://www.reliawind.eu/files/file-inline/110318_Reliawind_DeliverableD.2.0.4aWhole_SystemReliabilityModel_Summary.pdf [Accessed 10 May 2012]
[11] *Landwirtschaftskammer (LWK). Schleswig-Holstein, Germany*. Available from http://www.lwksh.de/cms/index.php?id¼1743 [Last accessed 8 February 2010]
[12] Wilkinson M.R., Hendriks B., Spinato F., Gomez E., Bulacio H., Roca J., *et al*. 'Methodology and results of the ReliaWind reliability field study'. *Proceedings of European Wind Energy Conference*, EWEC2010. Brussels, Belgium: European Wind Energy Association; 2010
[13] Faulstich S., Hahn B., Tavner P. J. 'Wind turbine downtime and its importance for offshore deployment'. *Wind Energy*. 2011;**14**(3):327–37

第4章 风电机组结构对可靠性的影响

4.1 现代风电机组的结构

如1.1节所示，在过去的80年内，现代水平轴风电机组不仅是额定功率增长了，风电机组结构的数量和种类也变多了，如下所示：

1）上风向及下风向发电机转子；

2）二叶及三叶转子；

3）定速及变速转子；

4）失速调节及变桨距调节；

5）直接传动及齿轮传动。

目前，风电机组朝着三叶片、上风向、变桨距调节转子的标准化方向发展，风电机组的规格也不断增大，如图4.1所示。

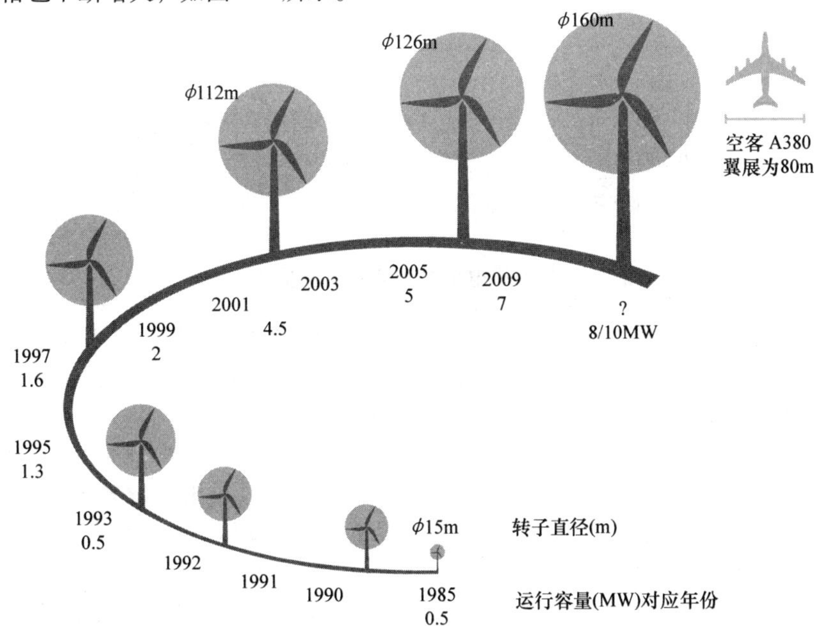

图4.1 1985~2009年商用风电机组设计规格的增长（来源：EWEA[1]）

如今，风电机组结构的变化更多的是传动系统本身以及传动结构的电气排列的变化。风电机组的这些特征会影响其性能，从而影响到风电机组的可靠性。故在考虑可靠性问题时，对风电机组的结构及其优缺点有清楚的了解是非常重要的。业界部分人士认为某些特定的结构的可靠性会优于其他结构，然而目前还未有清晰的量测数据能够给予证明。事实上，近期的经验强调了一点：当子部件被精密地生产出来，并得到正确的安装和保养时，任何风电机组都能达到可靠性要求。

基于参考文献［2］的术语表，图 4.2 总结了风电行业目前采用的传动系统结构，如下所示：

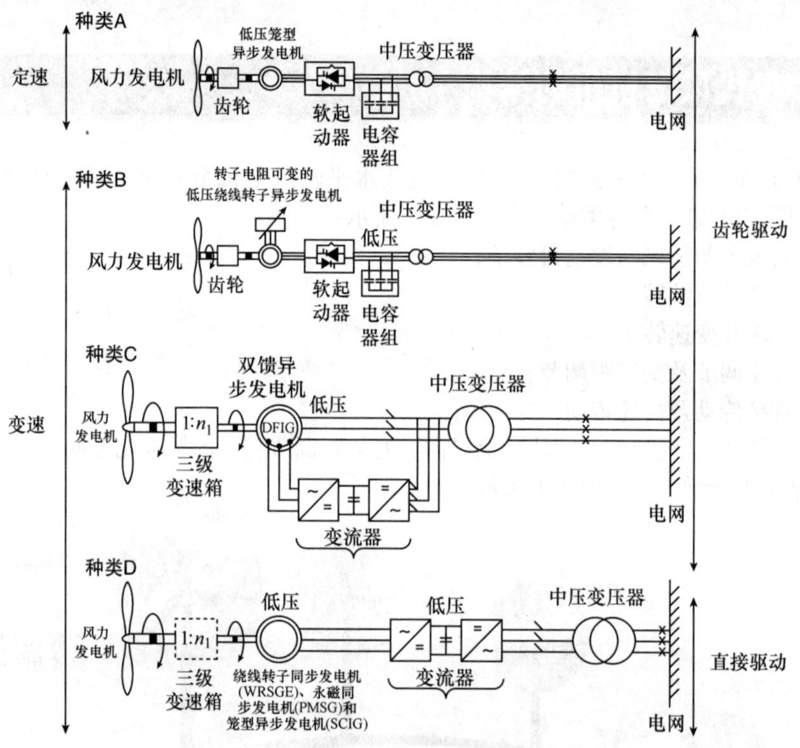

图 4.2 现有风电机组驱动系统主要电气结构

1）种类 A 代表了采用失速调节的定速或双速风电机组，该风电机组配备了齿轮驱动的低压笼型异步发电机（SCIG），异步发电机与中压电网通过变压器直接相连，变压器配有功率因数校正器和软起动器来减少同步涌流。

2）种类 B 代表了采用失速调节或变速调节，以及受控失速调节的定速或双速风电机组，该风电机组配备了含可变转子电阻的齿轮传动的低压绕线转子异步发电机（WRIG），异步发电机与中压电网通过变压器直接相连，变压器配有功率因数校正器和软起动器来减少同步涌流。

3）种类 C 代表了采用可变桨距的变速风电机组，该风电机组配备了齿轮驱动的低压绕线转子异步发电机，该发电机转子与非全功率四象限变流器相连，定子则与中压电网通过变压器直接相连。种类C即为双馈异步发电机（DFIG）运行组合，在风电行业大于1.5MW的风电机组中适用范围最广。

4）种类D代表了采用可变桨距的变速风电机组，该风电机组配备了含励磁机的低压绕线转子同步发电机（WRSGE）、永磁同步发电机（PMSG）和笼型异步发电机（SCIG），SCIG的定子与含有全功率四象限变流器相连，之后通过变压器与中压电网相连。

4.2　风电机组结构的分类

4.2.1　概述

第3章已说明了大型现代陆上风电机组的可靠性正在提升。海上的风能采集量则更多，但运行环境也更加恶劣，风电行业必须清楚地明白推动着可靠性增长的因素是什么，以此来面对海上风电机组安装时的经济挑战。由于到达海上风电机组的途径比陆上更有限，海上风电机组的可靠性必须进一步增加。第2章已经说明了1~3次/台/年的故障率在陆上风电机组中比较普遍，也有人指出，如果将所有停机事件都纳入计算，那么实际的故障率将更高。对于海上风电机组，为了满足可利用率以及控制运维成本，计划的现场维护工作需要保持在一年一次或是更低频率，所以故障率控制在0.5次/台/年是很有必要的。

本节主要研究了风电机组子部件的不可靠性或故障强度函数$\lambda(t)$，而不是可利用率及容量系数（CF）这一类较为宽泛的问题。这是由于可靠性主要与风电机组的建造相关，从本质上而言是可以预测的，但可利用率、年发电量以及容量系数不仅与可靠性相关，同时更多地受风况和故障后果的影响，故障造成的后果则又反过来与风电机组位置、交通物流及维护制度有关，风电机组的建造并非主要影响因素。本节延续了3.5节对公开数据的分析，着重分析了齿轮箱、发电机、电力电子变流器等风电机组最重要的子部件。分析工作以LWK调查所包含的风电机组模型、设计方案中的各类子部件为基础（详见第3章中参考文献[11]）。这些数据将会说明调查时间段内，被选中的子部件的可靠性特点具有非常大的差别。部分结果与用于非风电行业的同类型子部件的使用经验是相关的。如参考文献[3]所示，风电行业对不同的风电机组构造在成本、性能方面的差异性非常感兴趣，然而可靠性相关的信息则很匮乏。本章节的分析工作阐明了风电机组结构对可靠性的影响，得出了所选择的子部件特有的可靠性特性，该工作可以用于改善风电机组的整体性能。

4.2.2　不同概念与结构

随着现代风电机组技术日趋成熟，风电机组的构造围绕着三叶、上风向、变速的概念逐渐标准化。在该概念范围内存在着不同的风电机组结构，如图4.2中的种类C与种类D即为两种不同的结构，具体如下：

1）齿轮驱动的风电机组，含齿轮箱、高速异步发电机以及非全功率变流器；

2）直接驱动的风电机组，不含齿轮箱，但含有一组特殊的直接驱动系统，以及低速同步发电机和全功率变流器。

齿轮驱动概念的预期优势在于其采用了标准化程度更高的高速发电机和非全功率变流器，从而节约了成本，如参考文献［3］所述。直接驱动概念的预期优势则在于通过省去齿轮箱的使用提高运行的可靠性，同时还有其他潜在优势，如低风速时损耗相对更小。在此还有若干种控制结构也需进行研究，如表4.1所示。本章将对这些风电机组相关概念，即所有风电机组结构、控制结构，进行探讨。

表4.1　本章所分析的风电机组控制概念

速度控制	桨距控制	功率控制	本节所考虑的风电机组模型
定速或双速	无	被动失速调节，与SCIG相连的齿轮驱动系统	NEG Micon，M530，Tacke TW600
定速	有，从桨距调节到失速调节	主动失速调节，与SCIG相连的齿轮驱动系统	Vestas V27，Nordex N52/54
受限变速	有	与采用变转子电阻控制的WRIG相连的齿轮驱动系统	Vestas V39
变速	有	与采用非全功率变流器控制的DFIG相连的齿轮驱动系统	Tacke TW1500，Bonus 1 MW，54
变速	有	与采用全电阻变流器控制的同步发电机相连的直接驱动系统	Enercon E40，E66

4.2.3　各种子部件

为了了解风电机组驱动系统结构的可靠性，需要按照3.4节中的术语，将风电机组分解成比图2.1更详细的几个部分：

1）系统，即整台风力发电机；

2）子系统，如含转子轮毂、传动轴、轴承、齿轮箱、耦合器和发电机的传动系统；

3）部件，如齿轮箱；

4）子部件，如齿轮箱中的高速轴；

5）零件，如齿轮性的高速耦合器。

本章主要分析了WSDK、WSD和LWK调查所记录的子部件，以及图3.5中展示的子部件故障。以上调查中所采用的术语不尽相同，故对子部件的术语进行整理是很有必要的，具体如表4.2所示。

表4.2　本章所分析的风电机组子部件

本章	WSD	WSDK	LWK
风轮	风轮	叶片、轮毂	叶片
风闸	风闸	风闸	风轮制动
机械制动	机械制动	机械制动	制动
主轴	主轴、轴承	轴、轴承、联轴器	轴、轴承

（续）

本章	WSD	WSDK	LWK
齿轮箱	齿轮箱	齿轮箱	齿轮箱
发电机	发电机	发电机	发电机
偏航系统	偏航系统	偏航系统	偏航系统
变流器	电气控制器件	电气控制器件	电子器件、逆变器
液压装置	液压装置	液压装置	液压装置
电气系统	电气系统	电网	电路
桨距控制	桨距调节	机械控制	桨距机制
其他	风速计、传感器、其他	其他	风速计、传感器、其他

4.2.4　运行经验

WSD、WSDK和LWK调查所获得的数据（详见第2章参考文献［3］及第3章参考文献［11］）是由运行人员手写或在计算机上记录下来得到的，并非自动生成。这些数据存在如下的缺陷：

1）这些数据包括了某一特定时间段内每台风电机组及调查范围内子部件的故障，但未包括具体记录故障模式。

2）在不同的调查中，故障数据采集的时间段长度不同：WSDK每月采集一次，WSD每季度采集一次，LWK每年采集一次。

3）不同的数据采集时间段长度影响了调查所展示的结果。

4）对于不同调查范围内的风电机组，还有一些其他的不同，如下所示：

① WSDK的调查覆盖了许多台不同类型的风电机组，调查的风电机组的数量随时间逐渐减少（调查期间风电机组数量从2345台降至851台），风电机组的平均寿命为14年，大部分风电机组采用失速调节结构。风电机组的故障强度逐渐接近一恒定平均故障率，证明风电机组技术是稳定的。某台单独风电机组模型的故障率无法从该项调查的数据中提取出来。

② WSD的调查覆盖了许多台不同类型的风电机组，风电机组的数量随时间逐渐增加（调查期间风电机组数量从1295台升至4285台），风电机组的平均寿命为3年。调查中的风电机组模型虽然种类很多并配备了不同的控制结构，但故障强度也逐渐接近某一恒定值，不过接近恒定值的速度比WSDK的数据更快一些。从WSD调查得到的数据中，也无法提取出某台风电机组模型的故障数据。

③ LWK的调查范围更小、更分散，调查的风电机组数量比较稳定（调查期间风电机组数量为158~643台），调查对象包括了寿命可达15年的大型风电机组，这些风电机组配备了定速、变速结构，均为齿轮驱动，大部分还采用了直接驱动的概念。从该项调查的数据中可以提取出某台单独风电机组模型的故障数据。

4.2.5　子部件的工业可靠性数据

风电机组的子部件中，某些部件专门用于风电行业，如转子、桨距控制部件。然而其他的子部件，如齿轮箱、发电机、变流器等，虽然可能在规格、具体设计上有所不同，仍能以同样的方式应用于其他的能量转换装置中。在本章中列出的可靠性数据，在与其他行业的可靠性数据进行对比后，能够对风电行业更加有用，如表 4.3 所示。

表 4.3 工业生产经验中发电机、齿轮箱及变流器可靠性数据

子部件	故障率/(次/个/年)	平均故障间隔时间/h	来源
发电机	0.0315 ~ 0.0707	123900 ~ 278000	Tavner[4, 5] 和 IEEE Gold Book [6]
齿轮箱	0.1550	56500	Knowles
变流器	0.0450 ~ 0.2000	43800 ~ 195000	Spinato（第 2 章参考文献 [7]）

4.3 恒定故障率下的可靠性分析

第 1 章中的参考文献 [3] 假设系统处于“浴盆曲线”（见图 2.4）的底端，对风电机组的平均故障率进行了研究。该文献展示了 WSD 和 WSDK（见图 1.2）的调查数据，阐述了自 20 世纪 80 年代早期风电在加利福尼亚州开始普及，风电机组故障强度的总体趋势。LWK 调查的结果也已加至图 1.2 中，该调查结果还包括了其他成熟电源的故障率量测结果，这些数据大部分来自于 IEEE[5]，可以看出风电机组的可靠性比其他某些电源更优，尤其是与柴油发电机组相比的时候。然而，基于以下原因，应该更谨慎地参考图 1.2。

1）风电机组的数据来自于多个种类且范围在变化的调查对象。最近投入使用的风电机组的额定功率不断上升，故障率逐渐增加，导致至少在早期的故障阶段中，齐次泊松过程的平均隐式低估了这些更新型、更大型、更复杂的风电机组的故障率。

2）而对于另一方其他成熟的电源而言，其故障数据来自于规模有限的历史调查，在本章节中提及的成熟电源的可靠性逐年提高，但这一点却无法通过这些数据看出。

风电机组子部件的相对不可靠性也可以从图 3.5 所示的 WSD 和 LWK 数据中提取出，该图对 11 种风电机组主要子部件的恒定故障率进行了比较。LWK 调查范围内的风电机组在整个调查期间的技术一致性更高，这是由于这些风电机组作为整体安装完毕后相对没有太多变动。不过，LWK 调查的风电机组数量比 WSD 小了许多。下面给出了几点需要注意的信息：

1）从图 1.2 可以看出，丹麦风电机组的整体故障率低于德国风电机组。第 1 章参考文献 [3] 指出，丹麦风电机组机龄更老，规格更小，采用的技术更简单，使得整体可靠性更高。

2）图 3.5 说明了 WSD 和 LWK 两次德国数据库调查所面向风电场中，子部件的故障率非常接近，两者之间的相似度比其中任一方与 WSDK 数据的相似程度更高。这些数据的一致性证明了这两项德国调查的规模虽然不同，但数据是有效的。

3）图 3.5 中故障率最高的子部件按照重要性依次列出：

① 电气系统；
② 风轮（如叶片、轮毂）；
③ 变流器（如电气控制器件、电力电子器件、逆变器）；
④ 发电机；
⑤ 液压装置；
⑥ 齿轮箱。

瑞典（见第1章参考文献［3］）和德国的另一项数据调查WMEP（见第3章参考文献［6］）也得到了同样的结果。

从风电机组得到的子部件故障率也将在本章与从工业运行经验中得到的故障率进行比较（见表4.3）。

图3.5仅包含了故障率，并未包括故障的严重程度。然而，LWK的数据记录了停机时间，也即不同子部件故障的平均修复时间，如图3.5所示。在图中，电气系统、发电机和齿轮箱的故障更加明显，尤其是齿轮箱平均修复时间相比更长。这也就是工业对齿轮箱故障比较重视的主要原因。同样的是，瑞典得出了相同的结果（见第1章参考文献［3］）。

4.4 不同风电机组结构的分析

4.4.1 不同风电机组结构的比较

现在，对风险最高的单个子部件的故障率进行分析。LWK数据根据规格、具体概念对风电机组模型进行分组。图3.4总结了11年期间LWK调查范围内的12台风电机组模型的故障率，具体如表4.1所示。图3.4说明了故障率随着风电机组的额定功率增长这一变化趋势，再次证明了第1章参考文献［2］中的结论。下一步的分析则延续了图3.5的方式，将LWK风电机组模型中子部件的故障率进行比较，比较的重点为驱动系统子部件。比较的结果如图4.3所示，并根据风电机组概念、控制结构进行分类，详见表4.1的第3列。

图4.3反映了风电机组设计方案、控制方式变化时，叶片故障率、变桨距装置、齿轮箱和发电机的故障率之间的关系。

对于含失速调节的定速风电机组，很多故障发生在叶片和齿轮箱处。随着含桨距调节的变速装置的引入，变桨距装置也顺理成章地纳入了故障模式范围。

不过，变桨距装置的引入减少了叶片和发电机的故障率，这一点可参考图4.3a小型风电机组的数据。图4.3b也可证明除发电机故障率较高的E40直驱风力发电机之外，较大型的风电机组的叶片、发电机和齿轮箱故障率均减小了。4.4.2节将对该问题进行讨论。叶片故障率的下降在图4.3c中的大型E66直驱风力发电机上体现得更加明显。

换句话说，变速和桨距控制的技术优势不只在于风能捕获和噪声减少方面的改善，更多在于尽管出现了其他故障，风电机组的运行可靠性仍能随着时间得以改善。

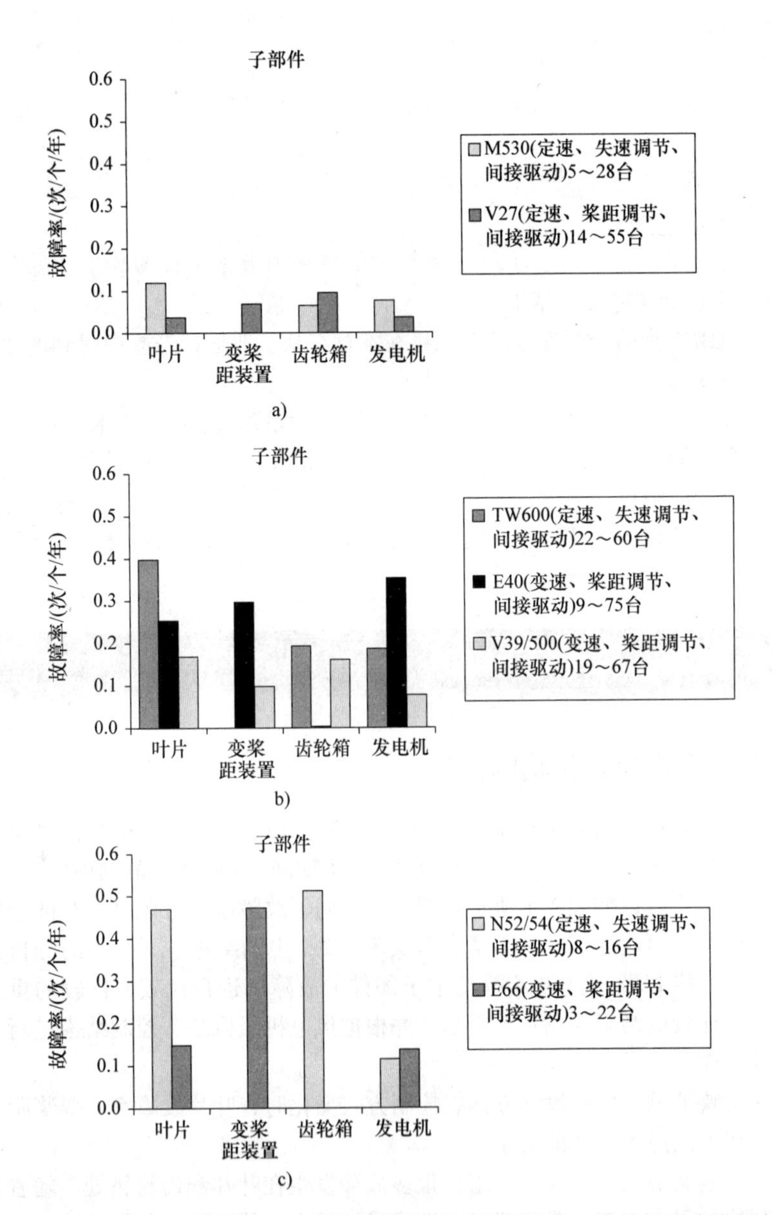

图 4.3 如图 3.5 所示，LWK 调查数据中叶片、变桨距装置、齿轮箱和发电机的故障强度分布（来源：第 2 章参考文献［6］）：a）300kW 桨距调节或失速调节控制的定速齿轮驱动风电机组；b）600kW 含失速调节的齿轮驱动风电机组、有限变速桨距调节风电机组或变速直驱含桨距调节的风电机组；c）1MW 含桨距调节的变速齿轮驱动风电机组、1MW 含桨距调节的变速直驱风电机组。左侧为失速调节风电机组，右侧为桨距调节风电机组

4.4.2　子部件的可靠性

4.4.2.1　概述

采集的故障数据随着时间发生变化，可以用非齐次泊松过程表示，详见2.4.5节。本节则将基于图3.3中的非齐次泊松过程的特殊形式即幂律过程，对LWK调查面向的风电机组群体可靠性随时间的变化趋势进行分析，分析主要面向上文提及的三类子部件：

1）发电机；

2）齿轮箱；

3）变流器，即电气控制器件、电力电子器件及变流器。

这些子部件对于风电机组的运行非常重要，同时也是风电机组相关设计的讨论的核心要点，尤其是对于采用直驱风电机组还是齿轮驱动风电机组这个问题而言，因此被挑选出来进行分析。

从LWK调查数据获得的强度函数随子部件总测试时长（TTT）的变化以图形为主要表达方式进行展示，详见2.4.7节。代表故障强度的点按照对某一时间段内有效数字的要求以及Crow－AMSAA模型的要求，进行汇总。每幅图中也包含了由表4.3得到的该子部件在其他行业中的故障率，图中还有一个时间游标来显示数据的横跨的时间长度，如2.4.7节所示。

对于这些子部件，相关数据的幂律过程插值结果已经通过以下两种统计学标准进行检验：

1）拟合优度；

2）可靠性无增长时的原假设。

只有符合以上两种检验标准的数据才会展示出来。特定风电机组模型的子部件数据则由此而来，但下文中的结论也能推广至LWK调查范围内的其他风电机组。参考文献[11]对这些结果进行了小结。

4.4.2.2　发电机

图4.4给出了若干LWK调查范围内的发电机可靠性，图中显示发电机的故障强度逐渐降低，即幂律过程中的$\beta<1$，也就是说可靠性逐渐上升。这些数据也清晰地反映了“浴盆曲线”的早期故障阶段（见图2.4）。表4.4中其他工业用发电机的可靠性数据也被叠加至图上，图4.4说明了无论是直驱风电机组还是齿轮驱动风电机组，其发电机的可靠性均低于发电机刚开始使用的时候。然而，对于图2.6所定义的“所展示的可靠性”，除E40发电机以外的所有发电机数据在与其他工业用发电机故障率相比时，均展示出较好的比较结果。这两者中，直驱发电机的故障率均高于齿轮驱动的发电机。不过，E66发电机和E40发电机相比，明显有了很大的改善。

某一风电机组维修公司[7]提供了更加近期的关于风电机组发电机故障率的数据，并与其他行业的发电机进行了比较。以上数据证明，与其他行业同规格发电机相比，风电机组发电机的可靠性相对较低，如图4.4所示。但这些数据也解释了风电机组发电机故障的位置，具体如表4.4及图4.5所示。数据说明了风电机组发电机故障的位置与其他发电机并无区别，主要包括轴承、集电环和电刷的故障。现今大部分大型风电机组发电机是DFIG，故这一点也在意料之中。

以上数据引出了下面几个重要的问题：

1）为什么在运行初期，直驱发电机和齿轮驱动发电机的可靠性有如此大的差异？

2）为什么这三种发电机的故障强度随着时间增加？

3）为什么风电行业无法在运行初期便达到最终显示出的可靠性程度？

结合由LWK调查数据得到的有限数据，以上问题告诉我们，如果要让风电机组可靠性得到提高，原始设备生产商和运行人员需要重视发电机的可靠性。该问题将在第5章进行讨论。

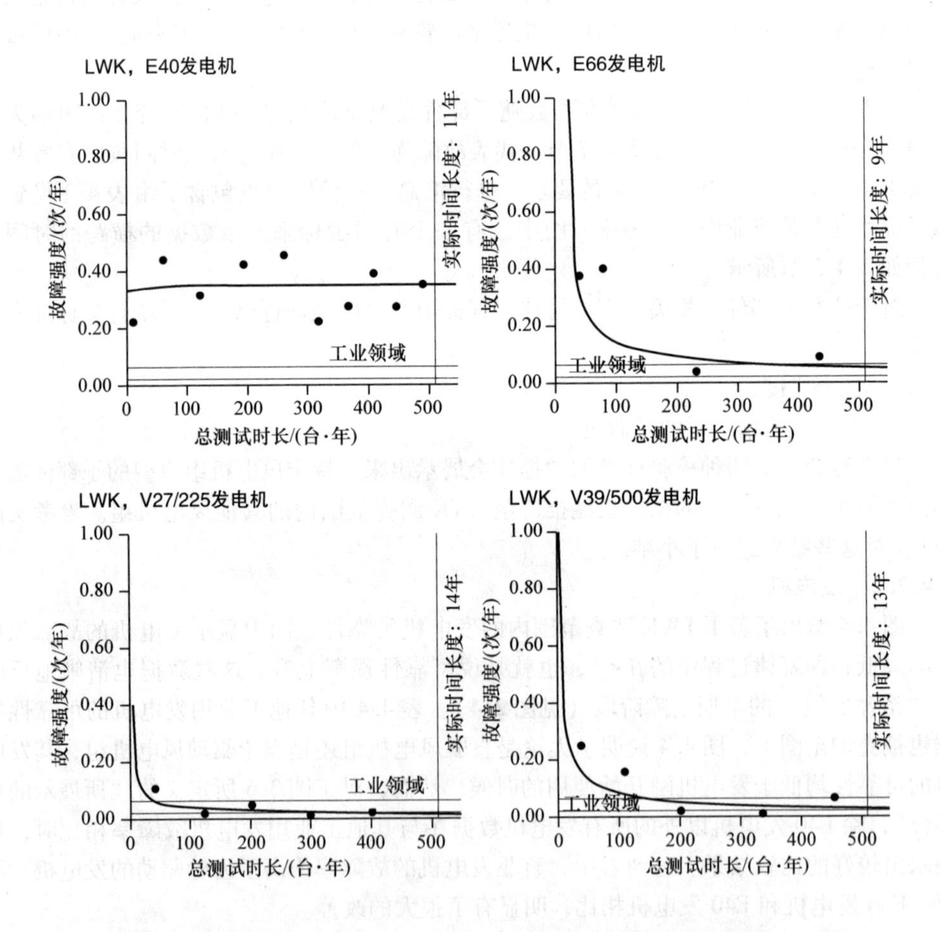

图4.4 LWK调查中套用PLP模型的发电机子部件故障强度变化：上面左图为低速直驱发电机；上面右图为高速齿轮驱动发电机（来源：第2章参考文献［6］）

表 4.4　文献中电机故障子部件分布情况[4]

调查种类	IEEE 对大型转子的调查[8]	对应用于公用设施的电动机的调查[9]	对海上石油化工行业中的电动机的调查[10]	对风电机组发电机的调查[7]		
工业范围	整体	公用设施	海上石化行业	风力发电		
电机种类、额定功率及电压等级	高于 150kW 的电动机，通常为中压、高压笼型感应电机	高于 75kW 的电动机，通常为中压、高压笼型感应电机	高于 11kW 的电动机，通常为中压、高压笼型感应电机	小于 1MW 的风力发电机，低压，95% 以上为绕线转子电机，但转子电压通常由电子控制，而不是具有外侧电子设备的集流环	1～2MW 的风力发电机，低压，大部分为双馈感应发电机（DFIG）	大于 2MW 的风力发电机，低压，大部分为双馈感应发电机
调查中故障发电机台数	360	1474	1637	196	507	297
子部件轴承	41%	41%	42%	21%	70%	58%
冷却系统	—	—	—	—	2%	—
定子槽楔	—	—	—	—	—	14%
定子相关故障	37%	36%	13%	24%	3%	15%
转子相关故障	10%	9%	8%	50%	4%	4%
集流环或集电环	—	—	—	1%	16%	4%
转子导线	—	—	—	—	1%	4%
其他	12%	14%	37%	4%	4%	1%
总计	100%	100%	100%	100%	100%	100%

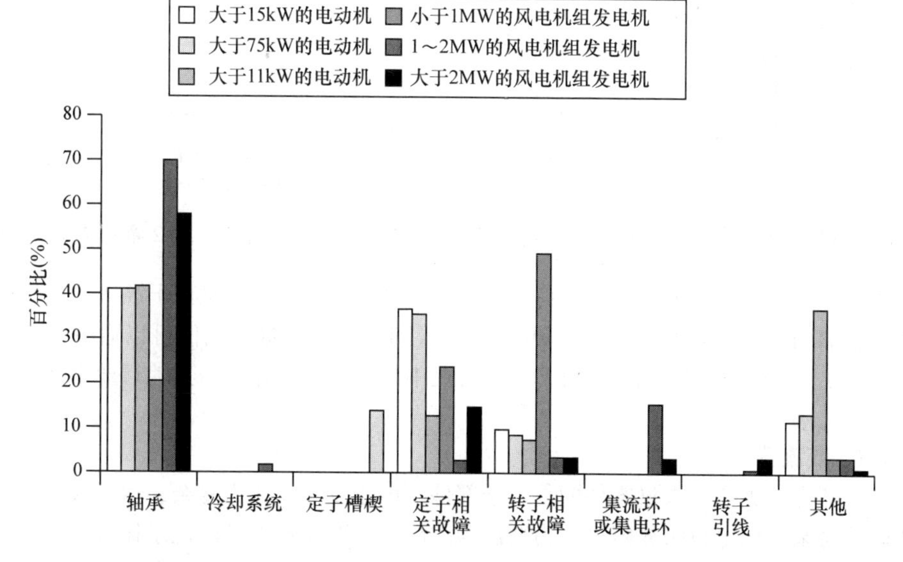

图 4.5　风电机组发电机及其他电机故障发生位置[7]

4.4.2.3 齿轮箱

图4.6展示了LWK调查范围内的一系列齿轮箱的可靠性数据，可看出不同的齿轮箱的故障强度上升趋势非常相近，即PLP模型中的β从1.2升至1.8（见图2.2）。这意味着系统处于“浴盆曲线”（见图2.4）的恶化阶段，也称磨损阶段，即和预期一样，系统此时经历着较为稳定的机械磨损。可见，风电机组的齿轮箱作为一类成熟的技术，其机械设备的运行处于“浴盆曲线”的恶化阶段。故对于这些齿轮箱而言，令预设好的可靠性取得较大进步可能性不大。

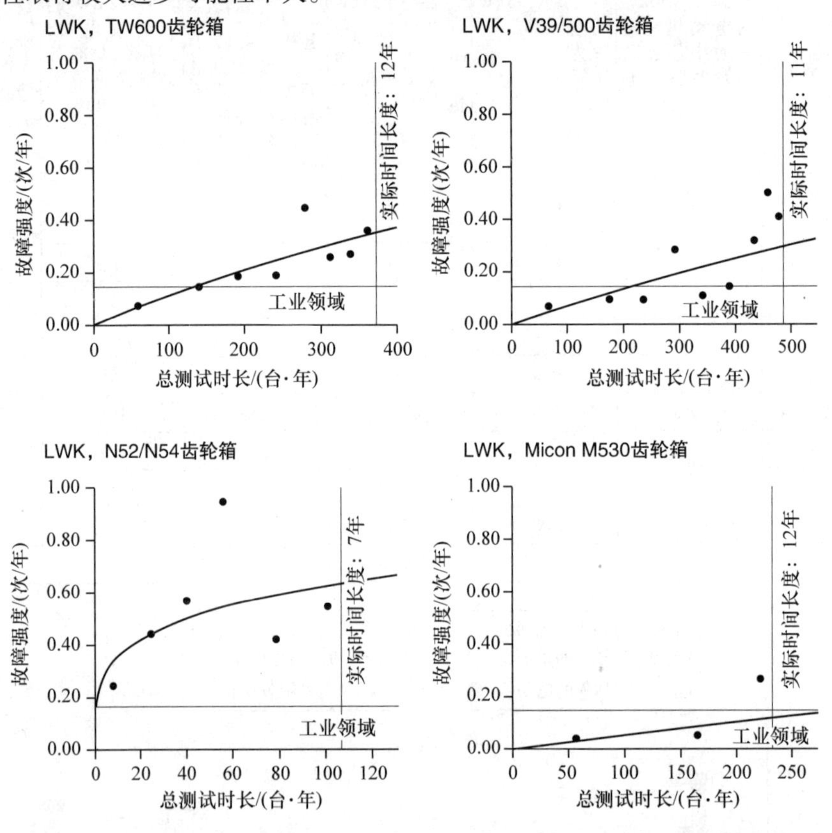

图4.6 LWK调查中套用PLP模型的齿轮箱子部件故障强度变化（来源：第2章参考文献［6］）

表4.3给出了其他工业用齿轮箱的可靠性数据，该数据通过对若干源数据取平均值获得，也加到了图4.6中。结合由LWK调查得到的有限数据，我们可以通过以上数据看出，除了Nordex 52/54风电机组，风电行业中齿轮箱的可靠性与其他行业中的齿轮箱相近。

4.4.2.4 变流器

变流器是一类含有大量零件的复杂子部件。由于变流器较为复杂，运行人员可能无法明确地将某一风电机组故障划分为变流器故障，故变流器故障的记录比较困难。与此相反的是，发电机、齿轮箱故障则通常非常清楚直接。这也意味着在考虑被记录的变流器故障时，应该谨慎对待。

为了克服该问题，将LWK调查数据（见表4.2）中的逆变器及其他电力电子器件的故障汇总，并在图中以变流器这一宽泛的子部件名称展示不同风电机组的故障强度。图4.7展示了LWK调查面向的三种变流器。同样地，这些数据也体现了“浴盆曲线”（见图2.4）的早期阶段。特别的是，第一条曲线体现了“浴盆曲线”全部过程，即早期故障阶段、内部故障阶段和损耗阶段。Enercon E40和TW 1500两种变流器的数据类似于发电机，故障强度逐渐下降，即PLP模型中的$\beta<1$，说明了可靠性逐渐提高。不过对于这两种变流器，故障强度虽然随着时间增长，但幅度很小接近水平，即$\beta=1$。表4.2中，工业用变流器故障率则为0.045 ~0.2次/台/年不等。故障率最低值来自于对相对小型的变流器进行的分析（见第2章参考文献［7］），该值并不适用于风电机组中的大型变流器，故建议使用故障率最高值，即0.2次/台/年。

更加近期的研究工作对变流器引起的风电机组故障率分布进行追踪，并对不同数据调查中的变流器引起的故障率进行对比，如表4.5所示。该研究表明，变流器故障率处于0.22 ~2.63次/台/年的范围内，此结果则应与图4.7进行对比分析。

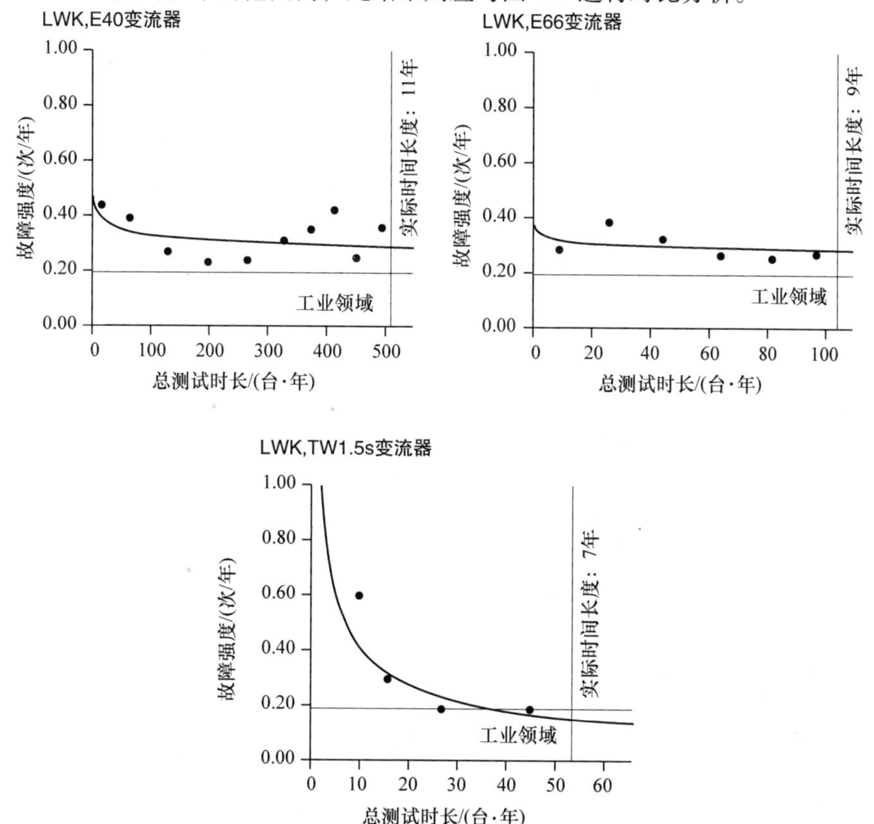

图4.7　LWK调查中套用PLP模型的变流器子部件故障强度变化（来源：第2章参考文献［6］）

在这里需要指出重要的一点，那就是表4.5中的数字代表的是风电机组停机时间，这些停机事件被运行人员定性为变流器故障引起的。这些数据来自于大量变流器产生的警报信号和跳闸时间。但这些数据并不能指出故障发生在变流器内部具体哪个位置，对故障位置的估计则在表4.5的后半部分列出。可以看出，大部分变流器故障率和停运时间是由逆变桥和直流环节的故障引起的。

尽管存在一定局限性，表4.5中的数据清晰连贯地说明了在不同调查中变流器故障率的问题。

表4.5　不同调查中故障变流器子部件分布情况

	WMEP_ D数据（第3章参考文献［6］）	LWK_ D数据（第3章参考文献［11］）	LWK_ D数据（第3章参考文献［11］）	ReliaWind数据（第3章参考文献［12］）		
调查所含风力发电机年数量	209	1028	5719	679	366	1
附加信息	大型风电机组	所有风电机组	所有风电机组	配备非全功率及全功率变流器的特定风电机组	大约2MW，配有DFIG及非全功率变流器的特定风电机组	
	1998～2000	1989～2006	1993～2006	1993～2006	2007～2011	
	故障率/（次/台/年）			故障率/（次/台/年）	来自FMEA故障率/（次/台/年）	
全部风电机组	5.23	3.60	1.92	2.60	由于保密原因未公开	23.37
全部变流器	1.00	0.45	0.22	0.32	未公开	2.63
变流器故障占风电机组故障比重	19.1%	12.4%	11.6%	12.2%	11.6%	11.3%
故障估计位置						
变流器控制单元	0.070	0.031	0.016	0.022	—	0.184
串联接触器	0.090	0.040	0.020	0.028	—	0.237
网侧滤波器	0.030	0.013	0.007	0.009	—	0.079
网侧逆变器	0.189	0.085	0.042	0.060	—	0.500
预充电路	0.060	0.027	0.013	0.019	—	0.158
直流侧电容器	0.110	0.049	0.024	0.035	—	0.289
斩波电路	0.060	0.027	0.013	0.019	—	0.158
发电机侧逆变器	0.189	0.085	0.042	0.060	—	0.500
撬棒电路	0.060	0.027	0.013	0.019	—	0.158
发电机侧滤波器	0.030	0.013	0.007	0.009	—	0.079
旁路接触器	0.090	0.040	0.020	0.028	—	0.237
辅助设备	0.025	0.011	0.006	0.008	—	0.066

以上数据引出了下面几个重要的问题：

1）为什么变流器的故障率随着时间增加而有所改善？

2）为什么风电机组中的变流器故障强度比普通工业用途的变流器高出许多？

3）为什么不把更多注意力放在减少变流器频繁的故障次数上，如通过改善警报管理、减少烦人的跳闸事件的次数？

4.5 现有不同风电机组结构的评估

在参考文献［3］中，Polinder 等人对现有的 5 种不同 3MW 风电机组驱动结构进行了分析，其中 4 种如图 4.8 所示。

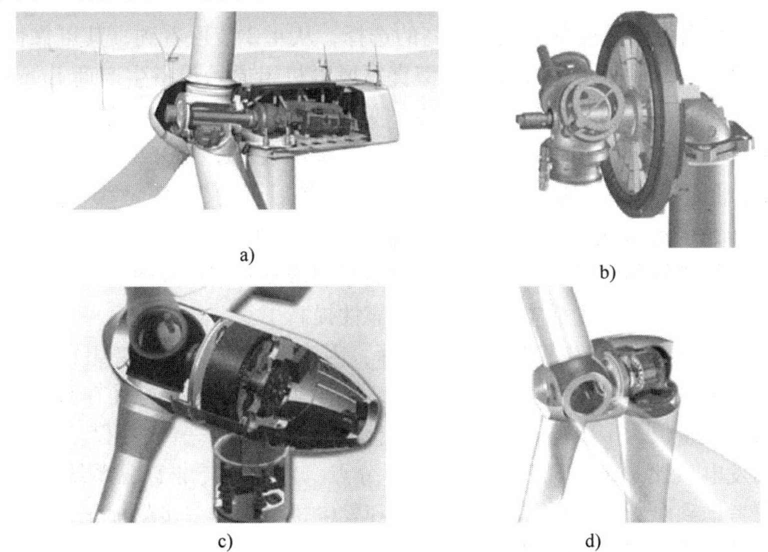

图 4.8 被评估的几种不同风电机组驱动结构示意图[3]：a）传统齿轮驱动 DFIG3G；b）传统直驱 DDWRSGE；c）永磁直驱 DDPMG；d）集成设计 PMG1G

1）非直驱双馈感应发电机含有三级齿轮箱、非全功率变流器（DFIG3G），其风电机组变速比为 3:1，故变流器额定功率通常为发电机、齿轮箱额定功率的 1/3。

2）直驱绕线转子同步发电机含有励磁机和全功率变流器（DDWRSGE）。

3）直驱永磁发电机含有全功率变流器（DDPMG）。

4）半直驱永磁发电机含有一级齿轮箱和全功率变流器（PMG1G）。

5）半直驱双馈感应发电机含有一级齿轮箱和额定功率为发电机、齿轮箱 1/3 的变流器（DFIG1G）。

表 4.6 中对各类风电机组结构的评估是在成本、固定风况下的年发电量的基础上完成的，与可靠性相关的考量则通过第 5 章参考文献［15］中的方法加入计算中。

以上计算结果表明在采用标准子部件时，非直驱 DFIG3IG 是重量最轻、成本最低的解决方案，这也就说明了为什么它是应用最广泛的商用风电机组。原始设备生产商使用接近工业标准的发电机及变流器子部件，以此在标准化、成本和可靠性方面有所收益。然而，该系统的齿轮箱、发电机的电刷和集电环装置存在着磨损问题，可靠性也不够高。由于标准电机和齿轮箱的成本较低，在未来，其性能的改善和成本的降低可能性不大。

表 4.6 3MW 驱动系统结构及其可靠性分析[3]

	DFIG3G	DDWRSGE	DDPMG	PMG1G	DFIG1G
年发电量/GWh	7.73	7.88	8.04	7.84	7.80
重量/kg	5.3	45.1	24.1	6.1	11.4
成本/欧元	1870	2117	1982	1883	1837
相对可靠性估计值（%）	90	70	80	100	80

DDWRSGE 则为重量最重、成本最高的选择，从 4.2 节可看到，其可靠性并不一定是最好的。唯一一家在商业上成功的大型直驱风电机组原始设备生产商 Enercon 采用的是此类结构，称该结构可以避免采用全功率变流器时电网故障导致的电压扰动问题。但是，该子部件也存在令人担忧的一点，那就是其零件数量是 DFIG3G 非全功率变流器的 3 倍，其成本也是 DFIG3G 的 3 倍，故障率也大概是后者的 3 倍[5]。风电行业经常误认为功率变流器是传动系统中成本最高、可靠性最低的子部件，而不是通常提到的齿轮箱。不过，与齿轮箱不同的是，变流器故障的平均修复时间比较短，在电力电子领域内其重大进步正在逐步发生，成本下降了，可靠性提高了。

大致来说，DDPMG 应该算是最好的选择，因为其发电机仅有绕组，不含电刷和齿轮箱，不过 DDPMG 配有一台全功率变流器。该结构的一个重要好处在于，其运行中的发电机材料的重量仅为 DDWRSGE 同样气隙直径的发电机的一半，而其考虑最高发电量时，该结构发电量比 DDWRSGE 高出几个百分点。但是，与非直驱系统相比，DDPMG 比较昂贵。考虑到电力电子设备成本的下降和发电机系统进一步的优化、集成，该控制结构有一定的进步空间。不过现今的顾虑主要在于永磁材料的成本逐年上升。

配有一级齿轮箱的 PMG1G 是一个值得考虑的选择，较快的速度使得发电机的体积减小，同时与三级齿轮箱相比，该发电机结构的可靠性更高。Polinder 也提出，此类发电机也可以用于其他方面如船只的驱动，使得该结构改善过程中的成本得以分摊。

出乎意料的是，如果考虑每单位成本的发电量，配有一级齿轮箱的 DFIG1G 结构是最值得考虑的选择，这是因为变流器的功率较低时其成本和损耗也较少。然而对于发电机与齿轮箱原始设备生产商而言，该系统面向范围过窄。同时由于 DFIG1G 的直径更大，速度更慢，此类标准化程度偏低的 DFIG 的可靠性不尽如人意。

总而言之，对于所有驱动系统结构而言，风电机组整体、齿轮箱及发电机的设计对于制造、运输和安装方面的改善是非常重要的一个部分，对风电机组的价格可能会有相当大的影响。

4.6 各种新型风电机组结构

除去图 4.2 所示的几种已有的齿轮驱动及直驱风电机组结构，还有一些新型的风电机组概念正在研究中。图4.9对这些风电机组结构进行了总结，并扩展了参考文献[1]中的分类。这些新结构按照电气或液压方面进行分类，并与其潜在的可靠性优势一起在下面列出：

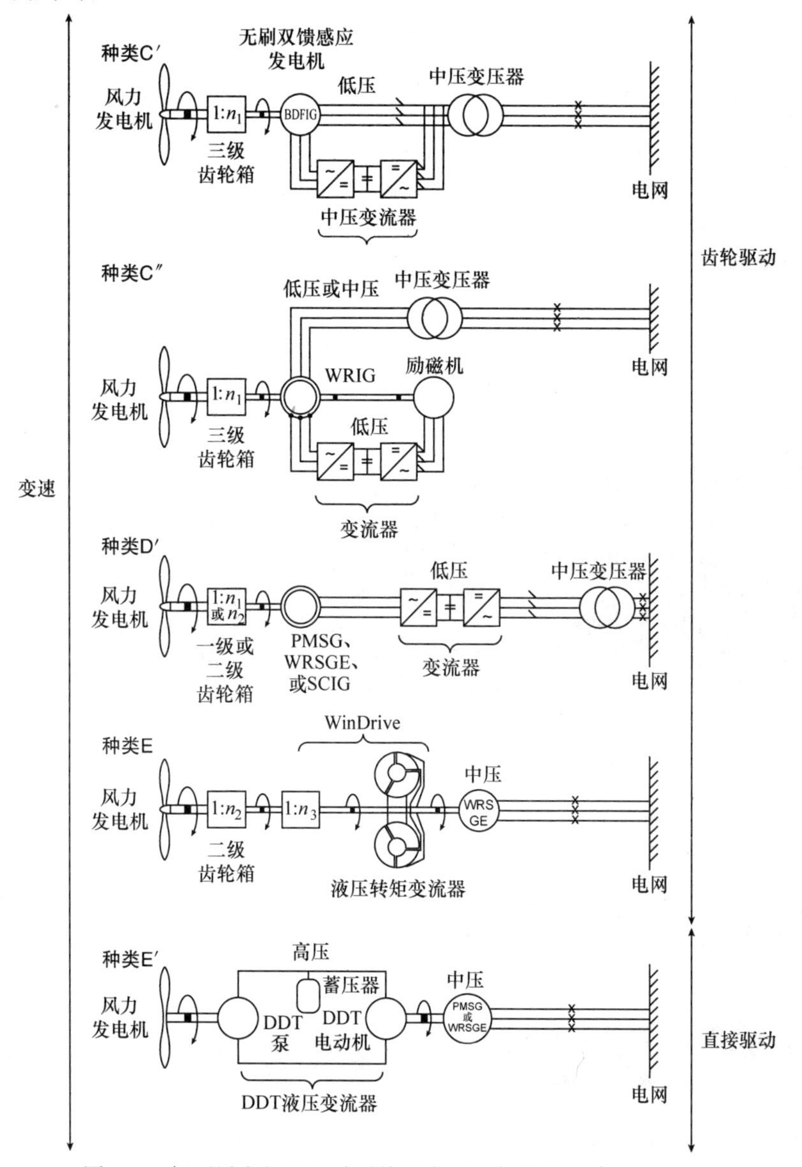

图4.9　新型风电机组驱动系统的主要电气结构（参考图4.2）

1）种类C′是种类C的衍生品，C′采用了低压无刷双馈感应发电机（BDFIG）而不是DFIG，省去了电刷和集电环装置，这对DFIG的维护工作有一定的影响，但同时也使结构得以配置低速发电机，使齿轮箱可以采用二级而非三级。

2）种类C″是另一个种类C的衍生品，C″采用了低压绕线转子感应发电机

(WRIG)。该发电机配备有一个自驱动三相交流无刷励磁机，通过一个两象限额定励磁的变流器满足转子的运行，省去了电刷和集电环装置。

3）种类 D′是种类 D 的衍生品，D′采用了齿轮驱动的风电机组，不同的是采用了一级或二级齿轮箱、低速发电机和全功率变流器，从而使得齿轮箱的可靠性提高，获得功率变流器的电能质量方面的优势并省去了电刷和集电环装置。

4）种类 E 属于液压类排列结构，该结构采用了一个传统的齿轮驱动装置，但却配备了有限变速范围的液压转矩变流器，并以此来驱动中压含励磁机的绕线转子同步发电机（WRSGE）。该结构的优势在于同步发电机本身即处于中压水平，故变流器、变压器可以省去不用，范例如图 4.10 所示。

图 4.10 种类 E 的驱动系统示例（由 VoithWinDrive 液压转矩变流器驱动 2MW、11kV 含励磁机的绕线转子同步发电机的 DeWind D8.2 风电机组）（来源：Voith Drives）

5）种类 E′是一种新兴的液压类结构，其采用了 Artemis 创新能源公司的数字驱动技术（DDT）。风电机组带动一个低速液压泵，产生高压液体驱动一高速液压发动机，发动机则带动中压含励磁机的绕线转子同步发电机（MV WRSGE）。该同步中压发电结构的优势在于不含齿轮箱、电力电子变流器和变压器，不过数字驱动技术方案较新，还未曾尝试过。

4.7 小结

本章说明了风电机组的结构对其可靠性确实有一定的影响，但仍有一些业内传言与事实不相符。举个例子，直驱发电机的可靠性高于齿轮驱动发电机这一点便未被证明。还有一点非常明显，那就是低可靠性的电力电子设备对风电机组的全功率变流器可靠性的提高没有帮助。

不过，对于电气类子部件如变流器等，平均修复时间较短，可靠性逐渐提高。而对于重型机械类子部件，平均修复时间较长，其技术较为成熟，故可靠性提升空间不大。

这说明从长远来看，子部件均采用电气类的风电机组未来的可靠性会更好。

另一方面，一些新兴的驱动装置技术，如配备一级齿轮箱、低速低压永磁发电机的半直驱系统，还有可配合定速中压发电机的液压驱动传输装置，在减轻重量、降低工厂平衡（BOP）、提高可靠性方面有很大的希望，不过其总生产资本成本还处于未知状态。

最近的经验重点指出，不管哪种结构，只要零件、子部件被精密地生产出来，并得到正确的安装和保养，便均可以满足可靠性要求。

以上可得出一个重要结论：使可靠性水平达到最高的海上风电机组理想结构是不存在的，与之相对的是，原始设备生产商应保证驱动系统的子部件在安装前进行了大致的测试，风电机组的机舱也应按照标准进行带负荷测试，若风电机组将在海上进行安装，风电机组的机舱则应进行有负荷时的生产测试。

4.8　参考文献

[1] European Wind Energy Association, Wind Energy Factsheets, **10**, 2010.

[2] Hansen A.D., Hansen L.H. 'Wind turbine concept market penetration over 10 years (1995–2004)'. *Wind Energy*. 2007;**10**(1):81–97

[3] Polinder H., van der Pijl, F.F.A., de Vilder G.J., Tavner P.J. 'Comparison of direct-drive and geared generator concepts for wind turbines'. *IEEE Transactions on Energy Conversion*. 2006;**21**(3):725–33

[4] Tavner P.J. 'Review of condition monitoring of rotating electrical machines'. *IET Proceedings Electrical Power Applications*. 2008;**2**(4):215–47

[5] Tavner P.J., Faulstich S., Hahn B., van Bussel G.J.W. 'Reliability & availability of wind turbine electrical & electronic components'. *European Journal of Power Electronics*. 2011;**20**(4):45–50

[6] IEEE, Gold Book. *Recommended Practice for Design of Reliable Industrial and Commercial Power Systems*. Piscataway: IEEE Press; 1990

[7] Alewine K., Chen W. 'Wind turbine generator failure modes analysis and occurrence'. *Proceedings of Windpower*, May 24–26, Dallas, Texas, 2010

[8] O'Donnell P. 'IEEE reliability working group, report of large motor reliability survey of industrial and commercial installations. Parts I, II and III'. *IEEE Transactions on Industry Applications*. 1985;**21**:853–72

[9] Albrecht P.F., McCoy R.M., Owen E.L., Sharma D.K. 'Assessment of the reliability of motors in utility applications-updated'. *IEEE Transactions on Energy Conversion*. 1986;**1**:39–46

[10] Thorsen O.V., Dalva M. 'A survey of faults on induction motors in offshore oil industry, petrochemical industry, gas terminals and oil refineries'. *IEEE Transactions on Industry Applications*. 1995;**31**(5):1186–96

[11] Spinato F., Tavner P.J., van Bussel G.J.W., Koutoulakos E. 'Reliability of wind turbine sub-assemblies'. *IET Proceedings Renewable Power Generation*. 1995;**3**(4):1–15

第 5 章 针对提高可利用率的风电机组设计与测试

5.1 引言

风力发电在电力系统中比例逐渐增加将对电网规划与运行造成许多影响。其中之一就是对电网可靠性的影响，特别是由于风电是一种间歇性能源，因此风电机组可靠性成为首要考虑的问题。在商业竞争条件下，发电工业的开发商与运营商往往会选用更加便宜的风电机组产品。正如 5.2 节所述，这一点必须考虑，但风电机组全寿命发电量也是需要重点考虑的因素。特别是海上风电，受可达性条件差的限制，一些小故障得不到及时消除将导致风电机组发电量下降[1]。

通过对不同风力发电机机型进行长周期成本分析，包括初期投资和运维成本，可确定技术经济性能更佳的方案。但这样的分析必须充分考虑不同风力发电机技术可靠性的情况。

作为大型电力系统的一部分，大量文献[2-4]对风电机组可靠性进行过分析与评估。文献中将风作为一种随机过程，采用适当的时间序列模型模拟风资源并与风电机组功率-速度曲线相结合对可靠性进行分析。

然而对于风电机组本体可靠性的研究相对较少[5]。虽然参考文献 [6] 对风电机组可靠性进行了分析，但是重点仍是研究风电机组可靠性对整个电力系统的影响。本章将在前一章的基础上重点介绍如何提高风电机组可靠性的一些设计方法。这些方法包括从机械、电气以及辅助零部件到大型风电场。

在发电站初期设计采用的可靠性分析通常是定性的方法，这些设计方案往往根据类似系统数据通过比较进行确定。多年后，随着大量工程现场数据不断统计，发电站可靠性分析会变得越来越量化。

5.2 提高可靠性的方法

5.2.1 可靠性结果与未来的风电机组

第 4 章中出现的结果是从容量 200kW ~ 2MW 的已装风电机组的历史设计数据中得

到的。

利用这些数据能否在一定程度上预测未来风电机组，例如3～10MW风电机组，设计的可靠性呢？

可靠性分析需要回顾5年以上风电机组产品的数据，其优点在于这些统计得到的数据更具可比性和参考价值。可将图3.5、图3.6统计得到的故障率作为未来风电机组设计的基准。例如，尽管故障率=1次/台/年对陆上风电机组是可以接受的，但海上风电机组的可达性可能小于1次/1年，因此这样的故障率对海上风电机组而言可能是无法接受的。

风电机组各部件的故障率也可作为不同结构风电机组及设计比较的基准。然而，如齿轮箱数据所示，评估部件可靠性也需要考虑平均维修时间。

可靠性提高分析有助于风电机组及部件生产商确定设计和测试的具体方向。

5.2.2 设计

Enercon以及其他生产商采用过一种简单的提高可靠性的设计方法是去掉齿轮箱并利用直驱结构。Enercon还采用过全电方案以避免在变桨及偏航机构中使用液压传动装置。Polinder等人[7]对直驱与齿轮驱动风电机组进行过比较，结果表明[8]：

1）如图3.4所示，直驱风电机组并非一定比齿轮驱动风电机组可靠性更高。在图3.4中，E40直驱风电机组比同容量齿轮驱动风电机组故障率更高，而E66直驱风电机组比同容量齿轮驱动风电机组故障率低一些。其中用于故障率数据统计的E66直驱风电机组的数量较少。

2）如图4.3所示，直驱风电机组中的发电机与变流器总故障率比齿轮箱驱动风电机组中发电机、变流器和齿轮箱总故障率更高。因此在直驱风电机组中，尽管消除齿轮箱减小了风电机组机械部件故障率，但电气部件故障率却明显增加了。

3）另一方面，从图3.5中可以看出电气部件的平均维修时间比齿轮箱小。

4）从图4.3b与c中可以看出大型直驱风电机组的故障率是同容量齿轮驱动风电机组的1倍。这是由于：直驱风电机组采用的绕线转子多极同步发电机含有大量定转子线圈，而齿轮驱动风电机组采用的4极或可变6极高转差率感应发电机或DFIG中线圈数量大大减少。不同机型的故障率差别表明：

① 直驱发电机中含有大量的线圈。如果采用永磁体替代转子线圈可能会减小发电机故障率，同时也会带来无功控制的问题。

② 直驱发电机直径大造成大量线圈密封困难。线圈绝缘暴露在空气中会由于污秽和潮湿导致绝缘劣化。

③ 与常用的双馈发电机相比，大型直驱发电机制造标准不统一，且数量较少。对于直驱与齿轮驱动风电机组，在设计中存在下列相关问题：

a）如图4.4所示，与其他行业相比，这两类风电机组的早期运行可靠性较差。

b）如图4.5所示，齿轮箱技术基本成熟，与其他行业相比，风电机组齿轮箱可靠性相差不大。因此尽管大家一直努力通过设计提高大型风电机组齿轮箱的性能，但通过设计在未来大幅度提高齿轮箱可靠性不太可能。

c）如图4.6所示，与其他行业相比，风电机组变流器的运行可靠性大大降低。

d）电气部件的平均维修时间相对较短，但工业经验表明提高电气部件的可靠性比提高齿轮箱等机械部件的可靠性更加重要。因此，全电直驱风电机组最终可能会比齿轮驱动风电机组达到更高的可利用率。

e）通过设计提高发电机与变流器可靠性对提高直驱和齿轮驱动风电机组特别是海上风电机组的可靠性至关重要。

本章5.3节将继续讨论除了简单改变风电机组基本结构以外，如何通过设计提高风电机组的可靠性。

5.2.3 测试

对风电机组部件（特别是变流器与发电机）进行测试可以消除运行早期故障，提高风电机组的可靠性。建议对海上风电机组机舱在高于设计温度条件下进行满负荷或变负荷测试，加速出现早期故障。这是电机与齿轮箱行业广泛采用的方法，在型式试验时让新产品在高温条件下运行较长时间。例如根据IEC标准60034和61852，这种型式试验对不同批次各台电机重复进行。该方法同样应用于容量<100kW的小型变流器。根据IEC标准60700，小型变流器及其重要部件在出厂前需要进行例行疲劳及负荷测试。

本章5.4节将进一步讨论风电机组测试的问题。

5.2.4 监测与运维

图4.4与图4.6表明通过运维措施可以提高发电机与变流器的可靠性。利用状态监测技术可以发现机器性能劣化并及时采取补救措施。风电行业已经采用了SCADA与CMS技术，大部分风电场通过SCADA系统将风电机组运行数据传输到远控室。然而目前对于如何利用监测数据发现初始故障的问题大家尚未达成共识。风电机组运维需要利用这些信息预测故障并安排运维计划，目前已有人开展相关工作[9]。如果采用上述风电机组设计与测试建议并解决风电机组监测的问题，那么风电机组运维需要：

1）基于状态监测的预先消除风电机组关键部件如发电机、齿轮箱和变流器的故障；

2）通过基于状态的维护，预先安排备品备件以减少风电机组停机时间。

这些问题将在本章以及第6章、第8章中进行讨论。

5.3 设计技术

5.3.1 风电机组设计概念

风电机组原始设备生产商（OEM）需要开发适用于市场需求的产品。一些原始设备生产商直接将陆上风电机组的设计用于海上风电机组引起了许多运行和维护的问题，这表明其设计并不适合海上风电机组的应用。

因此原始设备生产商开始急于研发适用于海上特殊环境的风电机组。一些风电机组原始设备生产商及其投资商采用特殊结构与设计，如用直驱替代齿轮驱动或用液压传动替代电气传动，以避免陆上风电机组中出现的可靠性问题。参考文献［7］对直驱风电机组和齿轮驱动风电机组进行过对比，参考文献［8］与［1］分别对它们的可靠性以及电气部件进行过调查。参考文献［8］中的方法同样适用于分析液压传动与电气传动的可靠性，但目前尚无相关研究的报道。

总体而言，海上风电机组如果采用未经预先测试或陆上运行验证的全新设计未必是一个明智的选择。对风电行业来说，任何一种海上风电机组设计，无论是直驱或齿轮驱动、全电或液压或机械传动等都不是万能的。

现有成功案例表明所有这些风电机组技术既能在陆上可靠运行，又能通过适当的预测试以及强化运维的措施在海上实现可靠运行。

工程实际运行经验告诉我们任何风电机组类型只要通过良好的设计、制造、安装与维护就可以在海上实现可靠运行。本节将重点介绍提高风电机组可靠性的一些设计方法。

5.3.2　风电场设计与配置

风电可靠性并非仅与风电机组本体有关，还与风电场的设计与配置有关。风电场中除风电机组外还包括汇集电缆、变电站、输电电缆和岸上变电站等设备[10]。典型辐射形接线的大型海上风电场如图5.1所示。

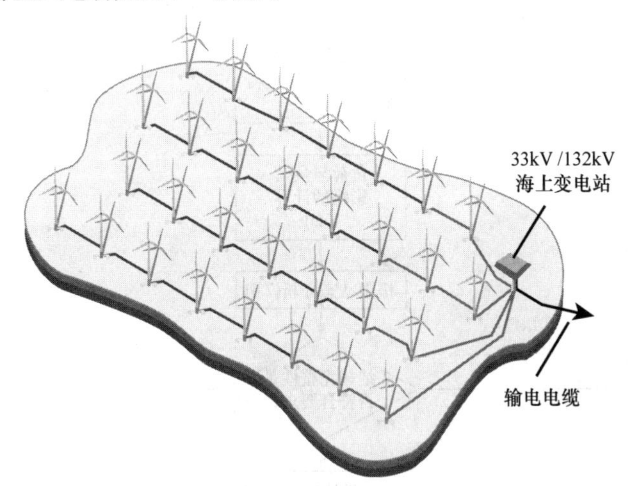

图5.1　辐射形接线的大型海上风电场（33kV/132kV）

尽管目前尚专门无针对风电场的故障模式与效应分析，但风电场可靠性的关键问题包括：

1）每台风电机组变压器与20~33kV汇集电缆之间的接线开关的布置；

2）20~33kV电缆集线阵列结构，以及如何通过开关实现隔离的方式；

3）变电站的布置，包括电气接线保护；

4）输电电缆的开关与变压器；

5）岸上变电站接线保护。

对可靠性而言，汇集电缆布置及海上变电站的冗余度是重要的问题。如图 5.1 所示，早期海上风电场采用辐射形汇集布置，这使得每条辐射电缆中任何一点出现故障均会造成连接于该电缆上的所有风电机组停机。如果采用环网接线，可在线路故障时通过适当的开关操作增加风电场整体运行的可靠性。但由于需要额外增加电缆与开关设备，这会增加项目成本。参考文献［7］对电缆布置进行过研究。

5.3.3 检查设计法

采用检查设计法可在风电机组开发阶段有效提高海上风电机组及风电场的可靠性。某标准草案建议的海上风电机组的设计流程如图 5.2 所示。

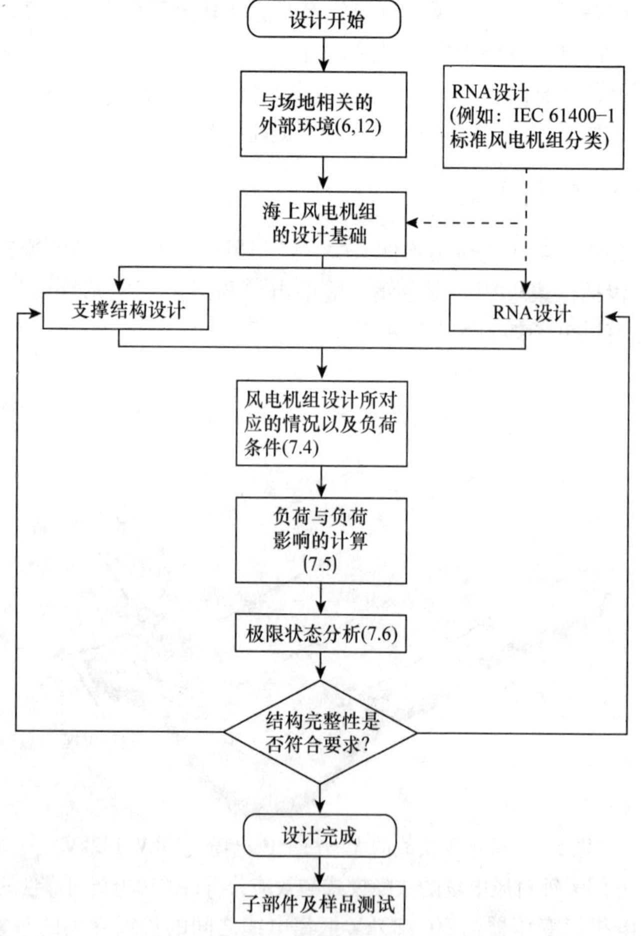

图 5.2 海上风电机组设计流程[11]

海上风电机组针对额定风速与风类（见表 5.1）进行设计。对于Ⅰ～Ⅲ型风电机组，设计寿命不小于 20 年。

表 5.1 中所列的参数适用于轮毂高度并且 V_{ref} 是 10min 平均风速。A 表示风电机组为高湍流型风电机组，B 和 C 则分别表示中和低湍流型风电机组，I_{ref} 是 15m/s 湍流强度的期望值。

表 5.1　各类风电机组的基本参数[12]

风电机组分类	Ⅰ	Ⅱ	Ⅲ	S
V_{ref}/(m/s)	50	42.5	37.5	具体值由设计人员设定
A I_{ref}（—）	0.16			
B I_{ref}（—）	0.14			
C I_{ref}（—）	0.12			

如第 2 章所述，风电机组可靠性由以下部分组成：

1）结构可靠性；

2）机电设备可靠性；

3）控制系统可靠性。

图 5.2 所示的认证设计过程主要针对风电机组结构可靠性，即海上风电机组在设计寿命过程中遭受极端事件情况时风电机组结构的存活率。

受天气随机偶然变化、风浪合成作用以及腐蚀等因素的影响，这使得认证设计分析变得更加复杂。

极端事件冲击是影响海上风电机组结构存活率的最重要因素，但对风电机组日常运行没有影响。后者主要是由风电机组机电设备以及控制可靠性决定。

因此提高风电机组可靠性应当主要集中在机电设备与控制系统上，作为检查设计法的一部分，贯穿在图 5.2 所示的整个设计流程中。如第 3 章所述，提高可靠性的设计应当基于早期风电机组、相关海洋工业或类似风电机组中获取的真实数据。

将检查设计流程和故障模式与效应分析（FMEA）/故障模式－效应－危险度分析（FMECA）结合起来可以进一步提高风电机组可靠性。5.3.4 节将对后面一种方法进行介绍。

5.3.4　故障模式与效应分析以及故障模式－效应－危险度分析

FMEA 与 FMECCA 对故障率进行了考虑，是可靠性建模与预测（RMP）的设计阶段可靠性分析中最好的两种方法。该过程已在参考文献［13］中进行了详细地描述，并已经用于多个发电工程系统，但其在实际应用中对可利用率的重视程度与对安全性、设计保障或是减少某些特定的已观测到的运行中的故障模式的重视程度相比较低。

FMEA 是一个很好的设计工具，该工具从风险的角度，提供了一种将不同机械结构进行对比的手段；同时，对风电机组结构这一类种类正在改变或额定功率正在增加的技术，在进行设计方案的改进时，该工具对改进方案的评估也很实用。

FMEA 是一种用于对可能的故障根本原因、故障模式进行系统性的诊断，以及对相关风险进行评估的分析手段，该手段是标准的，但也是主观的。

分析的主要目标是识别出风险，并通过特定的设计来限制或减少风险。因此，FMEA 可以协助实现更高的可靠性、更佳的质量和更好的安全性。

由于 FMEA 被工业界各类行业使用，如汽车业、航天业、军事行业、核电业以及电工行业等，其实际应用已有特定的标准。该标准的电子表格的示范则对事故严重程度、发生率以及其探测的评分标准进行了概述。同时，该方法还含有一项词汇表，包含了所有 FMEA 使用的所有术语。标准不同，评分标准和数据的布局不同，但分析过程和定义仍是一样的，比如说：

1）SAE J 1739 是一项用于汽车的分析工具，福特公司将其用于设计评审阶段；

2）SMC Regulation 800 - 31 则用于航天业；

3）IEC 60812：2006[13]是一种多行业通用的标准；

4）MIL - STD - 1629A（1980）[14]则由美国国防部起草，是应用最广泛的 FMECA 标准，其研发、使用历史已经超过了 30 年，并被用于多种不同行业的常规故障分析中。由于军用系统的复杂程度、危急程度与其他不同，该方法为许多系统提供了实现 FMEA 的可靠基础。该标准还包括了预测电气、电子系统的多个公式，其中公式的系数均基于加速寿命测试得到。

FMEA 还可以用于评估、优化维护方案。FEMA 通常由一组包括设计人员、维护人员的团队实现，这些成员的经验可以涵盖分析中所需要考虑的全部因素。故障的起因即为故障的根本原因，可以被定义为导致故障发生的机理。虽然对于故障这一术语的定义已经确定，但该术语无法体现出零件故障的具体故障机理。故障模式则是指零件发生故障的不同方式。故障模式不是故障的根本原因，而是故障发生的方式，这一点非常重要。某一故障造成的影响经常可能会与另一故障的根本原因有关。

FMEA 将故障严重程度、发生率及其可探测程度作为衡量标准，将导致故障发生的每一种风险用数值进行标识。随着风险增加，风险重要性也提高了。这些风险值则与用于分析系统的风险优先级指数（RPN）相结合。RPN 由故障的严重程度、发生率、可探测程度相乘得到：

$$\text{RPN} = \text{发生率} \times \text{严重程度} \times \text{可探测程度} \tag{5.1}$$

通过搜索高 RPN 值，可以得到某设计结构风险最高的那一部分。

严重程度是指某系统故障模式所导致的最终影响的大小。后果越严重，该影响的严重程度的值越高。

发生率是指故障根本原因发生的频率，并以量化的方式进行计量，即不以某一时间段这样的格式进行计量，而是对事故用概率极小的、偶然的这一类术语进行描述。

可探测程度则是指在故障发生前探察到故障的根本原因的可能性。

对于传统的 FMEA，严重程度、发生率与可探测程度这三类因素分别用数值等级进行评价，通常为 1 ~ 10。这些数值具体范围可以随着 FMEA 标准的实施而变化。不过，对于所有标准而言，值越高意味着得分越低。当选择使用某一标准时，FMEA 全过程必须使用同一标准。本章使用了参考文献［13］的内容并稍做了一些改动，主要对计算

RPN 所用到的严重程度、发生率和可探测程度标准进行了改动。这些更改对于使 FMEA 方法更加适用于风电机组系统是很有必要的。

改进后的严重程度等级、标准如表 5.2 所示。参考文献［13］中，1 ~ 4 的等级不变，为了结合 FMEA 在风电机组的应用，分类标准的定义有所变动。

参考文献［13］中故障发生率的等级与评价标准经过改动后，列于表 5.3 中。Arabian – Hoseynabadi 等人[15]指出，故障严重程度与平均维修时间有关，其中 $1/\mu$ = MTTR。

根据参考文献［15］，将可探测程度的分级数量缩减至 2 个，具体可见表 5.4 中的修改过后的可探测程度及评价标准。Arabian – Hoseynabadi 等人[15]指出，故障发生率与故障平均间隔时间有关，其中 λ = 1/MTBF。

表 5.2　风电机组 FMEA 的故障严重程度评价等级

等级编号	描述	评价标准
1	类Ⅳ（轻微的）	风电机组仍能发电，但需要紧急维修
2	类Ⅲ（较轻的）	风电机组发电能力降低
3	类Ⅱ（临界的）	风电机组发电能力丧失
4	类Ⅰ（毁灭性的）	风电机组受到严重损毁

表 5.3　风电机组 FMEA 的故障发生率评价等级

等级编号	描述	评价标准
1	等级 E（极少发生的）	单类故障模式发生的可能性低于 0.001
2	等级 D（较少发生的）	单类故障模式发生的可能性高于 0.001，低于 0.01
3	等级 C（偶尔发生的）	单类故障模式发生的可能性高于 0.01，低于 0.10
4	等级 A（经常发生的）	单类故障模式发生的可能性高于 0.10

表 5.4　风电机组 FMEA 的故障可探测率评价等级

等级编号	描述	评价标准
1	基本可能	现有监测手段几乎可以探测到所有此类故障
2	基本不可能	现有监测手段无法探测到此类故障

从表 5.2 ~ 表 5.4 可以看出，RPN 值的取值范围在 1 ~ 32 之间。当选定的 FMEA 方法的评分等级固定时，这些等级分类便可以用于供选择零件的对比与处于危急状态的部件的识别。以 MIL – STD – 1629A 标准[14]为基础对表 5.2 ~ 表 5.4 进行定义，这便是执行 FMEA 过程的第一步。上文已经提到，对于使用了不同标准的 FMEA，其最基本原则简单而一致：

1）所研究的系统必须分解为子系统、部件、子部件与零件；

2）对于每个子系统、部件、子部件与零件，其可能出现的故障模式都必须已知；

3）对于每个子系统、部件、子部件与零件，其导致每个故障模式的根本原因都必须已知；

4）每个故障模式的边缘效应必须确定其严重程度等级，每个故障的根本原因必须确定其发生率与可探测程度的等级。

因此，FMEA 的初步阶段即为对风电机组系统、主要部件进行全面的了解。此部分内容基于ReliaWind联盟的相关经验得到，具体可见本书附录2。

FMECA要求设计人员对风电机组的各子部件的故障模式与根本原因进行定义。经验表明，不同的设计人员可能会有许多奇怪的故障模式和根本原因，这些与他们在风电实际运行的经验知识有关。根据作者的经验，如果采用通用的故障模式与根本原因，至少是在初期阶段，FMECA将会更有意义，也能够为设计人员在选择各种子部件时提供标准。一系列通用的故障模式、根本原因如表5.5所示，能够为专属FMECA的未来发展打下基础。

表5.5 风电机组FMEA中推荐使用的通用故障模式与根本原因

故障模式	故障根本原因
结构故障	设计缺陷
电气故障	材料缺陷
机械故障	安装缺陷
软件或控制系统故障	维护缺陷
绝缘故障	软件缺陷
热能故障	腐蚀
机械震颤	未对准
轴承故障	低周期疲劳
零件断裂或材料失效	高周期疲劳
密封失效	机械损耗
污染	缺少润滑剂
堵塞	热能负荷过大
	电能负荷过大
	不良天气事件
	电网侧事故

软件可以用来辅助FMECA及其他系统可靠性的研究。作者对以下软件包有使用经验：

1）ReliaSoft、XFMEA [20]；

2）Isograph、Reliability Workbench[21]；

3）PTC－Relex、Reliability Studio 2007 V2 [22]。

用户们需要根据自己的需要来考量这些软件包。软件包中更加复杂的部分则保证用户可以使用更多的可靠性模型，这意味着软件包拥有更多数据库内的可靠性相关信息、规程。不过，对于某一FMEA，在以上单独列出的内容的基础上，使用Excel表格进行整合，是很容易整理出一份专业的分析结果的。

对于FMECA在风电机组的应用，已有相关的报道[15]，欧盟第七框架计划[16]向风电机组或风电机组子部件原始设备生产商提议使用FMECA，初步的结果可见参考文献［17］，详细报告则在参考文献［18］中给出；对于某一常见风电机组机型、三种不同驱动系统的具体应用结果则可见参考文献［19］。其他关于驱动系统以及电气子部件的可靠性研究则在参考文献［23，24］中给出。

从FMECA结果中可以得到一份有用的分析结果，即不同故障模式及根本原因的发生频率。这些故障模式的个数是有限的，对故障模式的重复率以及相应的根本原因进行分析，有利于对重要的根本原因进行排名，从而减少故障的起源、更好地探测故障模式。在FMECA过程中，记录下这些故障模式及根本原因，可以得到两者的柱状图，如参考文献［15］。从图5.3中可以看到最频繁的10类故障模式与根本原因。

从图5.3中可以看出，材料失效是最主要的故障模式，故提高风电机组的材料质量是改善可靠性的关键。值得一提的是，这些故障模式的频率是基于FMEA的结果得到的，并非由风电机组运行的历史资料得到的。相似的是，故障根本原因中最频繁发生的是腐蚀问题，这影响着材料的质量。对于未来的海上风电机组，这一点会更加重要，故针对腐蚀问题开展的补救型设计措施必须得到考虑。

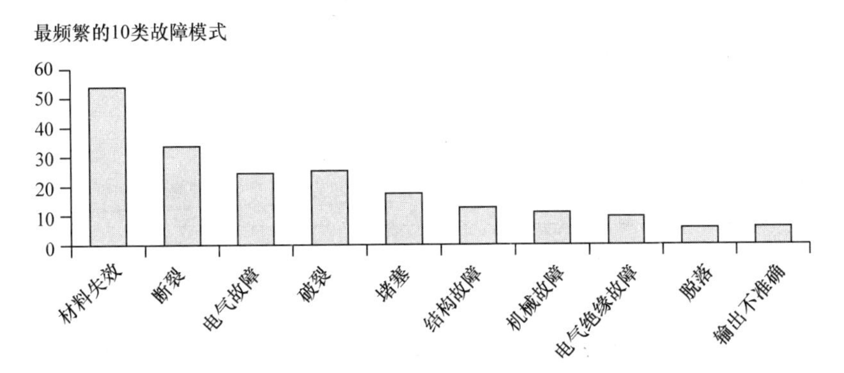

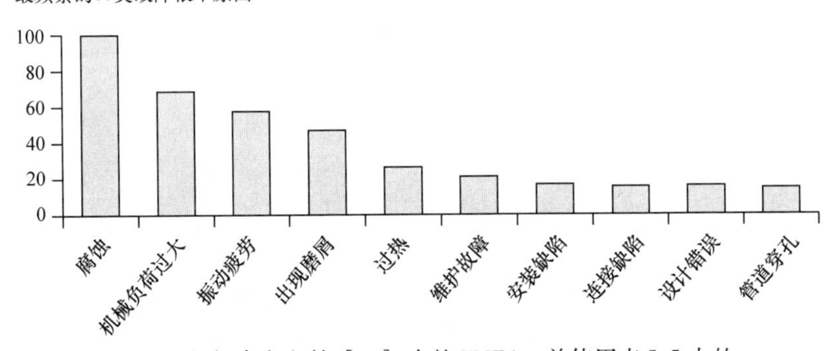

图5.3　根据参考文献［15］中的FMEA，并使用表5.5中的通用分类示例得到的十大故障模式与根本原因

识别出发生频率最高的故障模式与根本原因，可以帮助改善设计方案、优化维护计划。同时，可以就频率最高的几类故障模式开展成本－效益分析，以此来减少风电机组的故障。根据故障模式的严重程度，也可以开展相似的分析，例如将FMEA中各项故障模式的严重性求和，对结果进行排名，并考虑改变排名所带来的成本的变化。

5.3.5 集成设计技术

作者所提议的方法将以上设计方法综合起来，并在海上风电机组的设计、试生产以及生产测试阶段进行使用，其流程如图 5.4 所示。

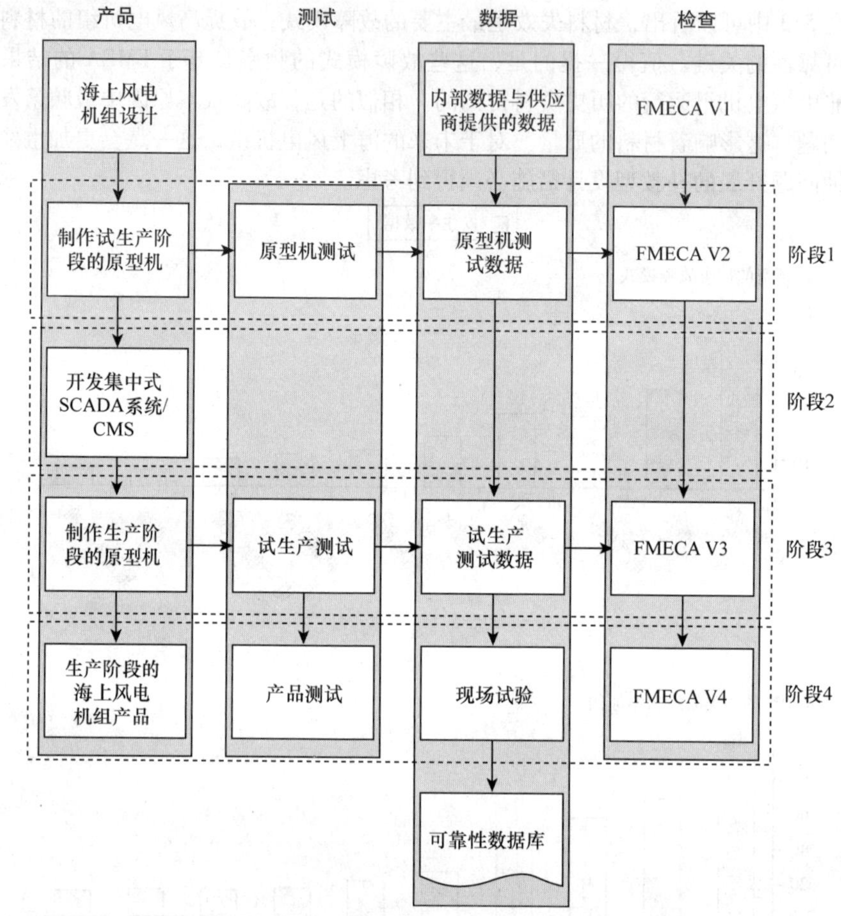

图 5.4 在设计与制造环节中，对海上风电机组设计进行检查的 FMEA 提议方案

图 5.4 以某一海上风电机组试生产的原型机的构造过程、集中式 SCADA 系统/CMS 的开发过程、实际生产的原型机的构造过程以及实际生产的建造过程为基础，设计过程则通过测试、数据采集、检查等一系列过程进行综合。对于海上风电机组，FMECA 文件被用作检查过程进展的一种手段。

在设计与原型机构造工作完成后，该过程需要增加试运行、运行等环节，具体可见下一章内容。

5.4　测试技术

5.4.1　引言

5.2.3 节主要阐述了测试作为提高风电机组可靠性的进一步措施的重要性。所有的测试的目的均在于通过降低故障率 λ 或提高平均故障间隔时间 MTBF 来提高零件的可靠性，具体可见“浴盆曲线”（见图 2.4），如图 5.5a 所示。

试生产测试的效果如图 5.5b 所示。不过，该测试在海上风电机组的不同设计阶段

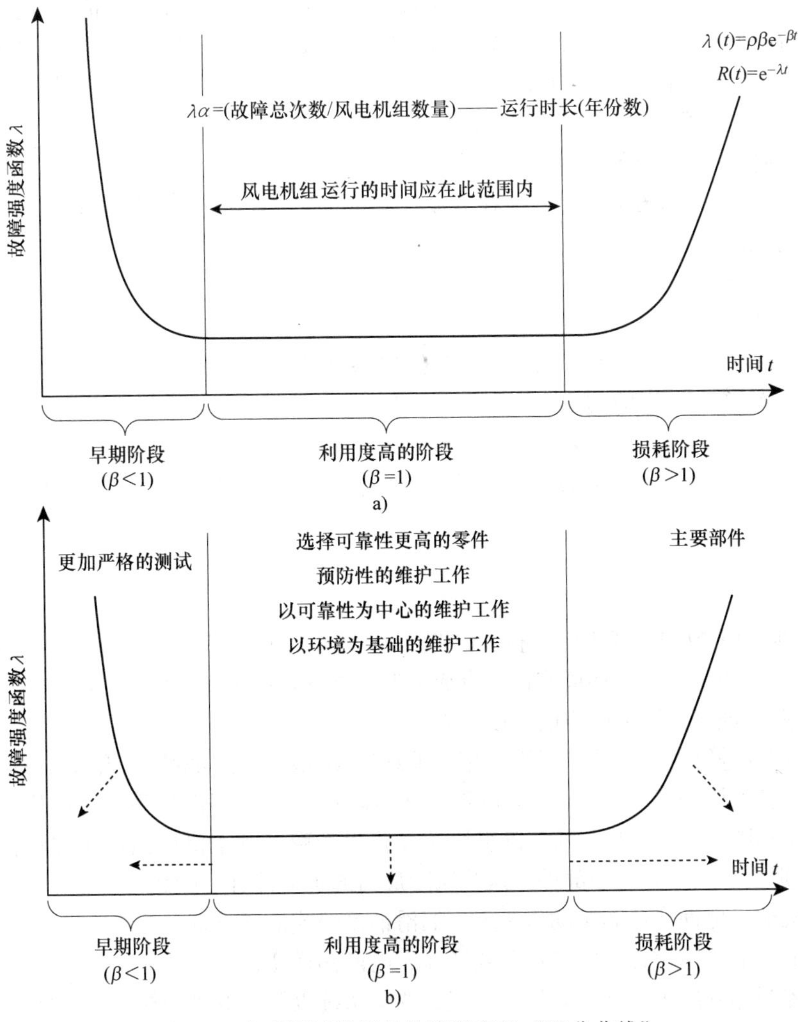

图 5.5　表明测试效果的故障强度的“浴盆曲线”：

a）故障强度的“浴盆曲线”；b）测试及维护工作曲线的变化

中可能会分解为几项不同的测试，具体可见下一节的内容。

5.4.2 加速寿命测试

进行加速寿命测试（ALT）的目的在于，在一个受控的测试环境中使零件与子部件的老化速度加快，从而对零件及子部件的故障率进行测量。测试的加速功能是通过对测试物施加压力实现的，该压力高于运行中所遇到的压力，但仍在技术极限内。该测试在保证故障机理不变的同时，缩短了故障发生所需要的时间，通常情况下认为是增加的压力导致故障发生所需要的时间缩短，相应的加速因数记为Acc[25]。

ALT可以采集单个零件或子部件的可靠性数据并进行可靠性分析，实现零件及子部件自身故障率λ的降低，测试的对象也可以是整个系统，其故障变化情况如图5.5b所示。ALT最初是针对电子元件的一种测试，该测试通过改变温度来实现许多加速老化的过程，即加速功能是由简单的升温实现的，Acc因数可以通过阿伦尼乌斯公式进行计算。后来ALT应用范围则被扩展至机电子部件。

ALT的目的在于令单个零件或子部件在与其运行情况相似的环境下，实现其周期可靠性曲线的变化，如图2.5所示。对于海上风电机组，具体的环境设置应包括：

1）高温或低温；

2）高湿度；

3）含盐的空气。

ALT可以为零件、子部件的可靠性预测提供更多的核心数据，而可靠性预测则将会用于FMECA中，为未来的风电机组设计服务。

如果未进行ALT，设计人员则需要从免费或商用的数据库获取信息，有时则是从风电机组原始设备生产商的子供应商处获得。此类数据的供应有时是子供应商所签订的采购合同的内容之一。

5.4.3 子部件测试

当缺少ALT数据，或无法进行ALT时，海上风电机组部件与子部件需要进行详细的预测试，预测试的测试环境应该具有成本低、测试环境优良的特点，如增负荷、增温环境，以此保证海上风电机组的调度可靠。

对子部件进行测试，可以减少“浴盆曲线”初始段的早期故障（见图5.4b），并降低运行期间的早期故障的发生。该过程应从风险最高的子部件着手，通常从公开数据（见图3.5和图3.6）或海上风电机组原始设备生产商及其子供应商对于先前模型的运行经验识别出风险最高的子部件。这些风险最高的子部件有可能是：

1）机械子部件，如调桨动作单元、润滑油系统或液压系统电源组；

2）电力电子模块，如发电机侧逆变器、电网侧逆变器；

3）控制部分的子部件，如偏航系统、调桨系统以及发电机的控制子部件。

子部件测试这一问题已在其他行业受到重视，举个例子，在电力电子变速驱动系统中，电气、电子的子部件复杂程度非常高，其故障率较高而平均修复时间较短，子部件测试的重要性则体现在其能够帮助系统可靠性得到较大幅度的提高。电子行业为了提高子部件的可靠性，已经在系统测试、供应商质量控制等方面投入了极大的努力，具体可见参考文献［25］。

受控子部件测试的另一优点在于该测试可以产生数值资料，这些数据与 ALT 产生的数据合并后，可以逐步构建出一个用于风电机组原型机的客观的可靠性模型，并为未来的采购环节的品质控制提供基础。

5.4.4　原型机与驱动系统测试

尽管已经有了 ALT 与子部件测试得到的数据，海上风电机组仍需要进行原型机的测试，或者至少对主要的子系统进行测试。第 4 章已经指出，驱动系统的可靠性最令人担忧，这不仅是因为其故障率高，更是因为其平均维修时间过长，驱动系统的后续故障成本较高。

因此，对于海上风电机组原始设备生产商，以及进行一些相关测试的驱动系统子部件供应商，原型机与驱动系统的测试重要性日渐突出。图 5.6 则为 2.5MW 驱动系统进行测试的照片。

图 5.6　三星 2.5MW 驱动系统固定在驱动系统测试设备上，摄于美国国家风能科技中心（来源：美国国家可再生能源实验室）

对于海上风电机组的运行而言，原型机与驱动系统的测试格外重要。海上风电机组安装成本与交通费用很昂贵，这使得风电机组原始设备生产商及研发人员尽可能在风电机组投入运行后对风电机组运行情况进行干涉。

图 5.7 则为目前规划的最大的驱动系统测试设备，其价值超过了 3000 万英镑，可以对现代大型海上风电机组原型机的驱动系统施加扭矩和侧向力。同样的是，进行这些成本昂贵的实验的重要原因包括：

1）在一致的海上扭矩与侧向力暂态下，测试新的排列方案；

2）在驱动系统子部件测试积累相关的测试信息；

图 5.7 规划的 15MW 驱动系统测试设备（来源：英国国家可再生能源中心）

3）促进齿轮箱、发电机、变流器及液压系统子部件原始设备生产商对稳健的驱动系统的发展实施帮助；

4）去除驱动系统的新颖设计概念的风险。

5.4.5 海上环境测试

海上环境测试的一部分目的在于保证风电机组的零部件在更加恶劣的环境下能够可靠工作，例如温度、湿度以及空气含盐的环境。这些环境对最新的海上风电机组造成的影响会有所减轻，这是由于其机舱有密封措施，并配有加压的空气处理器装置。不过，测试必须包括在这些环境测试的内容。如果海上环境测试在子部件测试阶段进行，其成本会更低，不过这样可能无法得到 5.4.2 节所提到的 ALT 的详细结果。

当然，在某些试生产阶段的海上环境测试现场对整体系统进行测试，则可以得到一定的运行经验与实际数据，这些经验与数据可以用来管理子部件的采购环节。

不过，海上油气行业已经发现，在较为恶劣的海上环境运行时，保证可靠性达到要求的关键之一在于确保已经过预测试的各类子部件之间的接合处不出现问题；如图 5.8 所示，接线、管道、接线盒等的材料处于最佳状态，并用不锈钢、优质管道材料以及外部保护套进行保护。

5.4.6 产品测试

齿轮箱运行的可靠性问题也非常受重视，一些齿轮箱原始设备生产商会对其产品进行常规的连续产品测试，如图 5.9 所示。

不过，第 4 章已经指出，变流器的平均维修时间虽然短，但其仍是高风险系数的子部件。图 5.10 展示了一台大型变流器在配送前进行的常规产品测试。

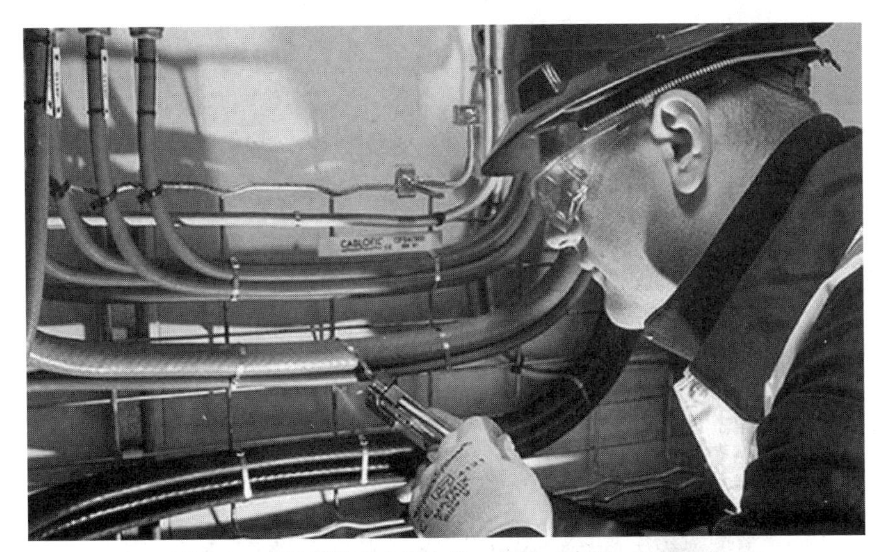

图5.8　高品质海上专用电线、电缆（来源：Cablofil）

图5.9　两台3MW风电机组齿轮箱的连续测试照片（来源：Hansen Transmissions）

海上风电机组产品测试中，与其他机组测试有所不同的一项重要项目即为完整机舱的连续测试，测试环境的功率可变且调至最大，在测试完成后再发往工厂，具体可见参考文献［8］。

不过，海上风电机组原始设备生产商需要找到高效率的测试手段，既满足经济效益的要求，又能及时完成测试。

图5.10 大型风电机组变流器产品测试（来源：ABB Drives）

5.4.7 试运行

当一台海上风电机组完成安装后，试运行（见图5.11）结束后全部的测试项目方可认为结束。试运行测试对于在风电机组的运行周期内诊断、解决早期故障非常重要。同时，在海上的运行环境下，SCADA 系统与 CMS 需要更多的数据以保证其设置的精确，这对风电机组的可靠运行至关重要，而高质量的试运行测试则在其中起到了主要的作用。

图5.11 海上风电机组调试（来源：ABB Drives）

5.5 从高可靠性到高可利用率

5.5.1 可靠性与可利用率的关系

可靠性与可利用率之间的关系已在图1.10给出，而可靠性与可利用率的关系，对能源成本的影响则在图1.14中已给出。本节所描述的过程是用来保证风电场内海上风电机组达到预期的可利用率。不过，如果没有额外的帮助来维持运行的可靠性，本章中的流程无法保证风电场的高可利用率。运行期间，风电场的高可利用率的实现依赖于海上风电机组的高可靠性，同时也依赖于：

1）海上的环境，包括到达风电场各资产处的交通情况；

2）探察出运行期间的低可靠性问题，并进行解释说明的能力；

3）针对上一条的探察、解释结果，规划预防性、纠正性的措施；

4）基于以上内容，为资产全寿命周期的性能制订资产管理计划。

5.5.2 海上环境

海上环境对于风电场达到良好性能具有重大的影响作用。海上的风能资源丰富，但同时也可能对风电场的运行起到反面作用，湍流有时会损毁风电机组，过快的风速也会导致浪高增加，限制风电场周边的交通。

5.5.3 故障的发现与解释

海上风电机组是一种远程无人操纵的自动发电装置。如果无法远程精确地完成性能问题的探察，并在实际发生故障前对问题完成解释分析，风电场是无法保证良好的可利用率的。因此，可靠准确的SCADA系统与CMS的安装作用巨大。探察、解释得到的相关数据被反馈到海上风电场的管理系统是极其重要的。

5.5.4 预防维修与改善维修

风电场日常运行以及探察运行性能降低问题所需要的措施被称为有组织的维护计划。

维护计划必须包括：基于海上风电机组设计方案的预防性维护的运行成本（OPEX）相关工作，由SCADA系统与CMS探察结果引导的纠正型维护措施。

维护工作的结果必须反馈至海上风电场可靠性信息数据库中。

5.5.5 全寿命资产管理

风电场的所有资产将会针对产能进行整体的管理，这不只是用来核对保证风电场运行水平的OPEX，同时还包括对资产计划寿命内维护工作的大型资本支出（CAPEX）进行规则，这些维护工作覆盖了长期的性能下降问题，以及叶片、齿轮箱、发电机大型子部件的更换问题等。

5.6 小结

本章阐述了在设计与生产阶段提高风电机组可靠性所需要的各类技术，如检查设计、FMEA/FMECA以及测试。可以看到，这些技术在原型机阶段，通过子部件以及原型机风电机组的测试可以结合在一起，促进了全部产品投入使用时的RCM（以可靠性为中心的维护措施）计划的发展。其中的关键即在于可利用率以及以上阶段产生的可靠性数据，将其整合在一个数据库中。该数据库应包括：

1）优选设计方案的实际可靠性数据；

2）加速寿命测试；

3）子部件供应商数据；

4）原型机测试数据；

5）试运行测试数据；

6）维护日志；

7）SCADA系统/CMS运行数据。

总而言之，本章阐述了针对可靠性的设计与预测试、实际运行可利用率之间的联系，说明了海上风电场实现低产能成本所需要的措施。第6章将会阐述海上风电场早期的运行经验，之后的章节则会对5.5节中提到的各项内容分别展开论述，保证经验运用于实际工作中，从而提高风电场实际的运行水平。

5.7　参考文献

[1] Faulstich S., Hahn B., Tavner P.J. 'Wind turbine downtime and its importance for offshore deployment'. *Wind Energy*. 2011;**14**(3):327–37

[2] Wangdee W., Billinton R. 'Reliability assessment of bulk electric systems containing large wind farms'. *International Journal of Electric Power Energy System*. 2011;**29**(10):759–66

[3] Karaki S.H., Chedid R.B., Ramadan R. 'Probabilistic performance assessment of wind energy conversion systems'. *IEEE Transactions on Energy Conversion*. 1999;**4**(2):212–17

[4] Mohammed H., Nwankpa C.O.'Stochastic analysis and simulation of grid-connected wind energy conversion system'. *IEEE Transactions on Energy Conversion*, 2000;**15**(1):85–90

[5] Karaki R., Billinton R. 'Cost-effective wind energy utilization for reliable power supply'. *IEEE Transactions on Energy Conversion*. 2004;**19**(2): 435–40

[6] Xie K., Billinton R. 'Determination of the optimum capacity and type of wind turbine generators in a power system considering reliability and cost'. *IEEE Transactions on Energy Conversion*. 2011;**26**(1):227–34

[7] Polinder H., van der Pijl F.F.A., de Vilder G.J., Tavner P.J. 'Comparison of direct-drive and geared generator concepts for wind turbines'. *IEEE Transactions on Energy Conversion*. 2006;**21**(3):725–33

[8] Spinato F., Tavner P.J., van Bussel G.J.W., Koutoulakos E. 'Reliability of wind turbine sub-assemblies'. *IET Proceedings Renewable Power Generation*. 2009;**3**(4):1–15

[9] Caselitz P., Giebhardt J. 'Fault prediction for offshore wind farm maintenance and repair strategies'. *Proceedings of European Wind Energy Conference, EWEC2003*. Madrid, Spain: European Wind Energy Association; 2003

[10] Lundberg S. *Wind Farm Configuration and Energy Efficiency Studies-Series DC Versus AC Layouts*. PhD Thesis, Chalmers University, Sweden; 2006

[11] IEC 61400-3:2010 Draft. Wind turbines – design requirements for offshore wind turbines. International Electrotechnical Commission

[12] IEC 61400-1:2005. Wind turbines – design requirements. International Electrotechnical Commission

[13] IEC 60812:2006. Analysis techniques for system reliability – procedure for failure mode and effects analysis (FMEA). International Electrotechnical Commission

[14] MIL-STD-1629: Military Standard Procedures for Performing a Failure Mode, Effects and Criticality Analysis. US Department of Defense, 1980.

[15] Arabian-Hoseynabadi H., Oraee H., Tavner P.J. 'Failure modes and effects analysis (FMEA) for wind turbines'. *International Journal of Electrical Power and Energy Systems*. 2010;**32**(7):817–24

[16] ReliaWind. Available from http://www.reliawind.eu. [Last accessed 8 February 2010]
[17] Wilkinson M.R., Hendriks B., Spinato F., Gomez E., Bulacio H., Roca J., *et al*. 'Methodology and results of the ReliaWind reliability field study'. *Proceedings of European Wind Energy Conference, EWEC2010*; Warsaw: European Wind Energy Association; 2010
[18] ReliaWind, Deliverable D.2.0.4a-Report. *Whole system reliability model*. Available from http://www.reliawind.eu
[19] Tavner P.J., Higgins A., Arabian-Hoseynabadi H., Long H., Feng Y. 'Using an FMEA method to compare prospective wind turbine design reliabilities'. *Proceedings of European Wind Energy Conference, EWEC2010*; Warsaw: European Wind Energy Association; 2010
[20] Reliasoft Corporation. Available from http://www.reliasoft.com
[21] Isograph, FMEA Software. *Reliability Workbench 10.1*. Available from http://www.isograph-software.com
[22] Relex. *Reliability Studio 2007 V2*. Available from http://www.ptc.com/products/relex/
[23] Arabian-Hoseynabadi H., Tavner P.J., Oraee H. 'Reliability comparison of direct-drive and geared drive wind turbine concepts'. *Wind Energy*. 2010;**13**:62–73
[24] Arabian-Hoseynabadi H., Oraee H., Tavner P.J., 'Wind turbine productivity considering electrical sub-assembly reliability'. *Renewable Energy*. 2010;**35**:190–97
[25] Birolini A. *Reliability Engineering, Theory and Practice*. New York: Springer; 2007. ISBN 978-3-538-49388-4

第6章 可靠性对海上风电机组可利用率的影响

6.1 欧洲早期海上风电场的经验

6.1.1 丹麦 Horns Rev 1 期风电场

世界上首座大型海上风电场是2002年建成的丹麦 Horns Rev 风电场。它建在距丹麦 West Jutland 海岸 14～20km 的北海 Horns Rev，水深 6～14m，由 80 台 2MW Vestas V80 风电机组组成，每台机组的扫风面积为 5027m²。

该项目由西丹麦电力 Elsam 公司（即现在的 DONG 能源公司）进行管理。风电场经海上变电站由 30kV 交流电缆汇集并输送到岸上变电站再经 150kV 升压后馈入电网。风电机组维护工作的交通通过直升机实现，利用每台风电机组机舱顶部专门设计的停机平台实现 Eurocopter EC135 型直升机起停。

在风电场运行初期出现过很多困难。这些困难主要来自于安装与试运行以及 V80 风电机组本体。V80 曾是陆上风电机组的主要机型。从表 1.2 中可以看出建设 Horns Rev 这样的大型海上风电场在当时的风电工业中所面临的巨大挑战。

由于风电机组与风电场设计引起的主要问题如下所示：

1）因振动引起的安装于风电机组机舱的干式变压器绕组故障；

2）双馈发电机振动及其他损伤；

3）风电机组齿轮箱的齿轮与轴承损伤；

4）风电机组变桨系统问题；

5）随后出现的风电场汇集与输电电缆问题。

这些问题导致在风电场试运行过程中以及正式投运后出现大量现场调试以及部分风电机组齿轮箱与发电机更换。随着情况不断恶化，最后所有 80 台 V80 风电机组的机舱全部更换并返厂维修。当然，这样极端的决定也是由于 Horns Rev 1 期风电场距离 Vestas 生产工厂较近，而且生产商、开发商和运营商都属于同一国家。

尽管如此，风电行业从早期大型风电场的建设与运行中学到了许多教训。

6.1.2 英国第一阶段建设的海上风电场

下面是英国第一阶段建设的4座海上风电场：

1）North Hoyle 风电场：2004年7月投运，30台 Vestas 2MW V80 风电机组，扫风面积5027m^2，水深7~11m，位于爱尔兰海，离岸距离9.2km，由RWE Npower Renewables公司运营。

2）Scroby Sands 风电场：2005年1月投运，30台 Vestas 2MW V80 风电机组，扫风面积5027m^2，水深5~10m，位于北海，离岸距离3.6km，由E. ON Climate Renewables公司运营。

3）Kentish Flats 风电场：2006年1月投运，30台 Vestas 3MW V90 风电机组，扫风面积6362m^2，水深5m，位于英吉利海峡，离岸距离9.8km，由Vattenfall公司运营。

4）Barrow 风电场：2006年7月投运，30台 Vestas 3MW V90 风电机组，扫风面积6362 m^2，水深15~20m，位于爱尔兰海，离岸距离12.8km，由Centrica/DONG Energy公司运营。

从表1.2提供的信息中可以看出以上4座海上风电场的选址与装机更大的Horns Rev 1期风电场相比工程挑战相对较小。当然，Barrow风电场的离岸距离与水深和Horns Rev 1期风电场相接近。

经过从2002~2006年英国第一阶段海上风电场的建设，人们在海上风电场的布置、调试和运行等方面积累了大量经验。

虽然英国海上风电场没有全部更换海上风电机组的机舱，问题看上去不像Horns Rev 1期风电场那样严重，但除变桨系统故障外，所有英国第一阶段建设的海上风电场出现的问题与丹麦Horns Rev 1期风电场基本相同。

参考文献［1］根据公开的风电场运行报告对这4座海上风电场在运行过程中出现的问题进行了归纳总结。

1. Scroby Sands（V80）

2005年风电场投运后，由于少量的调试工作，风电场出现了一些短期非计划性停机。通过远程风电机组重起、现场风电机组重起或简单维护，这些工作大多可在当天完成。少量的非计划性检修可能与一些大型海上风电机组的严重故障有关，其中最主要原因是齿轮箱轴承。

在2005年，整个风电场更换了27个发电机侧中速轴轴承以及12个高速轴轴承。大量分析表明，齿轮箱轴承的损坏与轴承设计有关。

在2005年，风电场更换了4台不同设计的发电机。

在2006年，3个齿轮箱中速轴轴承、9个高速轴轴承以及8台发电机故障造成非计划停机。此外，由于3根电缆中的1根出现岸侧接头故障，导致长达2个月的风电场严重减产。

在2007年，为解决发电机运行中出现的各种问题，风电场中所有发电机被更换为进行过重新设并验证的新机型。齿轮箱轴承的问题通过提前集中更换中速轴外侧轴承的方法加以解决；此外，12个高速轴轴承在定期巡检中发现磨损现象并进行了提前更换。还有3台齿轮箱也被确认为需要更换。风电场发电量受到另一根电缆岸侧接头故障的影响，同时通过测试确认了电缆海底部分出现故障，并于2008年春季进行更换。

2. North Hoyle（V80）

2004~2005年风电场投运后，因高压电缆故障、发电机接线故障以及SCADA系统电气故障的原因引起风电机组非计划性停机。

2006年，风电场出现过以下问题：

1）2台发电机轴承故障；

2）6台齿轮箱故障；

3）一次非计划电网停电；

4）风电机组准备与恢复运行过程进一步增加了停机时间；

5）定期维护以及风电场现场到达困难造成停机时间增加。

2007年，风电场出现过以下问题：

1）4台齿轮箱轴承和缺齿故障造成齿轮箱更换，且更换过程中因缺乏合适的维修船造成延误；

2）2台发电机转子线棒故障；

3）2台断路器故障；

4）1台风电机组轮毂支撑破裂；

5）因偏航电动机故障造成1台风电机组停机；

6）1次非计划电网停电；

7）同样由于风电场到达困难造成停机时间增加。

3. Kentish Flats（V90）

2006年风电场投运后，风电场运行初期出现了一些短期非计划性停机。通过远程风电机组重起、现场风电机组重起或简单维护，这些工作大多可在当天完成。

其他与大型风电机组故障相关的非计划停机包括：

1）主齿轮箱；

2）发电机轴承；

3）发电机转子线棒与集电环接头；

4）变桨系统。

因未超出质保期，发电机轴承与转子线棒的问题由发电机供货商进行维修，但这推迟了整个故障排除的时间。

第1台主齿轮箱故障在2006年底被发现，为此针对风电场所有风电机组集中开展主轮齿箱内窥镜检查并确认12台齿轮箱需要更换。在2007年，由于行星齿初期故障所有30台齿轮箱全部更换。整个更换计划分散在1年中不同时间，但由于等待以及缺乏吊装船舶等原因，停产时间大于维修时间。与此同时，由于以下原因约半数发电机被更换：

1）发电机转子线棒接头；

2）转轴机械公差；

3）轴承接地处理以避免轴电流。

其他非计划性停机任务包括：

1）变桨系统维修；

2）齿轮箱更换时吊车冲击事故造成1台风电机组叶片维修。

4. Barrow（V90）

2006～2007年，风电场出现了大量非计划性停机，虽然一些小问题通过现场风电机组重起就可以解决。其他较大的问题包括：

1）发电机轴承故障并更换为新型轴承；

2）发电机转子线棒更换为新型线棒；

3）变桨系统更新。

由于在同型号其他风电机组的齿轮箱中发现了问题，2007年对风电场中所有风电机组的齿轮箱开展了集中检查并发现部分齿轮箱开始出现类似问题。由此决定从2007年7月开始在风电机组齿轮箱故障前提前进行更换。该项工作于2007年10月完成。

6.1.3 荷兰 Egmond aan Zee 风电场

荷兰 Egmond aan Zee 风电场由36台 Vestas 3MW V90 风电机组组成，扫风面积6362m^2，位于北海，水深17～23m，离岸距离10～18km，于2007年4月投入运行。该风电场由 NoordzeeWind 公司运营，这是一家 Nuon 电力公司（现在是 Vattenfall 公司的一部分）与 Shell 公司的合资公司。

从风电场选址的角度，Egmond aan Zee 风电场的建设难度被认为与 Horns Rev 1 期风电场相当。但 Egmond aan Zee 风电场靠近 Ijmuiden 的 Ij 河入海口处的海运中心，这为该风电场运行提供了便利条件。

根据风电场前3年运行报告中“停机”与“非故障”的记录[1,2]，对风电场运行可靠性进行了分析，结果如图6.1所示。

从图6.1a中可以看出大量风电机组停机事件与风电机组控制系统相关；然而每次停机事件的评价停机时间（见图6.1b）表明由控制系统引起的风电机组停机时间短而很容易恢复。

图6.1b表明由齿轮箱和发电机引起的停机时间较长，尽管它们出现的概率相对较小。所有这些因素共同作用导致很长的风电机组年平均停机时间。图6.1c表明齿轮箱对风电机组可利用率的影响很大。3MW V90 风电机组运行过程中出现了大量齿轮箱更换以及一些发电机更换，这与同样采用3MW V90 风电机组的英国 Kentish Flats 和 Barrow 风电场中的运行情况相类似。

这些设备更换工作对风电机组停机时间造成很大影响。与预期情况相同，单台风电机组年平均发电量与平均停机时间曲线相一致。

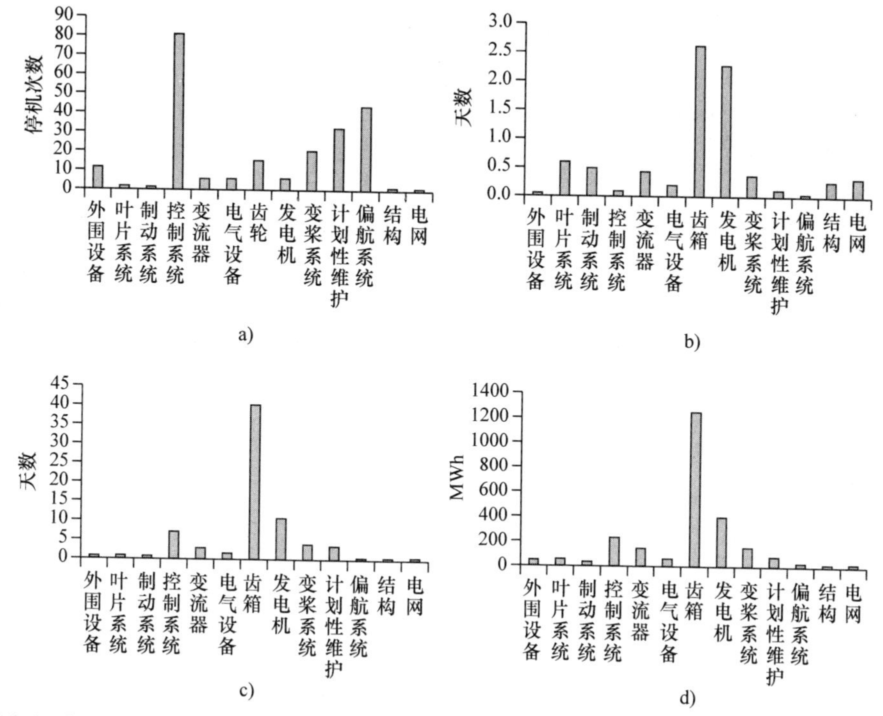

图 6.1　2007 ~2009 年 Egmond aan Zee 风电场运行可靠性分析（来源：NoordzeeWind[1,2]）：
a）单台风电机组年平均停机数量；b）每次平均停机时间；
c）单台风电机组年平均停机时间；d）单台风电机组年平均发电量损失

6.2　海上风电场运行的经验

6.2.1　概述

目前可获得 Vestas 早期海上风电机组运行经验。对于其他风电机组生产商，特别是西门子海上风电机组（如 6.2.5 节）的运行情况也可以得到。

分析 Horns Rev 1 期、英国第一阶段和 Egmond aan Zee 海上风电场的运行经验，从中可得出的最有趣的结论是：故障模式与第 3 章、第 4 章中描述的陆上风电机组的故障模式没有太大差别。除因海上风电场交流电缆汇集阵列以及交流输出电缆引起的故障以外，海上风电机组与海上环境相关的一些新的故障模式好像并不多见。

风电机组的叶片出现问题较少，但由于当时这两家风电机组生产商运行经验相对缺乏，海上风电机组出现的问题主要集中在齿轮箱、发电机、变桨系统以及风电机组控制系统中。

当然，海洋环境以及特殊的运行条件等因素也使得各种风电机组更易出现故障，例如：

1）高风速；

2）风速波动对轴系冲击；

3）风电机组控制系统运行；

4）轴系振动。

此外，可达性差无疑成为所有这些风电场最紧迫的问题。

6.2.2 环境

通过比较美国一座大型海上风电场2年间风速与风电机组可利用率的运行数据可以清楚地了解到海上环境对机组运行的影响（见图6.2）。

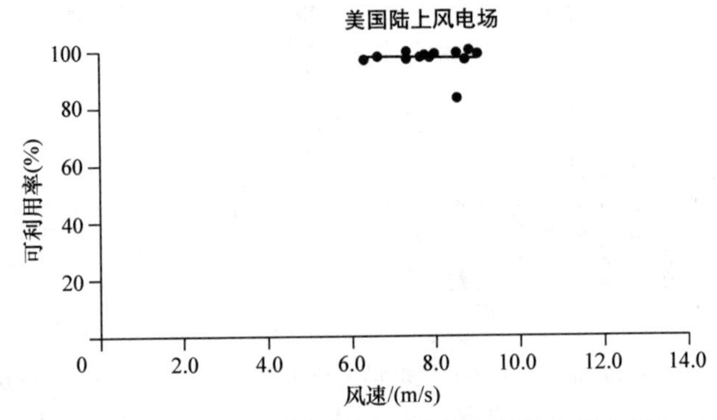

图6.2 风速对风电机组容量系数的影响（根据大型陆上风电场1~2年数据）

与图6.2相似，图6.3归纳出风速对前述5座欧洲海上风电场风电机组容量系数的影响。从图中可以看出，这5座风电场风速变化范围更大，且随着风速增加而容量系数下降。这一点在美国风电场的运行曲线中并不明显。

图6.4表明在高风速条件下确保风电机组运行的可利用率具有重要意义[1,3]。从图中所示的大量陆上风电机组运行统计数据中可以看出机组40%的发电量是在风速大于11m/s的条件下产生的。参考文献［1］和［4］同样考虑了风电场可利用率的影响。

目前尚不清楚风电机组容量系数随风速的增加而下降的原因，这有可能是由风速变高导致的停机事件增多引起的，也可能是由更高风速条件下有缺陷风电机组难以维修引起的。有可能是这两个因素的综合原因引起的。

图6.5对5座海上风电场中Vestas V80和V90两种机型的预测以及实测容量系数进行了比较，从中可以看出实测结果与理论计算结果基本一致，但在高风速区实测结果更低，这值得进一步研究。

图6.6总结了分别位于爱尔兰海、北海西海岸及东海岸的North Hoyle、Scroby Sands及Egmond aan Zee海上风电场从2004~2009年间平均风速、容量系数以及可利用率的统计结果。从中可以看出环境对风电场运行影响的整体情况，风电场高容量系数与低可利用率均同时出现在每年冬季的10~3月。

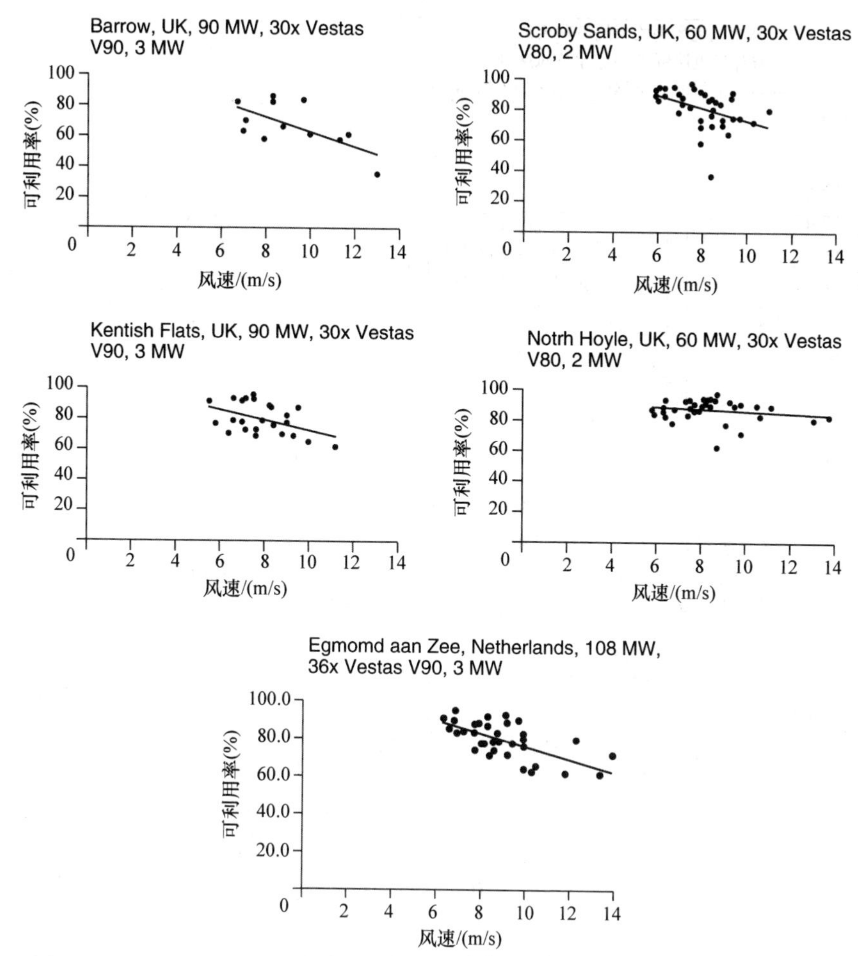

图 6.3 风速对风电机组容量系数的影响（根据 5 座海上风电场 1 ~ 2 年的数据）

图 6.6 表明 3 座风电场的月平均风速基本相同，但由于冬季风速高，因此风电场容量系数达到峰值而可利用率却出现下降。进一步分析图 6.6 可知：通过加强风电场冬季运行时的维护措施，North Hoyle 风电场可利用率下降并不明显。这表明如果维护与维修得当，海上风电场可以在冬季高容量系数运行的同时实现可利用率不出现显著下降。当然，这取决于海上风电场具有良好的维护计划以及可达性。

在上述风电场中，因海洋盐雾与污秽腐蚀造成风电机组故障的记录很少，尽管在早期老一代的海上风电场中它们比较常见。也许随着风电场继续运行，风电机组腐蚀的问题会逐渐出现，但在风电场初期运行 3 或 4 年之内腐蚀应该不是风电机组故障的主要原因。

6.2.3 海上风电场的可达性

图 6.4 记录了冬季风电场可利用率低的问题，特别是在主要部件的维修时，如更换发电机和齿轮箱，由于海上风电场可达性差将导致长期延迟以及风电场减产。尽管

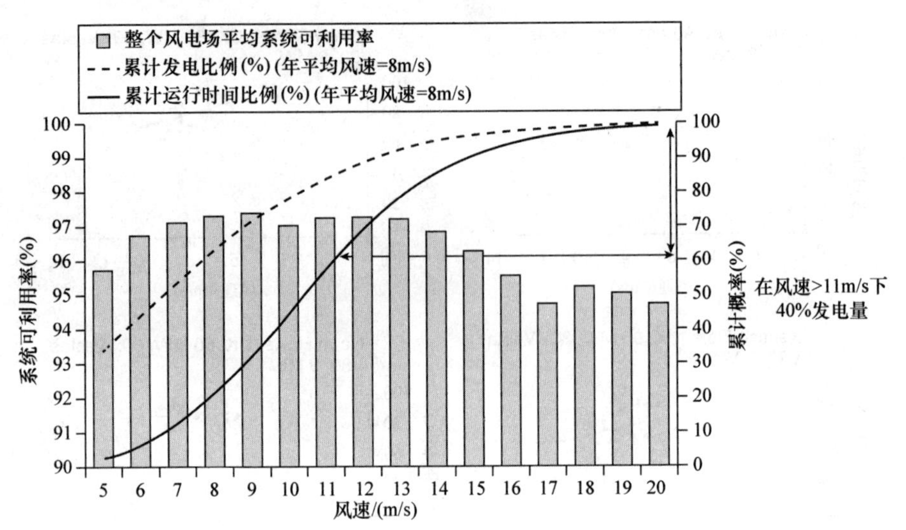

图 6.4 高风速条件下陆上风电机组运行可利用率下降（来源：GL Garrad Hassan[1,3]）

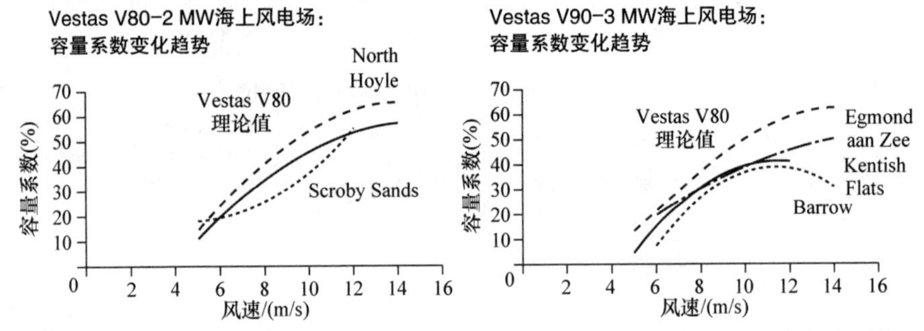

图 6.5 5 座海上风电场中 Vestas V80 与 V90 风电机组容量系数的预测值与实测值

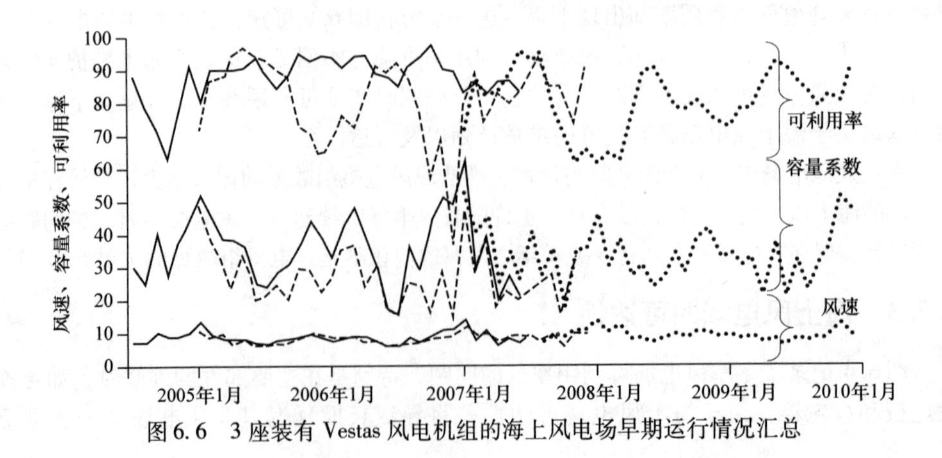

图 6.6 3 座装有 Vestas 风电机组的海上风电场早期运行情况汇总

Horns Rev 1 期风电场采用直升机进行运维，但海上风电场可达性差的问题仍然突出。而且采用直升机进行运维的方案还存在造价高以及人员要求高的不足。当然人们相信这些困难可以克服，因此就像 Horns Rev 1 期风电场一样，不少新装的海上风电场都设有直升机升降平台（见图 5.10）。

6.2.4 海上低压、中压与高压电网

6.2.4.1 变电站

Horns Rev 1 期风电场的海上变电站经工程实践证明是成功的。

6.2.4.2 集线电缆

在英国海上风电场建设的第一阶段中，有一座风电场集线电缆阵列出现过问题，而其他风电场则出现过集线电缆的问题。

其中一些故障是由于埋设在海床的电缆暴露后受渔业和抛锚活动影响造成的，而一些故障是由于风电场后续建设过程中自升式平台船在施工作业过程中造成的。

6.2.4.3 输出电缆

仅有 Horns Rev 1 期风电场配有高压输出电缆，该电缆确实出现过一定问题。

在英国海上风电场建设第一阶段中，某一风电场向陆上输电的电缆的过渡接头出现过一些问题。

6.2.5 其他的英国第一阶段风电场

尽管图 6.6 给出了 3 座安装 Vestas 风电机组的海上风电场的运行情况，但在公开资料中关于其他生产商的风电机组数据仍然相对较少。不过，英国第一和第二阶段海上风电场都配有带感应发电机和全功率变流器的西门子 SWT 3.6 风电机组（图 4.2 中的 D 类风电机组）。图 6.7 对至少 4 座风电场的容量系数进行了归纳。

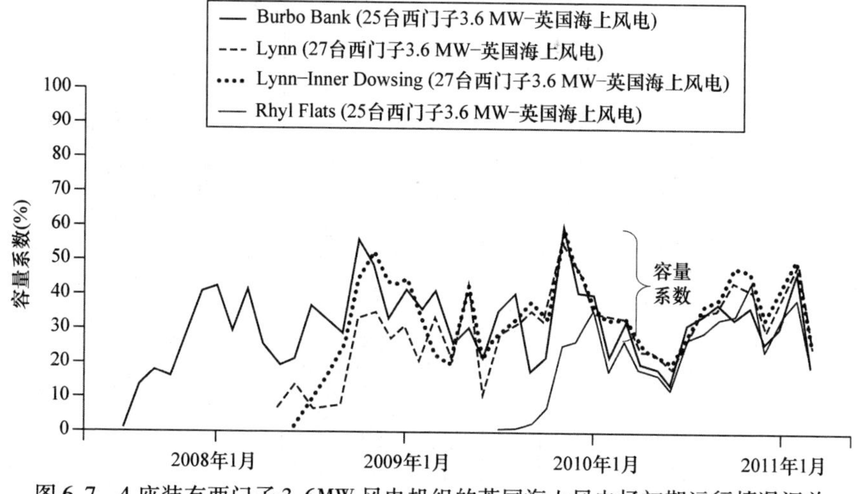

图 6.7 4 座装有西门子 3.6MW 风电机组的英国海上风电场初期运行情况汇总

1）Burbo Bank 风电场：2007 年 7 月投运，25 台西门子 3.6MW SWT3.6 107 风电机组，扫风面积 9000 m^2，水深 0～8m，位于爱尔兰海，离岸距离 7km，由 DONG Energy 公司运营。

2）Lynn 风电场：2008 年 4 月投运，27 台西门子 3.6MW SWT3.6 107 风电机组，扫风面积 9000 m^2，水深 5～10m，位于北海，离岸距离 5.2km，由 Centrica 公司运营。

3）Lynn－Inner Dowsing 风电场：2008 年 6 月投运，27 台西门子 3.6MW SWT3.6 107 风电机组，扫风面积 9000 m^2，水深 5m，位于北海，离岸距离 5.2km，由 Centrica 公司运营。

4）Rhyl Flats 风电场：2009 年 7 月投运，25 台西门子 3.6MW SWT3.6 107 风电机组，扫风面积 9000 m^2，水深 4～15m，位于爱尔兰海，离岸距离 8km，由 RWE Npower Renewables 公司运营。

6.2.6 试运行

Horns Rev 1 期、英国第一阶段和 Egmond aan Zee 海上风电场的运行实践表明：高质量的试运行对获取海上风电场早期运行经验以及提高风电场容量系数十分重要。这正如图 6.7 中海上风电场初期运行容量系数曲线所示。

一些早期运行报告中提到的一个显著特点是，许多早期故障可以通过远程或本地风电机组复位来解决，并且存在多个 SCADA 电气故障，远程和本地风电机组复位也必须被调整以确保可靠运行。

6.2.7 运维的规划

为规划风电场运维计划避免欧洲早期海上风电场出现过的问题，需要采用类似于图 5.3 提出的设计与制造方法。如图 6.8 所示，该方法的基本思想是将风电机组设计与制

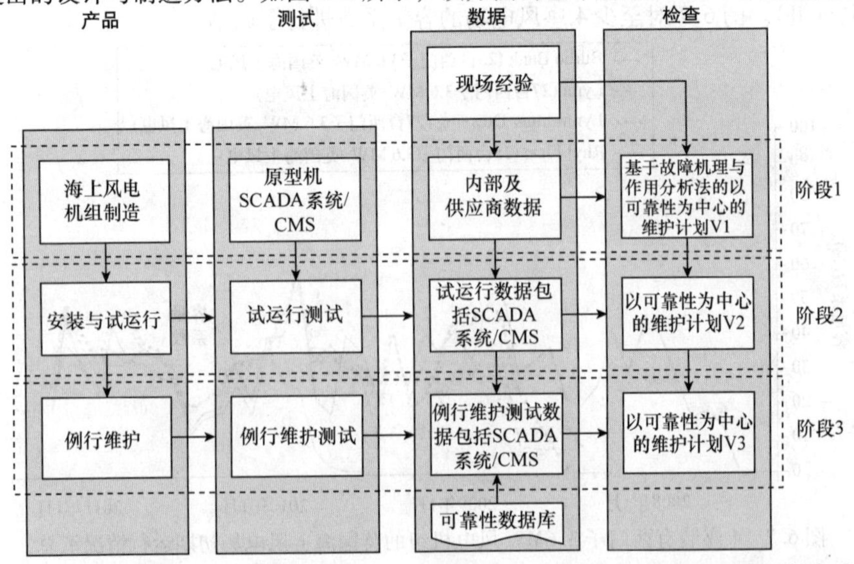

图 6.8 基于故障机理与作用分析法以及可靠性中心法的海上风电机组运维规划方法

造经过以可靠性为中心方法与维护计划关联起来。图5.4的方法是基于风电机组设计与制造中得到的数据。同样地，图6.8所示的海上风电机组运维方法成功应用的关键在于必须恰当运用从风电场实际运行中收集到的数据。

6.3 小结

本章介绍了欧洲早期海上风电场的运行经验。尽管这些经验主要针对已公开的Vestas V80与V90风电机组，但从中可以吸取一些重要的教训，主要包括：

1）海洋环境对风电机组有一定影响，但海上风电机组大多数的故障模式与陆上风电机组相似。

2）针对海上风电机组运行特点进行专门设计，并对风电机组部件及整机进行周密的预测试是降低海上风电机组运行风险的必要手段。

3）对海上风电机组进行周密的试运行可有效降低风电机组后续运行中出现故障的风险。

4）周密准备用于岸基和海上风电场的各种运输设施，是降低海上风电场运维风险的必要措施。

下一章将展示SCADA系统与CMS如何帮助解决海上风电机组早期运行中出现的问题并降低发电成本。

6.4 参考文献

[1] Feng Y., Tavner P. J., Long H. 'Early experiences with UK round 1 offshore wind farms'. *Proceedings of Institution of Civil Engineers, Energy*. 2010;**163**(EN4):167–81

[2] NoordzeeWind Various Authors:
a. *Operations Report 2007*, Document No. OWEZ_R_000_20081023, October 2008. Available from http://www.noordzeewind.nl/files/Common/Data/OWEZ_R_000_20081023%20Operations%202007.pdf?t=1225374339 [Accessed January 2012]
b. *Operations Report 2008*, Document No. OWEZ_R_000_ 200900807, August 2009. Available from http://www.noordzeewind.nl/files/Common/Data/OWEZ_R_000_20090807%20Operations%202008.pdf [Accessed January 2012]
c. *Operations Report 2009*, Document No. OWEZ_R_000_20101112, November 2010. Available from http://www.noordzeewind.nl/files/Common/Data/OWEZ_R_000_20101112_Operations_2009.pdf [Accessed January 2012]

[3] Harman K., Walker R., Wilkinson M. 'Availability trends observed at operational wind farms'. *Proceedings of European Wind Energy Conference, EWEC2008*. Brussels: European Wind Energy Association; 2008

[4] Castro Sayas F., Allan R. N. 'Generation availability assessment of wind farms'. *IEE Proceedings Generation, Transmission and Distribution*, Part C. 1996;**1043**(5):507–18

第7章

风电机组状态监测

7.1 概述

现代风电机组监测技术可包括以下不同系统：

数据采集与监控（SCADA）系统以低分辨率对风电机组运行实施监测并为机组提供数据与报警通道。

状态监测系统（CMS）通过高分辨率监测机组重要部件并进行故障诊断或预诊断，如利用叶片监测系统（BMS）发现叶片早期故障。

结构健康监测（SHM）系统以较低分辨率对机组关键结构部件进行监测。

如图7.1所示，这些系统具有不同数据采样率。随着风电技术的发展，它们将逐渐集成为一体。

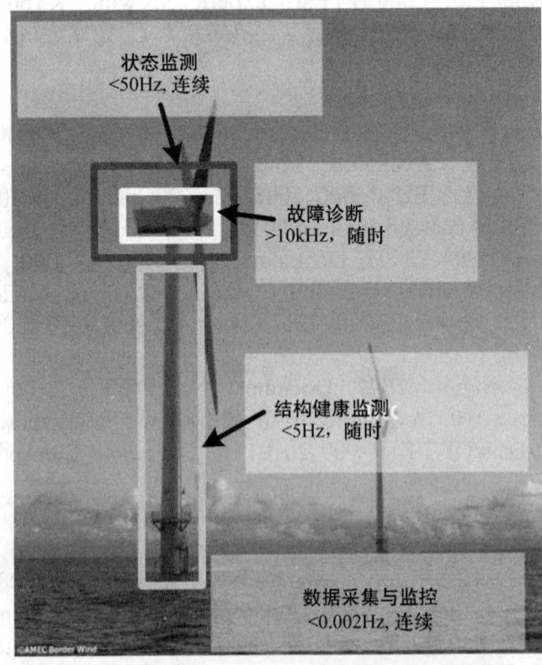

图7.1　风电机组的SCADA系统以及CMS

7.2 数据采集与监控（SCADA）系统

7.2.1 为什么采用 SCADA 系统

SCADA 系统源于石油、天然气和化工工业，通过精确测量阀门、泵以及存储容器的温度、压力及流量信号对工厂中大量工艺流程进行控制。

数据采集系统起初并不参与控制，但随着工厂控制的需要，它们被集成到工业控制系统（ICS）中。最近，为适应控制器分布于整个工厂并嵌入数据采集系统的要求，SCADA 系统被进一步集成到集散控制系统（DCS）中。

SCADA 技术在电力工业中使用已有 35 年。英国从 1985 年起就在发电厂中采用 DCS。作为无人值守的远程机械发电单元，风电机组同样需要采用 SCADA 技术。然而，风电工业利用 SCADA 技术主要用于监测而不是控制。尽管运行人员可通过 SCADA 从外部实施远程控制，风电机组主要还是采用安装在机舱中的主控制器进行控制。

事实上，风电机组 SCADA 信号与报警主要由风电机组控制器产生。该控制器通常采用工业可编程序控制器（PLC），对机组起动、并网、最大风能跟踪、紧急停车及解列等动作进行控制并确保机组安全稳定运行。

参考文献[1]和[2]对风电机组通信系统（包括 SCADA 系统）的国际标准进行了介绍，整体结构如图 7.2 所示。

随着风电机组单机容量、数量以及设计技术的不断发展，与传统电力行业相比，SCADA 技术在风电行业中的应用越来越广泛。这一方面可能是由于测量与通信技术成本不断下降，另一方面也是由于 SCADA 技术在早期大型风电机组的原型机中就广泛应用的缘故（见附录 1）。

第 13 章（附录 4）对当前风电行业中采用的 SCADA 系统的基本情况进行了总结。

7.2.2 信号与警报

SCADA 系统同时处理输入/输出信号与警报。系统通常以 10min 为采样周期记录并传输风电机组的动态或重要变量，如风速与输出功率，包括它们的最大值、平均值、最小值以及方差等。

数据大多由风电机组输出到控制室，但也存在少量信号与指令通过控制室输入到风电机组。

举例可以说明现代风电行业中 SCADA 技术的快速发展。一台 500MW 的火电机组通常具有一组 2000 个 SCADA 输入/输出通道，而一台 5MW 海上风电机组则采用 4 组 500 个输入/输出通道以实现无人值守、远程、自动控制等功能。

7.2.3 SCADA 系统的价值与成本

SCADA 系统的价值在于为风电机组原始设备生产商（OEM）、运营商远程提供关于

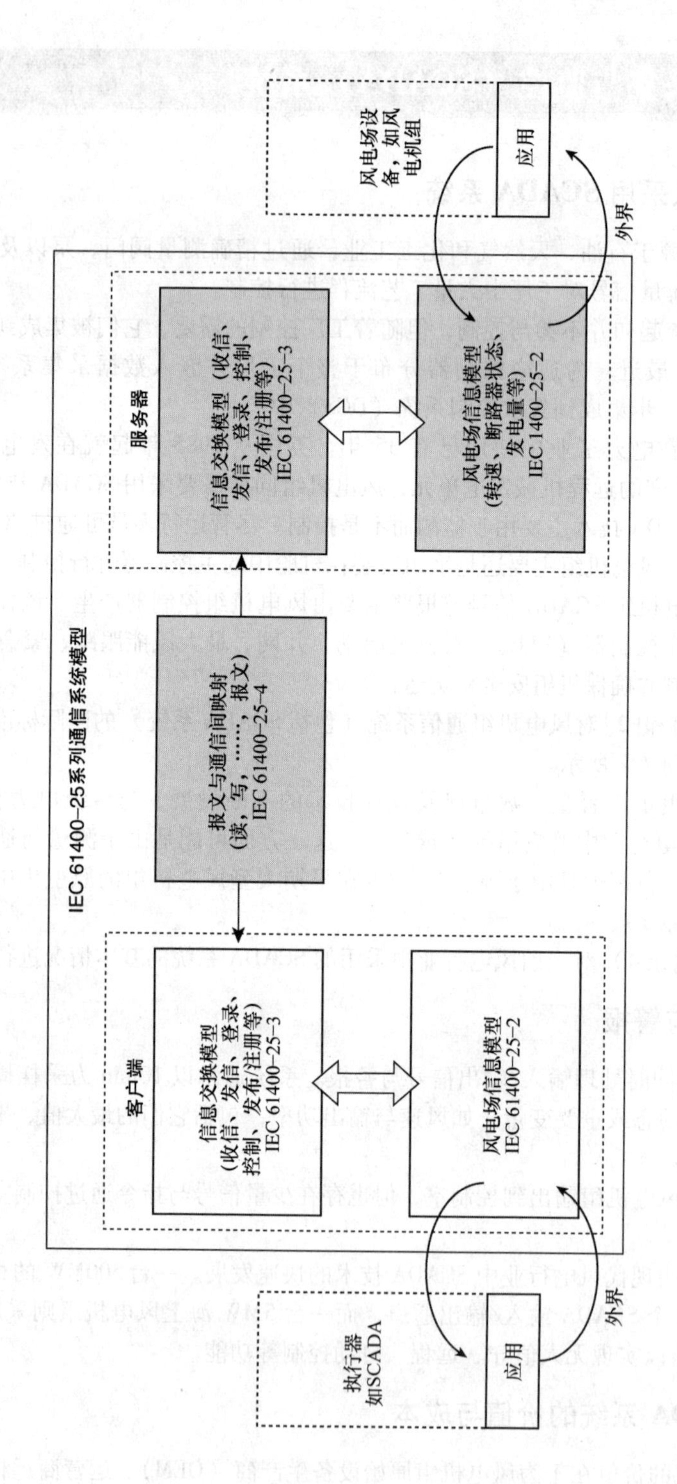

图 7.2 风电机组通信系统基本结构[1]

风电机组运行状态与警报的在线数据。这使得风电场的运维计划可根据 SCADA 系统产生的图形化信息进行优化，如图 7.3 所示。

然而 SCADA 系统产生的大量数据需要进行精心地管理与分析。以 100 台风电机组构成的海上风电场为例，每台风电机组每 10min 产生 40000 条数据，也即每天 96MB 数据量。这些数据需要通过大量地分析才能在线获取风电机组运行的状态信息。

一般情况下，风电机组原始设备生产商会开发并使用 SCADA 技术对质保期内的风电机组进行管理。利用 SCADA 系统能对不同风电场以及同类机型中各台风电机组的性能进行比较。

采用 SCADA 技术的重要意义在于能够掌握风电机组运行的整体情况，包括与发电状态相关的风速与电量信息、监测信号（如润滑油与轴承温度）以及如变桨与电力电子系统的控制系统警报等。因此，这使得风电机组运营商可以通过广泛比较各种信号掌握风电机组运行的状态。由于采样频率较低，SCADA 系统的缺点在于无法对风电机组运行状态进行深入分析实现故障的精确诊断。然而正如下节所述，SCADA 技术在信息处理广度上的优势远远超过它在深度上的不足。如图 7.3 所示，它能生成功率曲线等直观的图形或图表用于分析风电机组的运行状态。

图 7.3　通过分析 SCADA 数据发现风电机组问题（来源：GL Garrad Hassan）

与生产商不同，风电机组运营商除非获得生产商允许，否则通常不具备利用 SCADA 系统分析风电机组运行状态的条件。因此在风电机组质保期的末期，风电机组运营商将面临选择是否与生产商延长质保合同或是自行负责风电机组以后的运维。

总体而言，SCADA 系统是由风电机组原始设备生产商开发的将测量与通信技术集成于风电机组控制器中的一种低成本监测系统。实际系统中 SCADA 系统的成本取决于风电场的大小，其中每台风电机组的成本通常在5000～10000英镑。

7.3 状态监测系统

7.3.1 为什么采用状态监测技术

风电机组状态监测技术最初出现于20世纪90年代。当时大量风电机组的齿轮箱出现故障并向保险公司索赔。风电行业逐渐将传统旋转机械振动监测的经验应用到风电机组的状态监测中。风电机组状态监测产品起初是由几家著名的状态监测系统生产商提供的，如Bruel & Kjaer、Bently Nevada和National Instruments。这些产品主要是以它们在传统旋转机械振动监测的技术与经验为基础的。这些产品所使用的监测技术逐渐成为风电机组认证的必要环节[3]。

然而由于风能的随机性，现代大型风电机组在运行过程中其功率、转矩与转速一直处在不断快速变化的状态。再加上风电机组通常安装在偏远地区并远离技术支持，因此风电机组的状态监测技术存在许多与传统旋转机械不同的特殊问题。

风电机组状态监测系统（CMS）已经经过陆上风电机组的验证并取得成功。目前几乎作为一种标配设备，大部分新装容量大于1.5MW的陆上风电机组以及几乎所有海上风电机组均需要安装CMS。

目前风电机组原始设备生产商在风电机组质保期内大量使用CMS。然而尽管风电机组CMS安装越来越多，但风电机组运营商对其产生的数据与警报仍不太关注。其主要原因是运营商可能缺乏分析振动监测得到的各种复杂数据所需的专业知识。这导致许多运营商，特别是那些缺乏经验的运营商，将风电机组状态监测服务转包给专业公司或风电机组原始设备生产商。鉴于成本的原因，实际系统中风电机组CMS可能被忽视而运营商仍然沿用传统的定期维护策略。

第14章（附录5）给出了风电行业可用的CMS的调查。

7.3.2 各种状态监测技术

7.3.2.1 振动

振动监测技术是最早被应用到风电机组状态监测的技术，起初用于监测发电机、齿轮箱以及风电机组主轴承。振动监测采用了各种技术，包括利用低频加速度计监测主轴承、利用高频加速度计监测齿轮箱与发电机轴承或有时采用位移计。图7.4标明了振动监测中位移、速度及加速度测量的频率范围。

由于风电机组转矩一直处在不断快速变化的状态，因此轴系的振动周期与幅值将随时间不断变化。这成为风电机组振动监测的特殊问题，在分析诊断监测数据时必须小心对待。

风电机组状态监测的特点是轴系大多采用滚动轴承和高升速比齿轮箱。这使得轴系故障时振动信号中往往出现较高的冲击性分量。针对风电机组转矩不断变化以及故障引起冲击性振动的特点，参考文献［3，4］提倡使用小波技术对风电机组CMS信号进行

分析，但小波分析也存在计算量大的不足。

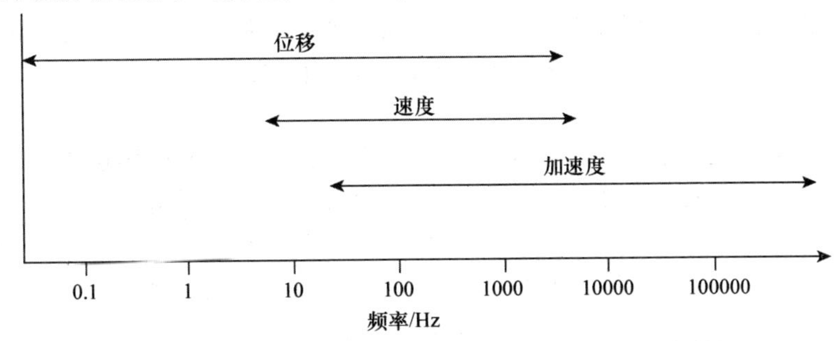

图 7.4　振动监测中位移、速度及加速度测量的频率范围

第 13 章对目前风电工业中采用的振动监测的分析方法进行了总结。现有的方法主要采用传统的傅里叶变换对一定转速和功率范围内监测到的振动信号进行分析。振动监测与分析中主要考虑的因素如下：

1）振动信号峰值与有效值的变化趋势；

2）振动信号的时域波形；

3）振动信号的频域分量。

振动信号有效值不断上升表明故障状态正在恶化。但高峰值而低有效值的振动信号表明信号中存在冲击性能量，需要通过观察时域波形确定冲击性分量。如果时域波形中存在异常的冲击性分量，则需进一步分析振动信号的频域特征，从而确定冲击性谐波信号的来源，如齿或滚子频率，以锁定振动源。振动信号中含有丰富的谐波信息，实际系统中必须准确理解这些谐波信息才能实现故障的有效诊断。一些风电机组 CMS 中利用轴系机械模型提供快速傅里叶变换（FFT）频谱光标以辅助信号分析与故障诊断。

7.3.2.2　油残渣

就停机时间而言，鉴于齿轮箱故障的重要性，实际系统中采用齿轮箱油残渣分析技术监测风电机组状态显得更加重要。齿轮箱油的功能包括以下三个方面：

1）为齿轮箱提供冷却介质；

2）为轴承滚子提供润滑；

3）为啮合齿轮提供润滑。

润滑油自生具备在齿轮以及轴承接触面之间生成一定润滑粘膜以减小磨损的基本特性。维持良好的润滑特性取决于：

1）高品质且充足的润滑油；

2）无残渣；

3）维持适当的油温；

4）对润滑油进行定期清洁或更新。

齿轮与轴承在运行过程中不可避免会产生一些铁磁性或非铁磁性残渣。齿轮箱运行过程中产生的金属残渣本来应该通过图 5.9 所示的产品测试运行加以清除。大多数风电机组与其他安装大型齿轮箱的机械（如船舶机械）相同，均采用喷射式润滑系统。利用油泵将润滑油经冷却器和内置滤网从油箱中输送到齿轮箱顶部，并通过一组喷嘴将油喷淋在运行部件上。因此与内燃机不同，风电机组齿轮箱的润滑油并非直接作用在轴承或齿轮上。

这表明风电机组齿轮箱中流动的润滑油可流经齿轮箱内部所有部分并带走热量与残渣。因此通过油残渣监测就可以了解整个齿轮箱各个部件的运行情况，这使得该技术十分适合对风电机组齿轮箱进行状态监测。

合理设置油残渣监测的临界值可以在事故发生前发出警报并预留足够的时间安排检修与维护。其中后者是有效实施设备状态监测的关键。

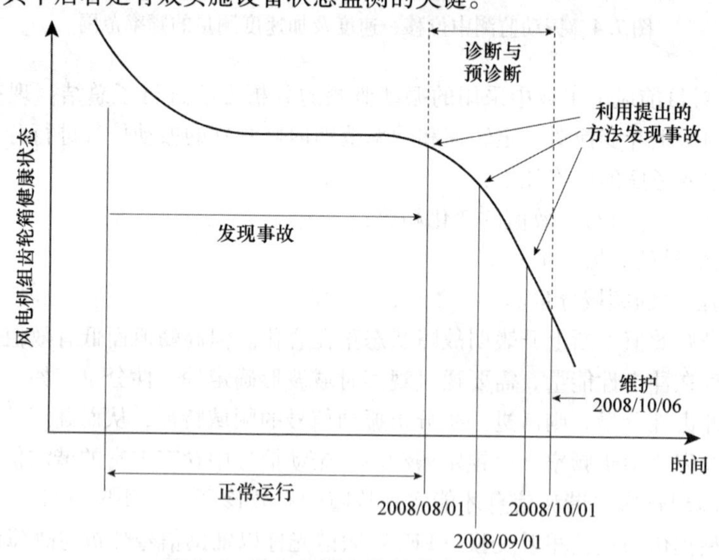

图 7.5　风电机组齿轮箱故障诊断案例

然而，除非辨别残渣类型，否则油残渣监测无法直接确定故障位置。图 7.6 所示为三级齿轮箱内部布置并给出各部件的位置以及油路系统。

内置式滤网能够滤除直径大于 100μm 的残渣但无法滤除直径较小的残渣。研究表明健康运行的齿轮箱润滑油残渣的直径应维持在 2μm 以下，而残渣直径小于 1μm 更有利于提高齿轮箱寿命。然而实际系统中很少有齿轮箱能够达到这样高的洁净度。现代油残渣探测器抽取图 7.6 所示油路系统中滤网后的部分油样进行分析，发现并对各种尺寸的铁磁与非铁磁残渣颗粒进行计数。计数结果在线输送到 CMS 中。提高测量的精度将增大在线监测系统的成本。

7.3.2.3　应变

为提高风电机组的运行性能，近 5 年内出现了控制三片桨叶独立变桨运行的趋势。独立变桨可以减小转矩与风电机组承受的横向载荷，延长运行寿命。如图 7.7 所示，利用光纤布拉格光栅（FBG）应变计可独立测量每片叶片的运行弯矩用于独立变桨控制。尽管应变测量主要应用于变桨控制，但同样也可用于监测风电机组的运行状态。如第

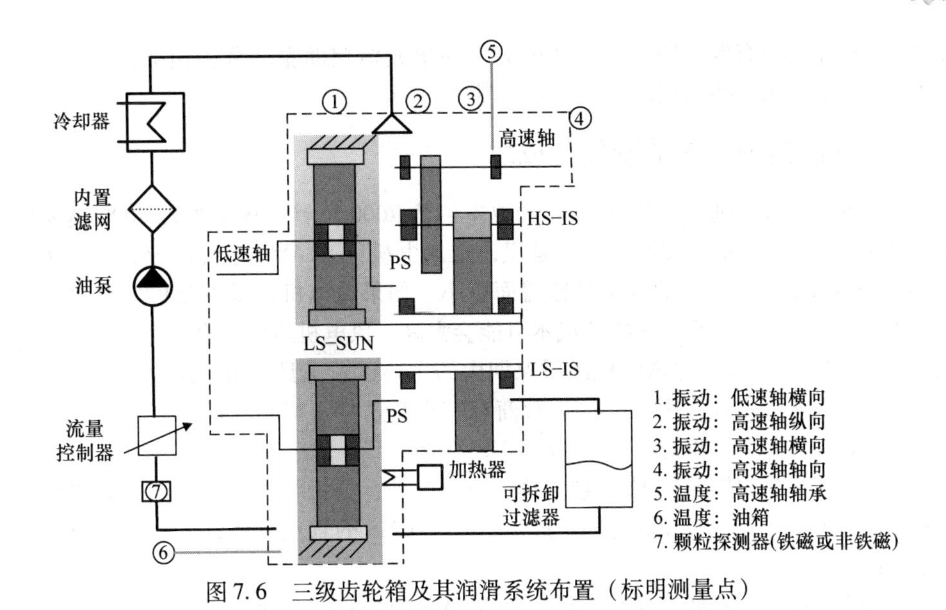

图 7.6　三级齿轮箱及其润滑系统布置（标明测量点）

14 章对商用风电机组状态监测技术的调查结果所示，工业界目前正在发展相关技术。

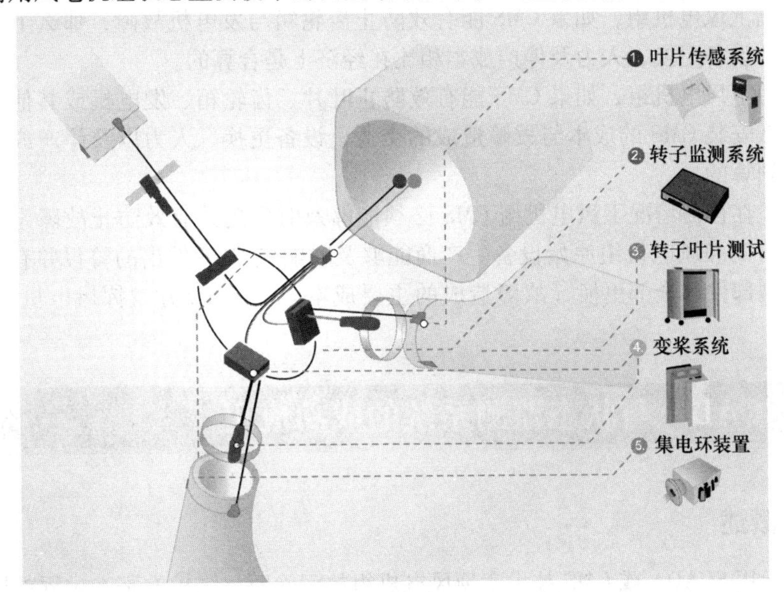

图 7.7　三叶片光纤 FBG 变桨控制系统原理图（来源：Moog Insensys）

7.3.2.4　电气

最后，状态监测的最新信息源来自于风电机组的电气信号，包括控制发电机转速与励磁的电压、电流及功率。在电机及其轴系状态监测中[5]，这些信号已经有多年应用的经验。它们可作为全局信号，特别是功率信号[6]，用于风电机组轴系的状态监测。利用电气信号进行状态监测的难点在于它们都富含电气谐波信息，必须准确理解这些谐波信息才能对故障实现有效诊断[7]。与利用 FFT 频谱光标辅助振动分析相类似，分析电气信号同样需要采用一些高级的数字信号处理方法。

7.3.3 状态监测系统的价值与成本

一台典型的风电机组 CMS 的软硬件成本约为 7000 英镑，还需外加 7000 英镑对已有的风电机组进行改造与安装。也就是说，与风电机组 SCADA 系统相比，每台风电机组 CMS 需增加 14000 英镑的成本且覆盖面更小。如果风电机组都大规模安装 CMS，例如由原始设备生产商安装，这样的成本可能会太高。风电机组原始设备生产商希望能安装他们自己开发的 CMS 为风电机组质保期内的主要诊断工具。由于风电场中运行有不同厂商的风电机组，对采用 CMS，运营商有其自身选择。当然，运营商不希望超过上述原始设备生产商改造和安装风电机组 CMS 的成本。

因此，CMS 并非像 SCADA 系统一样便宜。此外，分析状态监测得到的数据同样会增加成本。这取决于技术人员的人工成本。对于 CMS 的真正价值，风电行业中一直存在大量争论。

作者近期的研究表明在传统发电站安装 CMS 的投资仅需通过利用状态监测防止电站非计划停机就可以收回。

对于陆上风电机组，如果 CMS 能有效防止齿轮箱与发电机故障，那么上述成本与故障造成的设备更换、人力及停产成本相比在经济上是合算的。

对于海上风电机组，如果 CMS 能有效防止叶片、齿轮箱、发电机或其他大型部件故障，那么安装 CMS 的成本与故障造成的交通、设备更换、人力以及停产成本相比在经济上是划算的。

当然，在任何情况下风电机组 CMS 必须能够及时发现并有效防止故障发生。与此同时，运营商和风电机组原始设备生产商能够及时响应 CMS 发出的警报并有效避免故障导致大型部件的全部更换（故障造成的主要成本），才能充分发挥风电机组 CMS 的效用。

7.4 SCADA 与状态监测系统的成功应用

7.4.1 概述

成功运用 SCADA 或 CMS 技术实现风电机组故障诊断与维护的基本过程如图 7.5 所示，包括以下要点：

1）发现故障：发现风电机组部件某部分发生故障并判断出故障大致位置；

2）故障诊断：确定故障特征包括其准确位置；

3）故障预防：确定消除故障的措施；

4）设备维护：消除故障原因或更换故障零件。

故障出现后需要经历一定时间发展才会最终发生并导致风电机组停机。有效的状态监测必须充分利用故障发展的时间。有些故障从出现到最终发生时间较短。例如：发电机接地故障从出现到发生只需10s时间。这类故障也许能够及时发现但没有足够时间用于故障诊断、预防以及设备维修。另一方面，对图7.5所示的油残渣监测过程，如果状态监测装置能够有效发现故障，那么报警可持续几周时间。这为故障诊断、预防及设备维护留下了充足的时间。一般将故障检测到完成设备维护之间的时间称为故障预防期。

风电机组SCADA与CMS必须能够尽早发现故障，从而有效延长故障预防期。下面将结合案例进行说明。

对风电机组SCADA与CMS数据进行分析的方法可总结如下：

1）简单的趋势分析。

2）故障物理机理分析。

3）窄带频谱分析。

4）傅里叶分析。

5）小波与非静态分析。

6）人工智能方法：

① 人工神经网络；

② 贝叶斯分析。

7）多参数监测。

下面的例子通过分析从风电机组SCADA与CMS得到的信号或警报信息及时并成功地发现了一些典型的风电机组故障。这些故障包括一些已知的风电机组初期故障或利用风电机组状态监测实验台模拟的部件故障。故障模拟是依据作者研究项目提供的数据由课题组研究人员与学生完成的。

7.4.2 SCADA系统的成功应用

如图7.8所示，经过SCADA系统对某台风电机组的功率、风速、转速以及发电机轴承温度进行18天的连续监测可以清楚发现该机组出现的问题。在监测期间内，机组经历过两天风暴与强风天气并在随后每天在风速变化的条件下连续工作。可以看到在风电机组运行过程中功率与转速会在大范围内快速发生变化。在通过分析SCADA信号进行故障检测、诊断以及预防时必须考虑这些因素的影响。

通过SCADA数据发现风电机组故障的最常用方法是分析风电机组功率曲线的变化，如图7.3所示。

当然，为发现风电机组故障还有更详细的分析方法，这里以齿轮箱和变流器为例进行说明。

第一个例子考虑齿轮箱。作为风电机组轴系的关键部件，与传统发电系统不同，风电机组齿轮箱长期经历随机不断变化的转矩，这也被认为是齿轮与轴承磨损的主要原因。分析齿轮箱故障原因需要利用齿轮箱及其相邻部件的信息深入理解运行环境以及高、低幅度周期循环对疲劳损伤的影响。采用物理机理分析的方法，通过分析SCADA数据可以监测齿轮箱传动效率与各级转速并将它们与齿轮箱温升关联起来用于发现和预

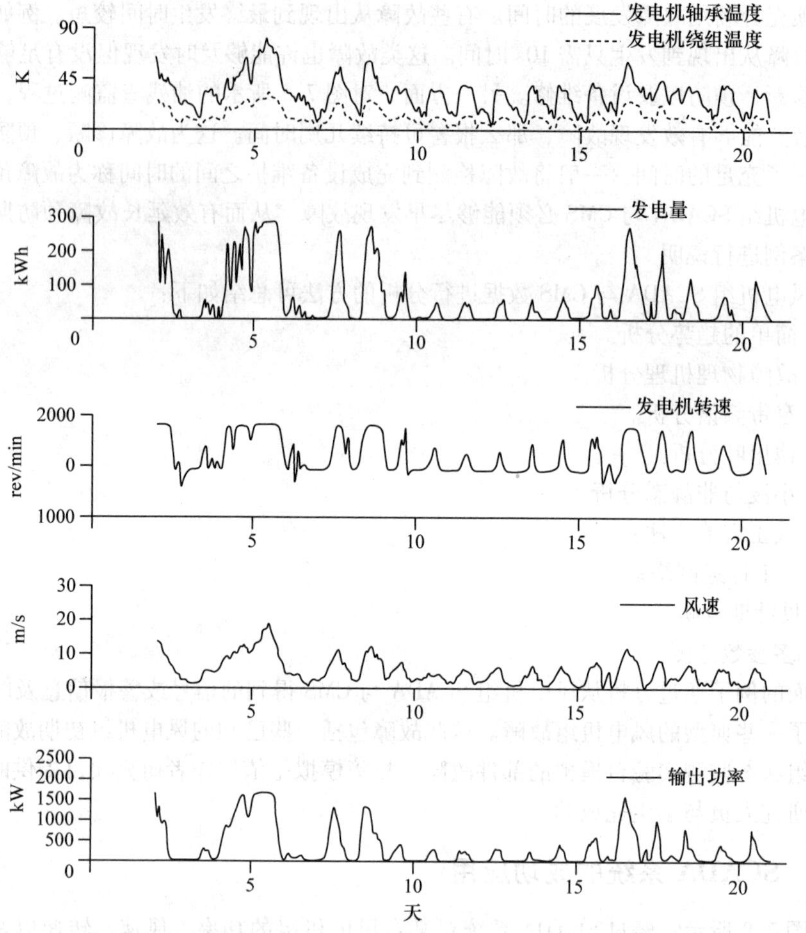

图 7.8 变速风电机组（>1MW）18 天连续监测的 SCADA 数据

防故障。齿轮或轴承产生的热量与作用在该物体的功成正比，这意味着

$$Q \propto W \propto \Delta T \tag{7.1}$$

式中，Q 是从齿轮或轴承产生的热量；W 是作用在上面的功；ΔT 是相对于机舱温度的温升。由齿轮做功的物理表达式为

$$W = \frac{1}{2} I\omega^2 \tag{7.2}$$

假设齿轮效率是 η_{Gear}，而轴承效率是 η_{Brg}，则传导到齿轮或轴承上的热量等于

$$Q_{\text{Gear}} = (1 - \eta_{\text{Gear}}) \frac{1}{2} I_{\text{Gear}} \omega_{\text{Gear}}^2 = k_{\text{Gear}} \Delta T_{\text{Gear}} \tag{7.3}$$

或

$$Q_{\text{Brg}} = (1 - \eta_{\text{Brg}}) \frac{1}{2} I_{\text{Brg}} \omega_{\text{Brg}}^2 = k_{\text{Brg}} \Delta T_{\text{Brg}} \tag{7.4}$$

对应的系统无效系数等于

$$1-\eta_{Gear}=\frac{2k_{Gear}\Delta T_{Gear}}{I_{Gear}\omega_{Gear}^2} \tag{7.5}$$

或

$$1-\eta_{Brg}=\frac{2k_{Brg}\Delta T_{Brg}}{I_{Brg}\omega_{Brg}^2} \tag{7.6}$$

因此，$2k/I$ 是公共系数，而齿轮或轴承的无效系数则分别正比于 $\Delta T_{Gear}/\omega_{Gear}^2$ 或 $\Delta T_{Brg}/\omega_{Brg}^2$。当出现故障导致效率下降时，如式（7.6）所示在相同 ω_{Gear}^2 条件下齿轮温升 ΔT_{Gear} 将上升。

假设余下的机械动能经齿轮箱传递后全部转换为电能输出，那么

$$P_{out}=W-Q_{Gear} \tag{7.7}$$

则

$$P_{out}=\eta_{Gear}\frac{1}{2}I_{Gear}\omega_{Gear}^2 \tag{7.8}$$

通过比较式（7.3）与式（7.8）可知

$$\frac{1-\eta_{Gear}}{\eta_{Gear}}=k_{Gear}\frac{\Delta T_{Gear}}{P_{out}} \tag{7.9}$$

或

$$\Delta T_{Gear}=P_{out}\frac{1}{k_{Gear}}\left(\frac{1}{\eta_{Gear}}-1\right) \tag{7.10}$$

式（7.10）表明在齿轮效率不变的条件下齿轮温升正比于发电机输出功率 P_{out}。在输出功率一定时，对健康运行的齿轮箱，理论上讲效率是固定的。因此温升 ΔT_{Gear} 正比于输出功率 P_{out}。当齿轮发生故障时，传动效率下降。根据式（7.10）可知在相同输出功率 P_{out} 的条件下，齿轮温升 ΔT_{Gear} 将相应上升。

利用上述方法对 2MW 变速风电机组运行的 SCADA 历史数据进行了分析[11]。风电机组维修记录表明齿轮箱行星齿发生过故障，但实际运行中未被任何风电机组监测系统发现。已经对如下所示的故障前不同时间的三段 SCADA 数据进行过分析：

1）故障前 9 个月；

2）故障前 6 个月；

3）故障前 3 个月。

图 7.9 是按不同数据周期分析得到的风电机组齿轮箱润滑油温升 ΔT_{Gear} 与转速平方 ω_{Gear}^2 之间的关系。从图中可以清楚地发现故障发生前 3 个月时温升明显发生了变化。

相应地，根据式（7.10），齿轮温升同样正比于输出功率。故障前不同时间齿轮箱润滑油温升与风电机组输出功率之间的关系如图 7.10 所示。在图中，对应于三组不同时间段，齿轮箱润滑油平均温升按输出功率增加 50kW 为步长计算得到。

图 7.11 是分析得到的三个不同时期齿轮箱润滑油温升幅度的概率统计直方图。

从图 7.10 与图 7.11 中都能清楚地发现齿轮箱效率从故障前 9 个月开始下降并在故

障前3个月出现恶化，据此可以判断机组齿轮箱发生故障。图7.9～图7.11的分析结果印证了式（7.5）与式（7.10），同时清楚地表明利用低采样率SCADA数据能够有效发现并预防风电机组齿轮箱长期运行过程中内部出现的故障。根据图7.11，最简单的判定故障发生的方法可能是测量齿轮箱润滑油温升并将其进行分段统计，当温升超过35C时即触发警报。

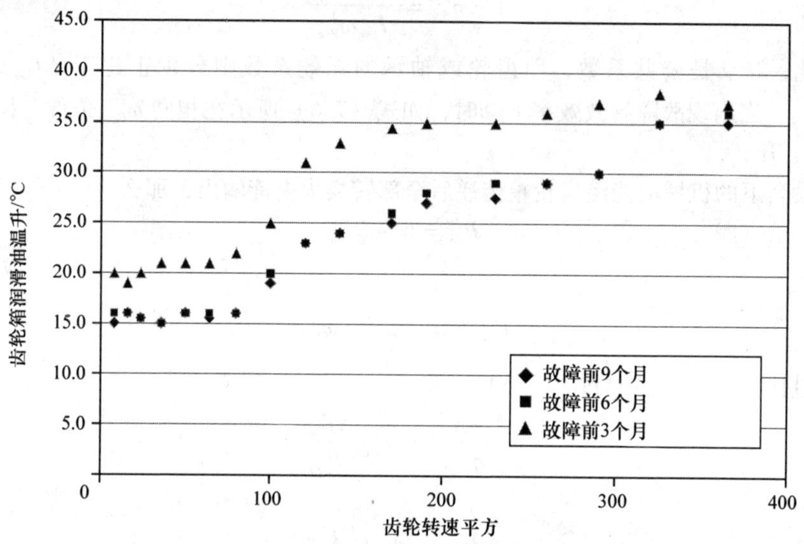

图7.9 齿轮箱润滑油温升 ΔT_{Gear} 与转速平方 ω_{Gear}^2 之间的关系

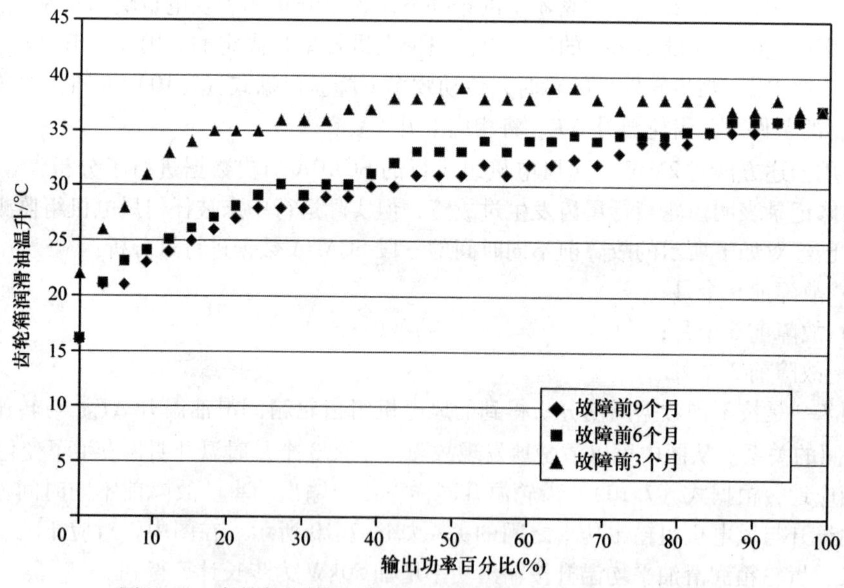

图7.10 齿轮箱润滑油温升与风电机组输出功率之间的关系

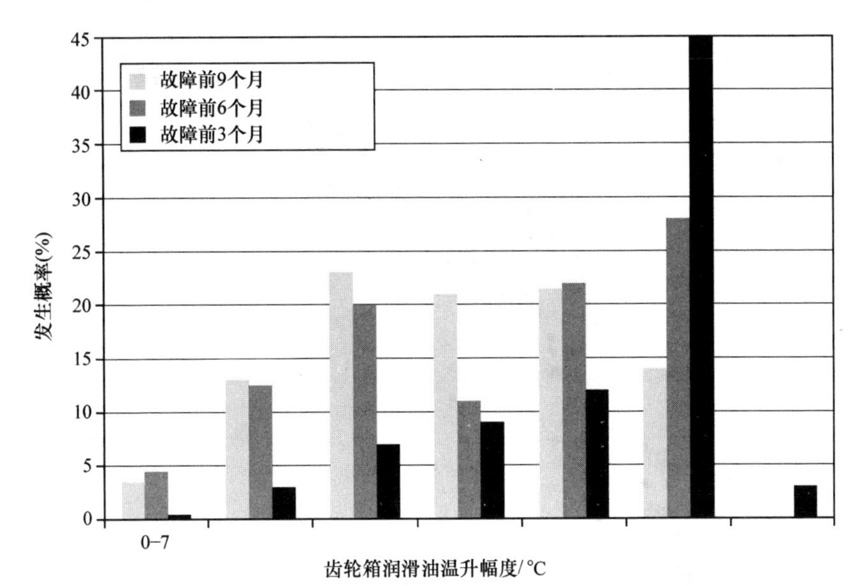

图 7.11　齿轮箱润滑油温升幅度的概率统计直方图

参考文献［8-10］还报道过其他利用 SCADA 数据预测风电机组故障的案例。

另一个例子是 SCADA 数据监测实例，旨在预测风电机组子部件故障[12]。这又采用了故障的物理学方法。为此，在同一风电场中随机选择两台 2MW 特定的变速风电机组运行期间，选定的发电机电网和变流器警报的累计时长随时间变化的情况如图 7.12 所示。

分析图 7.12 中的统计结果可知：

1）发生在第 39200 与 39500 运行日的两次电网骤降事件导致两台风电机组出现相同的警报模式。

2）在调查期间内，跌落深度超过 75% 的严重电网故障引起变流器或逆变器报警次数超过 10 次。

3）变流器警报与电网骤降警报紧密相关，这表明电网骤降可能是变流器故障的根本原因。

4）电网骤降同样引起风电机组变桨机构报警。

5）经过长期运行，风电机组累计警报的时长将发生跃变。这些跃变包含的大量警报记录中总伴随着变流器 IGBT 故障警报。这表明利用跃变对逆变器部件的应力进行累加可能实现变流器预警。

每台风电机组运行中的每次事件均会触发 15～20 次警报。对于一个装有 30～35 台风电机组的风电场，这样的事件可能同时触发 450～700 次警报。一些警报很可能反复出现，使得风电场 10min 警报率可能大于 1000 次。这说明有必要对风电机组警报进行优化。

利用一些简单的算法可以在风电机组控制器或在远控中心对风电机组警报进行筛选和优化。

7.4.3　状态监测系统的成功应用

下面列出了一些利用 CMS 从风电机组状态监测实验台或现场实际运行的风电机组

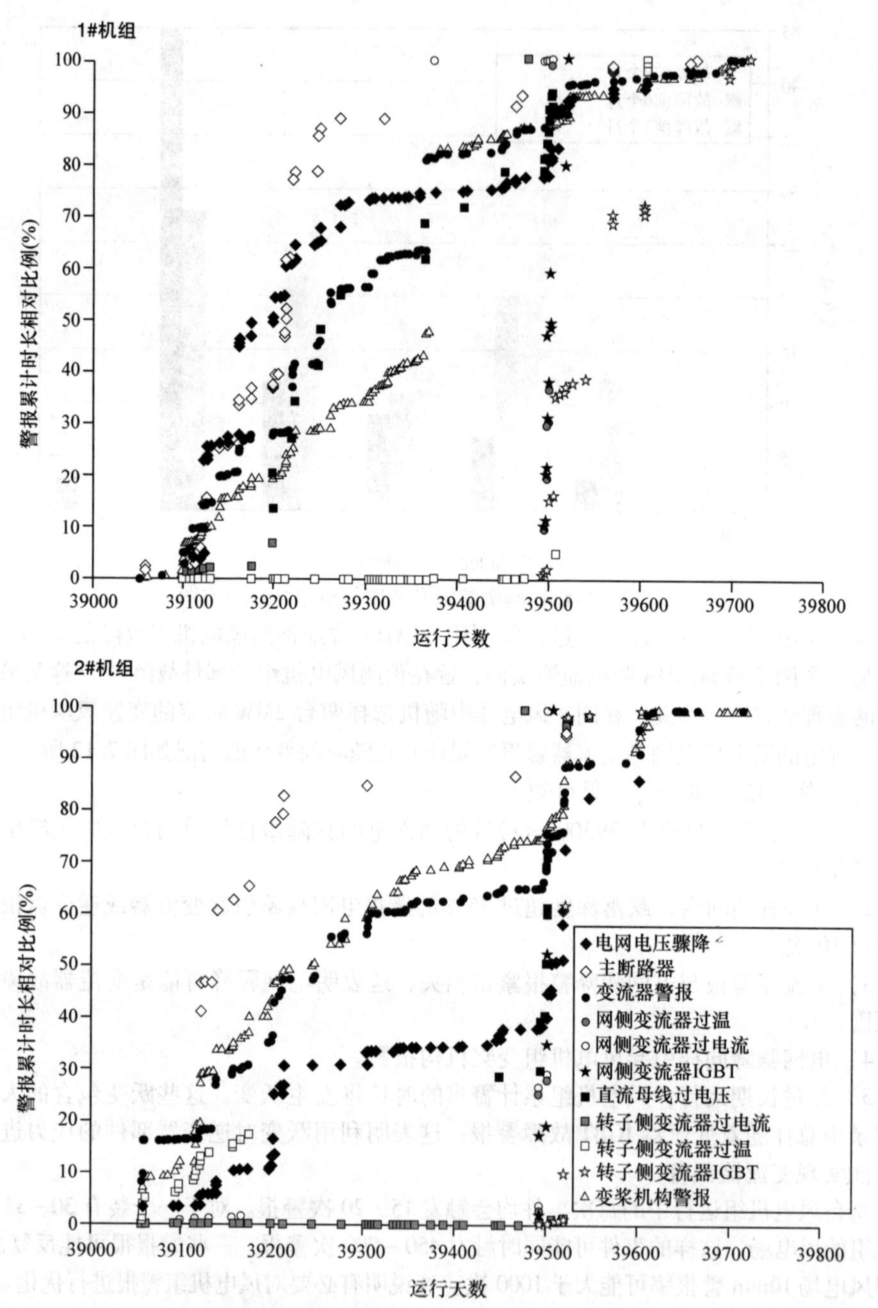

图 7.12 同一风电场中两台风电机组警报累计时长随时间变化的情况[12]

中发现各种部件初期故障的成功案例。

第一个例子运用简单的窄带频谱算法对变速风电机组双馈异步发电机状态监测实验台中测量得到的发电机电气信号进行分析。双馈异步发电机转子电气与机械非对称故障运行时的实验结果分别如图 7. 13 与图 7. 14 所示。这些结果均来自于参考文献［8］。

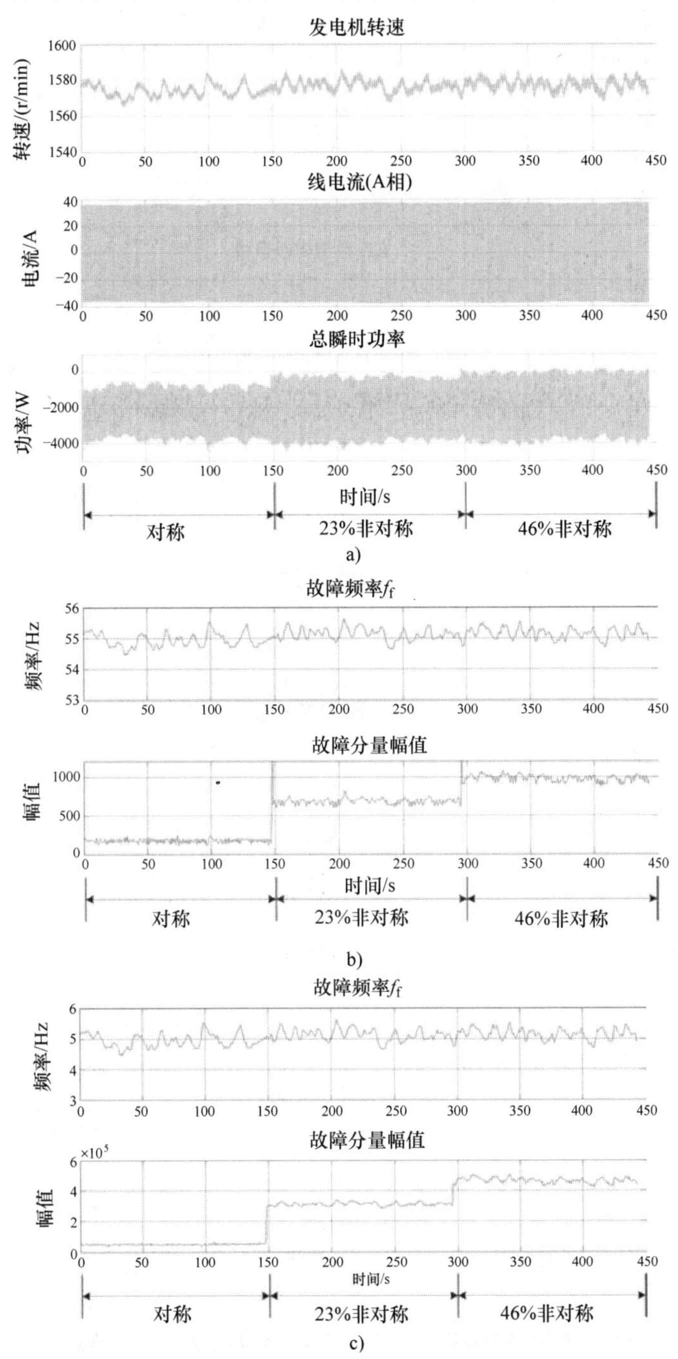

图 7. 13　变速风电机组双馈异步发电机状态监测实验台转子电气非对称运行时频谱分析[13]：a）监测到的电气信号；b）线电流分析（$1-2s$）f_{se}；c）全功率分析 sf_{se}

图 7.13 与图 7.14 清楚地表明通过对发电机 CMS 电气信号进行简单的窄带频谱分

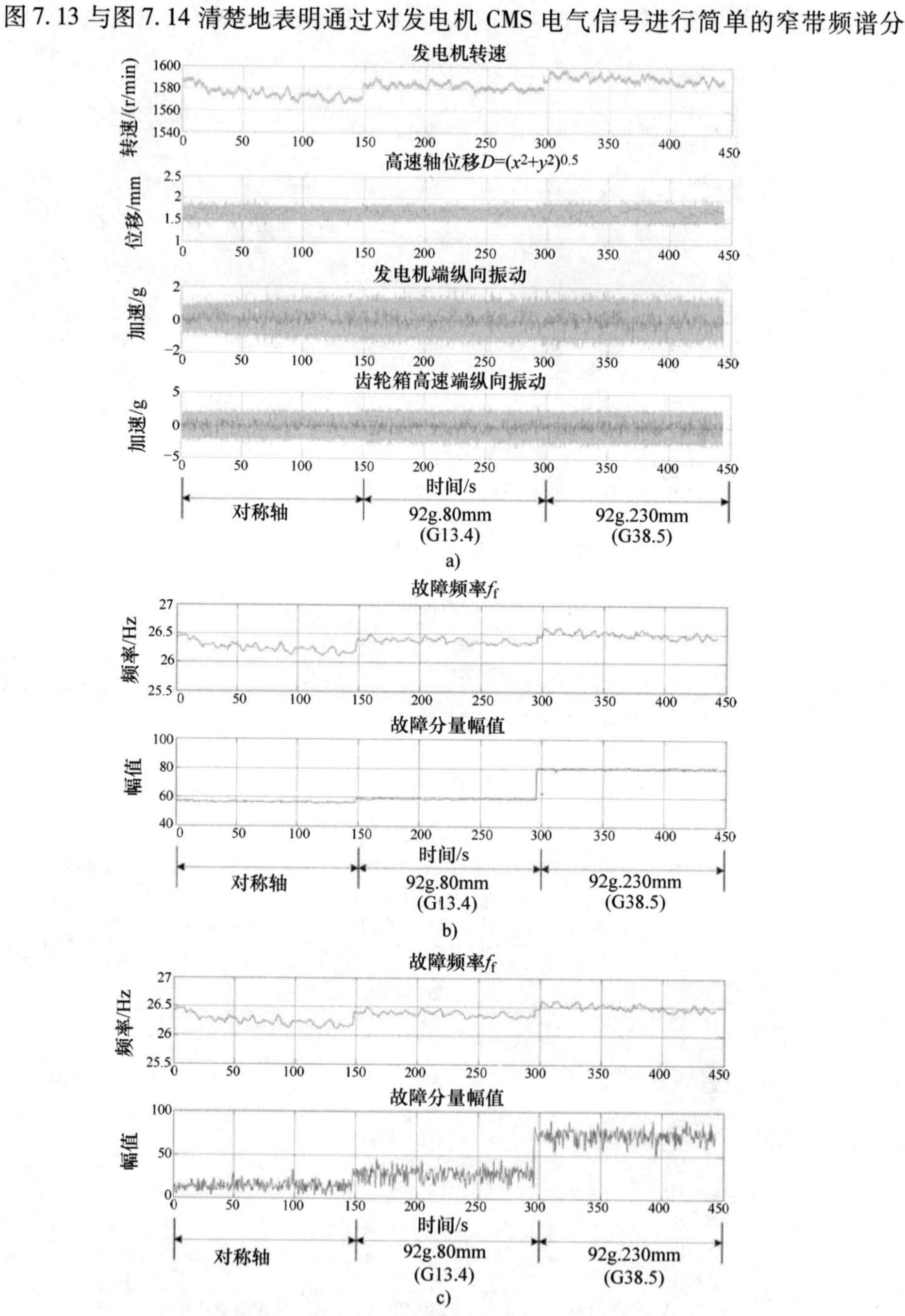

图 7.14 变速风电机组双馈异步发电机状态监测实验台转子机械非对称运行时频谱分析[13]：
a）监测到的电气信号；b）发电机转速f_{rm}时高速轴位移分析；
c）发电机转速f_{rm}时齿轮箱加速度窄带分析

析，就能有效发现风电机组双馈异步发电机转子电气与机械非对称故障。

图7.15是利用CMS监测实际运行的风电机组得到的结果。从图中可以看到：随着中间级轴承破损程度的不断增加，齿轮箱高速轴振动与油残渣颗粒均会同步增加。图7.15显示的中间级轴承照片表明内环部分破损是振动与油残渣增加的原因。从图7.15中可得出以下要点：

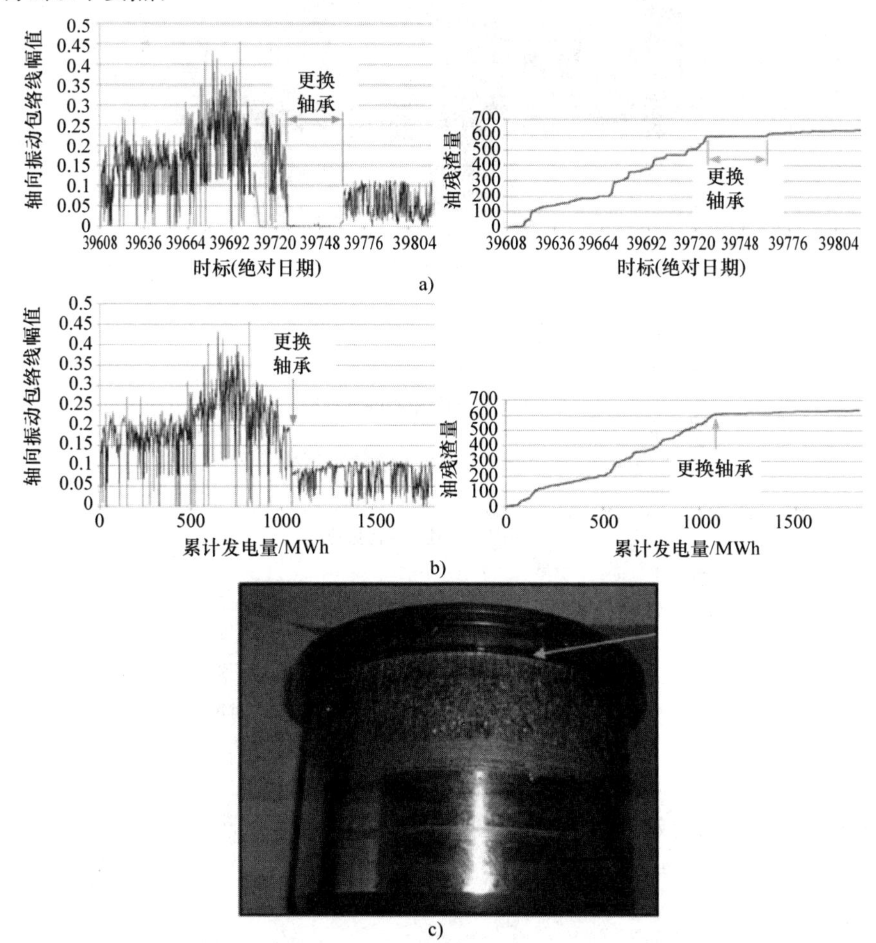

图7.15 从一台1.5MW定速风电机组齿轮箱中发现中间级轴承初期故障[13]：
a）高速轴轴向振动幅值包络线及同步100～200μm油残渣量随时间变化的关系；
b）高速轴轴向振动幅值包络线及同步100～200μm油残渣量随累计发电量变化的关系；
c）中间级轴承内环破损的照片

1）相同的故障可通过监测不同的信号进行诊断；

2）此例中利用状态监测获得超过120天的故障预防期，为安排维护计划提供充足的时间；

3）分析监测数据随不同变量变化的关系可能会提高故障检测的概率（见第2章2.3节）；

4）此例中 CMS 及时发现齿轮箱中间级轴承的初期故障从而有效防止了轴承及齿轮箱整体故障的发生。

下面的例子是采用窄带频谱分析监测信号从变速风电机组状态监测实验台两级齿轮箱中发现不断发生的轮齿故障。尽管图 7.16c 中故障检测的灵敏度相对较低，但故障可

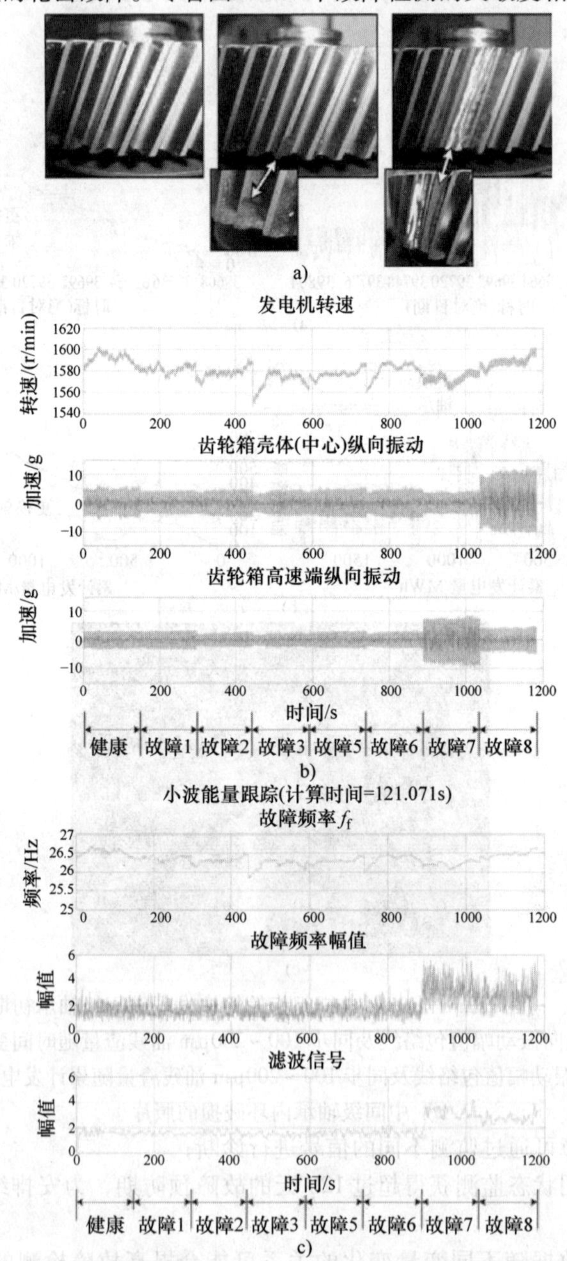

图 7.16　从变速风电机组状态监测实验台两级齿轮箱中发现轮齿故障[13]：
a）1、3、8 级轮齿故障；b）监测得到的电气信号；c）发电机转速 f_{rm} 时齿轮箱加速度窄带分析

以清楚地被发现。

利用 CMS 检测风电机组故障的最后一个例子如图 7.17 所示。对于与图 7.16 相同的轮齿故障，采用宽带频谱分析的方法对监测信号进行分析并得到比图 7.16c 更加令人信服的结果。

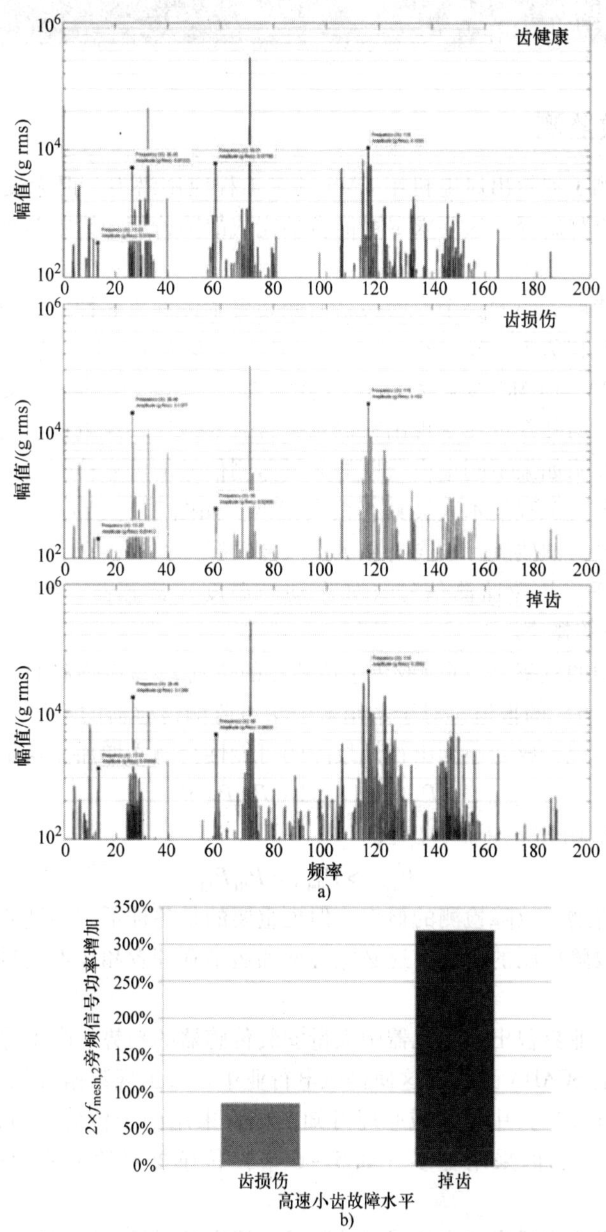

图 7.17　从变速风电机组状态监测实验台两级齿轮箱中发现与图 7.16 相同的轮齿故障[13]：
a）轮齿故障时齿轮箱高速轴振动频谱；b）轮齿故障时齿轮箱高速轴振动频谱带幅值
注：原书图片不清楚。

这些结果表明对发现、诊断以及预防风电机组轴系中出现的故障，特别是发电机与齿轮箱，具有很强的应用潜力。

7.5 数据集成

7.5.1 多参数监测

尽管前面的例子展示出风电机组 CMS 具有工程应用潜力，但无疑需要对监测到的数据进行有效分析与解释。这要求尽可能自动完成故障检测、诊断与预防以减少人力与交通成本[13,14]。

状态监测运营商关心的一个方面包括监测装置本体的可靠性以及故障检测结果的可靠性（如7.4.2节和7.4.3节中的例子）。前者主要取决于工程经验。目前商用可供选择风电机组 SCADA 与 CMS 参见第13章和第14章。如本章中的各个案例所示，后者主要取决于数据如何向外部世界呈现出来以及是否有效地反映风电机组实际运行状态。

有充分证据表明如果不同渠道获取的大量监测信号能可靠检测出故障发生，这对风电机组运维管理者与工程技术人员具有很大帮助。如图7.15所示的齿轮箱轴承故障检测例子，振动信号与油残渣计数同时显示出故障情况。

换句话说，任何故障监测信号（如振动与温度）传感器，都具有一定检测部件（如齿轮箱）故障的概率。

故障准确检测的概率 P_{det} 同时取决于传感器的位置 P_L 与传感器的可靠性 P_R。

据参考文献［6］的报道，对于采用多个状态监测传感器的系统，如采用 n 个传感器的多参数监测系统，成功检测出初期故障的可能性会随之增加。这是因为：

$$P_{det.n} = 1 - (1 - P_{Rn}P_{Ln})^n \tag{7.11}$$

只要 P_{Rn} 与 P_{Ln} 均大于50%，那么

$$P_{det.n} > P_{det.1} = P_{R1}P_{L1} \tag{7.12}$$

传感器冗余将增大故障检测的概率，但更重要的是各种不同类型的传感器安装在不同的位置将增大故障检测的概率。这必定会增加运维管理者和技术员对实际故障进行检测与判断的信心。

其结果使得工业界曾出现在机器中大量安装传感器的趋势。由于传感器与数据分析成本低廉，特别是 SCADA 系统，这使得风电行业中常常出现数据过载的现象。

然而根据式（7.11）中的递减原理可知，尽管采用两个传感器可以明显提高准确检测故障的概率 P_{det}，但采用更多（如5~6个）传感器对故障检测概率的提高影响不大。

因此，运营商应当适当减少传感器的数量并提高其质量，以便通过对这些信号的比较获得更高质量的状态监测信息。这就是为什么需要在 SCADA 与 CMS 间集成更多信号处理与分析环节以实现及时故障预警并增加故障预防期的根本原因。

7.5.2　系统架构

实现风电机组监测功能集成的真正障碍在于现有风电机组的基本架构。如图 7.1 以及 14.2 节、14.3 节中例子所示，风电机组中安装有各种不同的监测系统，这主要是由于风电机组与监测设备原始设备生产商（OEM）各不相同。SCADA 数据（包括信号与警报）是由风电机组控制器产生，而各种 CMS 则是分别购买并安装在风电机组上。它们独立于风电机组控制器工作。由于带宽不同，在物理上很难将 CMS 与 SCADA 集成起来。一些风电机组控制器原始设备生产商（如 Mita Technik [15]）在其产品中同时提供 SCADA 与 CMS 信号及相应的故障检测算法，并通过趋势比较增加故障预防期[16]。这也许是风电机组 SCADA 与 CMS 集成的未来发展方向。

7.5.3　英国能源技术局项目

在英国，能源技术局（ETI）于 2009 年开始采取重要措施以发展真正一体化集成的风电机组监控系统[17]。该项目针对海上风电机组旨在研发一套能检测器件故障并分析故障原因的系统。该系统能为海上风电机组运营商提供有效、及时的故障预警以便制订合理的运维计划，减小风电机组停机时间以降低海上风电机组单位发电成本。

7.6　小结

本章对风电机组 SCADA 与 CMS 进行了介绍，其中 SCADA 系统是一种便宜且覆盖面大的监测技术，而 CMS 的成本较高但能提供设备状态详细信息。

本章提供了一些运用 SCADA 与 CMS 对风电机组关键部件进行故障检测、诊断以及预防的成功案例。这些例子包括实际风电机组或风电机组状态监测实验台。

SCADA 与 CMS 都具有监测与预警功能，将它们有机集成起来无疑可以进一步提高故障预警的准确性。

本章最后指出通过监测信号的处理与分析可以提高风电机组运维能力。

7.7　参考文献

[1] IEC 61400-25-1:2006. Wind turbines: communications for monitoring and control of wind power plants – overall description of principles and models. International Electrotechnical Commission

[2] IEC 61400-25-6:2010. Wind turbines: communications for monitoring and control of wind power plants – logical node classes and data classes for condition monitoring. International Electrotechnical Commission

[3] Germanischer L. *Guideline for the Certification of Condition Monitoring Systems for Wind Turbines, Edition*. Hamburg, Germany: Germanischer Lloyd; 2007

[4] Watson S.J, Xiang J., Yang W., Tavner P.J., Crabtree C.J. 'Condition monitoring of the power output of wind turbine generators using wavelets'. *IEEE Transactions on Energy Conversion*. 2010;**25**(3):715–21

[5] Yang W., Tavner P.J., Crabtree C.J, Wilkinson, M. 'Cost effective condition monitoring for wind turbines'. *IEEE Transactions on Industrial Electronics*. 2010;**57**(1):263–71

[6] Tavner P.J. 'Review of condition monitoring of rotating electrical machines'. *IET Electric Power Applications*. 2008;**2**(4):215–47

[7] Yang W., Tavner P.J., Wilkinson M.R. 'Condition monitoring and fault diagnosis of a wind turbine synchronous generator drive train'. *IET Renewable Power Generation*. 2009;**3**(1):1–11

[8] Zaher A., McArthur S.D.J., Infield D.G. 'Online wind turbine fault detection through automated SCADA data analysis'. *Wind Energy*. 2009;**12**(6):574–93

[9] Gray C.S., Watson S.J. 'Physics of failure approach to wind turbine condition based maintenance'. *Wind Energy*. 2009;**13**(5):395–405. DOI:10.1002/we.36

[10] Garcia M.C., Sanz-Bobi M.A., del Pico J. 'SIMAP: intelligent system for predictive maintenance application to the health condition monitoring of a wind turbine gearbox'. *Computers in Industry*. 2006;**57**(6):552–68

[11] Crabtree C.J., Feng Y., Tavner P.J. 'Detecting incipient wind turbine gearbox failure: A signal analysis method for online condition monitoring'. *Proceedings of European Wind Energy Conference, EWEC2010*. Warsaw: European Wind Energy Association; 2010

[12] Qiu Y., Feng Y., Tavner P.J., Richardson P., Erdos G., Chen B. 'Wind turbine SCADA alarm analysis for improving reliability'. *Wind Energy*. 2012 (in press). Article first published online: 9 DEC 2011 | DOI: 10.1002/we.513

[13] Crabtree C.J. *Condition Monitoring Techniques for Wind Turbines*. Doctoral thesis. Durham: Durham University; 2011

[14] Wilkinson M.R. *Condition Monitoring for Offshore Wind Turbines. Doctoral thesis*. Newcastle upon Tyne: Newcastle University; 2008

[15] Isko V., Mykhaylyshyn V., Moroz I., Ivanchenko O., Rasmussen P. 'Remote wind turbine generator condition monitoring with WP4086 system'. *Proceedings of European Wind Energy Conference, EWEC2010*. Warsaw: European Wind Energy Association; 2010

[16] Caselitz P., Giebhardt J. 'Fault prediction for offshore wind farm maintenance and repair strategies'. *Proceedings of European Wind Energy Conference, EWEC2003*. Madrid, Spain: European Wind Energy Association; 2003

[17] Condition Monitoring. Available from http://www.eti.co.uk/technology_programmes/offshore_wind [Accessed 11 December 2011]

第8章 海上风电机组的维护

8.1 人员与培训

第1章阐述了海上风电行业中培训员工的重要性。由于设备和技术支持的限制，培训这一要素在海上风电机组的维护部分也占着举足轻重的地位。风电机组的技术维护人员需要掌握以下各种特殊技能和知识：

1）良好的组织和主动性；

2）风电机组生产的专业知识；

3）机械相关的专业知识；

4）控制和软件的专业知识；

5）适当的H&S工作经验；

6）对于海上环境的适应能力。

风电机组技术员工的培养对于优质风电机组产品的生产以及风电行业知识的输出非常重要。他们在培训规定上不尽相同：

1）风电机组原始设备生产商（OEM）的培训生项目包含在它们的风力培训生项目中；

2）特殊的风力项目，如BZEE或者来自国家风能组织的项目，都同样适用于其他领域的技术员工培训；

3）定制的H&S和其余部分的培训是为了使岸上风电机组技术员工在海上环境中能够更安全的操作。

单独一个以目的为导向的学徒项目不太可能紧紧跟随风电行业的快速发展，因为还需要从其他相关领域汲取人才并培养他们致力于此行业。那些被培训过的员工从其他各个领域，比如发电、自动化、原油、天然气、航天等，转向风电领域。他们的专业知识对改善整个海上风力发电机维护的质量和提高培训员工的数量起着重要作用。

8.2 维护方法

风电机组维护方法如图 8.1 所示。海上风电机组的维护策略正在逐步改进。岸上风电机组的维护策略是由预防性维护所决定的，包括由原始设备生产商手动维护指令所支持的计划维护，但是由于风电机组非计划性的停止，它受到非计划性维护的影响。

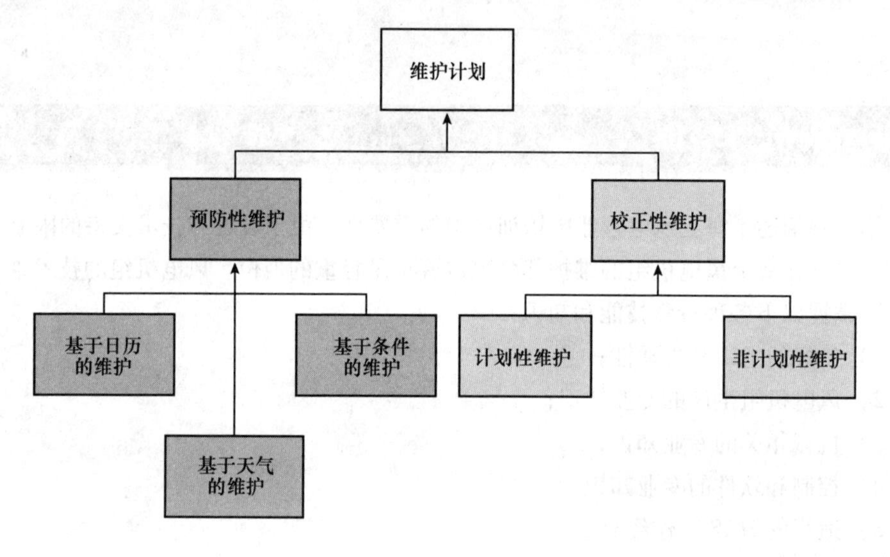

图 8.1　不同维护方法的流程简介[1]

海上风电场的天气状况和在恶劣天气下接近风电场的困难程度在某种程度上意味着预防性维护活动不能很好地被执行，它们需要日期和天气的条件允许，这样一来就需要提前的计划和行动，从而创造一个在海上风电管理转向维护和资产管理的策略。

8.3 备件

备件增持一般都是风电机组原始设备生产商的责任，但随着风电场规模的增长，可用于更换的多余重要子部件越发重要，考虑到天气、后勤和其他运行限制，海上风电场维护工作的窗口期可能较短，这使得备件问题更加受到重视。备件增持一般分成两个大类，主要备件生产周期长，其储备涉及维护和资产管理策略；而消耗品备件的需求频繁，可以预测，其储备问题可控制为寄售库存。这些备件详细分类如下：

1）主要备件：

① 叶片；

② 齿轮箱；
③ 发电机；
④ 液压动力单元；
⑤ 变流器逆变器模块；
⑥ 桨距电动机部件；
⑦ 偏航电动机部件。
2）消耗品备件：
① 灯、按钮和控制继电器；
② 油泵电动机；
③ 过滤器；
④ 油脂包；
⑤ 润滑油包。

8.4　天气因素

从图6.6和图6.7中可以看出天气对海上风电场的维护有着十分重要的影响，此外通过第15章（附录6）中阐述的问题，可以发现海洋波动的状态是风速大小的一个体现。在冬季，尤其是当风速逐步加大，海面状态逐渐恶化的时候，风电场可利用率会下降，其部分原因是由于恶劣天气状况产生的故障，而主要是因为维护人员不能接近海上设备，这样一来早期的风电机组故障就不能被排除。图6.6和图6.7表明在恶劣天气情况下，可利用率不一定会下降，这就意味着风电机组原始设备生产商和运营商必须在风速低而且维护人员能够接近风电机组的情况下计划好设备的维护工作。由此可以得出天气预报对于维护工作而言有着举足轻重的意义，而且预报需要足够可靠，使生产商和运营商起码有3天的准备时间去应对天气的变化。目前，他们运用当地短期的天气预报窗口，但国家气象部门正在进行研发，确保可以跟踪预报，获得全国的数据。

8.5　运输和物流

8.5.1　远距离海上运输

是否能顺利到达海上风电场对于获得理想的可靠性和可利用率十分关键。对于在第三轮中被授权的最新风电场，这一问题变得日益重要。为使读者能够更清楚地了解到增加的距离，表8.1给出了从岸上到目前存在的风电场之间的距离。表8.2总结了4个英国东海岸的海港到在第三轮被授权的两个最大风电场的距离。

表 8.1 第一轮和第二轮中在 2005 年之后建成、拥有大于 25 台风电机组的风电场到海岸的距离[2]

容量	风电机组数量	风电场名称	海上最近距离/km	海上最远距离/km	国家
90	30	Barrow 风电场	7.0		英国
90	25	Burbo Bank 风电场	5.2		英国
90	30	Kentish Flats 风电场	8.5		英国
60	30	North Hoyle 风电场	7.5		英国
60	30	Scroby Sands 风电场	3.0		英国
90	27	Inner Dowsing 风电场	5.2		英国
97	30	Lynn 风电场	5.2		英国
90	25	Rhyl Flats 风电场	8.0		英国
90	30	Robin Rigg A 风电场	9.5		英国
108	36	Egmond aan Zee 风电场	8.0	12.0	荷兰
120	60	Prinses Amalia 风电场	23.0		荷兰
160	80	Horns Rev 风电场	14.0	20.0	丹麦
165.6	72	Nysted 风电场	6.0		丹麦
110	48	Lilligrund 风电场	10.0		瑞典
		平均	**8.6**	**16.0**	

表 8.2 英国东海岸主要海港到两个最大风电场的距离

海港—风电场	海上最近距离/km	海上最远距离/km
Blyth - Z3 Dogger Bank	118.0	200.6
Blyth - Z4 Hornsea	105.0	212.4
Tyne - Z3 Dogger Bank	112.1	197.1
Tyne - Z4 Hornsea	97.9	206.5
Tees - Z3 Dogger Bank	102.7	194.7
Tees - Z4 Hornsea	76.7	182.9
Humber - Z3 Dogger Bank	107.4	208.9
Humber - Z4 Hornsea	29.5	112.1
平均	**93.7**	**189.4**

来源：谷歌地图和参考文献［2］。

从表 8.1 可以很容易地看出，对于离海岸距离 3 ~ 23km 的风电场来说，交通问题不是主要问题。一艘小快艇不到 1h 就可以抵达最远的风电场，而如果用直升机，行程时间可以用分钟来计算。

但是在表 8.2 中可以发现，对于 30 ~ 212km 的风电场来说这是一个至关重要的问题。一个装满汽油的快艇从 Blyth 开到最近的 Dogger 海岸需要 10h 的航程，开到最远的海岸则需要 17h。

下面会进一步讨论利用其他交通方式到达海上风电场的优缺点。

8.5.2 无准入系统的船只

这些船只（见图 8.2）有 20kn[⊖]的巡航速度，需 0.5～1h 到达现场，船只需要停留在风电场处待命，直到维修人员完成工作返回。通常每艘船的补给能够满足 12 名维护人员和 2 名船员。船只配有厨房与卫生间，为船员们提供舒适的工作环境。船只的双体船船体设计则使得船的航行更加稳定。在英国风电场建设的第一阶段和第二阶段，这些船只已在近海风电场（距岸 10～20km）成功使用。

图 8.2　准许进入船只的案例（来源：Alnmaritec）

这些船只往往被海事和海岸警备局（MCA）评为 2 级，并允许从一个安全的港湾开始行驶，行程里程可达 111km。然而，由于 4h 航行时间的需求关系，超过 74km 的航行不太可能用到它们（见表 8.3）。从表 8.3 中可以看到，这些船只航行范围无法覆盖东北海岸主要港口附近的 Dogger Bank 风电场与 Hornsea 风电场。

使用小型船只的优点如下：

1）海上发动机构造简单，更容易维护；

2）低成本，巡航 30 节时的汽油损耗为 100L/h；

3）维护部门需要的专业训练少；

4）反应迅速敏捷，已经在离岸 10～20km 的基地开始使用；

5）能够作为风电场内部船只进行使用，可以从某一“母船”或固定平台出发。

使用小型船只的缺点如下：

1）受天气因素，尤其是海平面影响较大，H_s 必须小于 1.5m，才能保证 98% 以上交通可行率；

2）从船只转移到风电杆塔的装备较为简易，船只停靠在梯子旁边，船员需要从风电机组梯子登上杆塔；

3）只有有限的设备能够从船只上转移至风电机组上。

⊖ 1kn = 1.852km/h。

表 8.3 使用运输艇每小时维护成本计算

雇佣和燃料成本	现货市场每吨燃料成本①	300 英镑
	12h 行程船舶租金及燃料成本平均日费②	1500 英镑
	出海和返回航程，基于 0.4t 燃油、20kn 巡航速度的 2×74km 燃料成本	120 英镑
	基于大海无波涛汹涌、轻型帆船给足 0.4t 燃油，行驶 8h	120 英镑
	总共雇佣和燃料成本	1740 英镑
小时	每天预估工作时间 3×4 人×8h 基于 12h 倒班制、小于 4h 的航行返回时间	24h
转移工作的成本/h		**73 英镑/h**

注：相关数据来自 http://www.wildcat-marine.com（2010 年 6 月 26 日访问）。

① http://www.bunkerworld.com/prices/index/bwi（2010 年 9 月 5 日访问）。

② http://www.thecrownestate.co.uk/media/211144/guide_to_offshore_windfarm.pdf（2012 年 5 月 25 日访问）。

8.5.3 有准入系统的船只

为了保证海上风电场有效运行所需要的交通便利水平，需要用到一艘油田支援船（FSV）（见图 8.3）。船只需要配备动态定位装置（DP），具有自动定位、控制方向功能的计算机控制系统，自配推进器以及合适的准入系统，这样的船只已经在油气行业无人运行的海上油气田成功使用。

图 8.3 一般油田支援船

图 8.3 中的船只净重 4577t，90m 长，甲板长度 79m 并且能够装载 2500t 的货物。起重机已配备升沉补偿，能够升起 200t 的货物。升沉补偿是液压气动系统，它考虑到船

只升沉，以确保起重机相对于海底或船外部的固定物体而言，能够保持平稳。最快提起量是7.8m。最快速度和巡航速度分别为16.2kn和12.0kn，耗油量分别为62t/天和29t/天。

船员一般由18～68人组成，人数可以调整。根据海面情况和燃料损耗，船只在海上能够待5～7周。

油田支援船的优点如下：

1）保证风电场全年的交通运输能力达到要求；

2）在油田电气领域有操作船只的经验；

3）能够固定在某一领域，利用短期天气窗口；

4）能够携带大量空闲、沉重的设备；

5）通过船上设备使员工能够有一个更长更稳定的轮班工作。

油田支援船的缺点如下：

1）风电场和海上油气田可能同时需要争取同一艘支援船的使用权；

2）根据需求有不同的日常波动率；

3）与之前提及的直升机和小型运输船相比，油田支援船消耗大量燃料，其燃油成本波动较大。

表8.4中展示了使用此类船只每小时的维护成本。假设4位员工进行每天两组轮班，每班时长12h（白天、夜间各有两位员工进行值班），每班负责两台风电机组。基于油气行业的经验，换班前的交接以及准备工作，再加上值班期间的运输时间、休息时间，每个员工在每个班次大概有9h的有效工作时间。

表8.4 油田支援船每小时维护成本的预估

雇佣成本	每天比率×10000英镑 14天/租船次数	140000英镑
燃料成本	现货市场价格为300英镑/t 出航返航（2×222km）所需燃料成本——假设船只航行速度为12kn，24h燃料消耗量为29t	6948英镑
	1天内现货燃料成本 产生电能需要1.5t燃料	431英镑
	12天停泊燃料成本——假设 海况良好，每24h消耗燃料6.5Mt	22425英镑
	船只租用及燃料消耗总成本	**169804英镑**
小时	每天工作安排为4×9h的轮班制——该轮班制是在每24h两轮白班两轮夜班的基础上指定的每次出航需要12天	432h
	油田支援船运维工作小时成本	**393英镑/h**

来源：于2010年9月5日访问网站。* http://www.oilpubs.com/oso/article.asp? v1 =9323. * * http://www.bunkerworld.com/prices/index/bwi.。全部数据均根据马士基航运数据计算得到。

在这个成本计算中有两个变动因素：

1）首先是船只日变化率，随着每日需求和合同期限而变化。表 8.4 中的数据是从石油和汽油工业领域工作的船只得来的，它的合同为期 3 个月。

2）其次是石油的成本，随着供需关系而变动。

排除这些变数，上述计算表明支援船每小时成本与直升机相比更具优势，尤其是对于远距离的风电场而言。

当然，油田支援船的主要优势还是在于其能够 24h 不停工作，每 12h 一个班次，这保证了风电机组值班工作中每个班次能够有 8 ~ 10h 的有效工作。这一类轮班模式在石油行业十分常见，因此在风电业也不会产生问题。有一些准入系统正在被开发，使之能够使用 Ampelmann 系统、海上准入系统（OAS）、人事调动系统（PTS）、滑梯（SLI）和 Momac 海上传送系统（MOTS）。

8.5.4 直升机

虽然直升机已经被用于欧洲及英国风电场的交通运输，但是其应用范围正在逐渐向近岸区域靠近，比如离陆地 20km 以内的 Horns Rev（见图 8.4）。事实上，由于可见度要求下降，维修人员需要在白天进行工作，这都将限制风电机组的可工作时间，尤其是在冬天。对于维护人员而言，他们难以接受 2h 以上远离海岸的飞行旅程，他们会在心理上感觉被丢弃在遥远的海上毫无庇护，如果发生意外事故，这也可能导致严重的健康或人身安全的问题。石油天然气行业已经开始尽量限制直升机工作人员的人事调动，历史和数据上显示这是海上工作中最容易产生风险的部分。

另外一个安全考虑是近海船只无法到达更远的场所，这就需要附近海域有一艘机动船只，配合直升机一起行动。这些机动船只在石油和汽油行业应用广泛。

图 8.4 使用 Eurocopter EC135 在 Horns Rev 维修 Vestas V80 海上风电机组示例（来源：Unifly）

表 8.5 是两类直升机维护成本的例子。数据显示小型直升机飞行成本更为低价。然而，出于安全考虑，海上维修员工不能少于 3 人。同时，表中所提及的对于直升机绞车操作员的需求也表明更大型的直升机将有很大可能用于远距离风电场的维护。

表 8.5　直升机每小时维护成本

港口—风电场	最近离岸距离/km	最远离岸距离/km
Blyth—Z3 Dogger Bank	118.0	200.6
Blyth – Z4 Hornsea	105.5	212.4
Tyne – Z3 Dogger Bank	112.1	197.1
Tyne – Z4 Hornsea	97.9	206.5
Tees – Z3 Dogger Bank	102.7	194.7
Tees – Z4 Hornsea	76.7	182.9
Humber – Z3 Dogger Bank	107.4	208.9
Humber – Z4 Hornsea	29.5	112.1
平均	119.9	141.5
资源	4 人座直升机 7 人座直升机	1 名飞行员 +3 ×400 磅/h 2 名飞行员 +5 ×1200 磅/h
成本	超出飞行时间（假设从内陆出发 20km），假设欧洲直升机公司 EC135 航速 137kn	1h
	起飞、着陆、下机、接人所需时间	0.5h
	飞行时间	1h
	总时间	2.5h
	7 人座出发 3000 英镑 返程 6000 英镑	4 人座出发 1000 英镑 返程 2000 英镑
时间	假设轮班 8h – 飞行时间 3h = 工作时间 5h	
直升机运维工作小时成本	1200 英镑/h	400 英镑/h

来源：http：//www.fly – q.co.uk。

油气行业对直升机也有同样的需求造成了风电场与之同时争取飞机的使用权，再考虑到运营成本与人员成本，大型直升机的成本会更加昂贵。考虑到安全汇报、飞行以及现场的绞车操作时间，直升机的工作时间将会赔偿有限，备件及工具的有效负荷量也十分有限。在表 8.5 中，由于以下两点因素，只有两个小型直升机成为参考对象：

1）首先是转子尺寸，即便是小型直升机转子直径有 10m，并要求配有一个延长的着陆板，以便与风电机组的叶片保持一定安全距离。

2）其次，盘旋的直升机会产生向下的风速。若飞机机型比表 8.5 所提及的直升机更大，飞机产生的下冲气流将会对飞机机舱与着陆板产生无法承担的压力。

表 8.6 比较了不同直升机转子的大小和可用的有效负荷，这与产生的向下风速具有比例关系。

如果用直升机进行海上风电机组维护，有以下一些优点：

1）对维护需求评估以及小修工作能够迅速完成；

2）直升机移动速度快，适用于距离较近的陆上风电场；

3）能够实现人员应急救援时迅速调头回到岸上的要求；

4）不受海面情况的影响。

它的缺点为：

1）针对每个风电机组建立单独的直升机停靠平台价格偏高，尤其是大型风电机组；

2）使用直升机的维护操作成本可能使人望而却步；

3）通过海上运输并放置到风电机组上的设备/备件的数量有限，维护工作可能仅局限于基本的维修服务；

4）直升机维护受天气因素，如雾、风、能见度等的影响很大；

5）直升机在风电机组处的起飞、降落仅能在白天进行。

表 8.6 多种直升机尺寸比较

	直升机种类	飞行员数量/乘客数量	旋翼直径/m	最大负荷/kg	运输范围/km
小型①	Bell 206B－3	1/4	10.16	674	693
	Eurocopter EC135	1/7	10.2	1455	635
	MBB/Kawasaki BK 117	1/10	11.0	1623	541
中型①	Bell 212 Twin Huey	2/13	14.64	2119	439
	Eurocopter EC155 B1	2/13	12.6	2301	857
	Sikorsky S－76 Spirit	2/12	13.41	2129	639
大型①	Bell 214ST	2/16	15.85	3638	858
	Sikorsky S－92	2/19	17.17	4990	999
	Eurocopter EC225 Super Puma Mk II +	2/24	16.2	12633	857
大型起重式②	Boeing CH－47 Chinook	3/55	18.3（×2）	12495	2252

注：全部数据于 2011 年 5 月 9 日查询得到。

① http：//en. wikipedia. org/wiki/Bristow_ Helicopters_ Fleet。

② http：// en. wikipedia. org/wiki/Chinook_ helicopter#Specifications_ . 28CH－7D. 29。

8.5.5 固定式装置

固定式装置已经用于某些陆上风电场。其主要作用在于容纳变电站，通常采用了石油天然气平台的搭建技术来建造。到目前为止，这些装置并未曾由人工长期操纵，通常只是在气候状况突变的时候作为避难所。对于离岸较远的海上风电场，这些装置很有可能全年都配备人工操纵，或是至少在维修期间由人进行控制。图 8.5 所示的变电站平台来自丹麦 Horns Rev 2 风电场。

该变电站平台的地基、建筑物特意设计为钢管架结构。其平面面积达 20×28m，高于海平面大约14m。以该平台为例，平台可容纳以下几项技术装备：

1）36kV 开关装置；

2）36/150kV 变压器；

3）50kV 开关装置；

4）SCADA、控制与仪表系统及通信单元；

5）紧急柴油发电机以及2×50t燃料；

6）海水灭火装置；

7）员工辅助设施；

8）停机坪；

9）履带起重机；

10）紧急救援艇（MOB）。

图8.5 Horns Rev 2风电场变电站装置示例（来源：Vattenfall）

对于更偏远的地区，员工辅助设备可以较为轻松地升级为永久性设施。MOB也可以被升级为运输船。留在现场的好处在于可以较好地利用短暂的天气窗口期。较小型的风电机组重起可以很快实现，对于那些更严重的停运事件则可以进行调查和评估，其结果传回陆上以决定采取何种维修措施。

8.5.6 移动自升式装置

自升式装置通常在风电场的建造阶段进行使用。移动自升式装置为其中设施提供了一个稳定坚固的底座，以实现转子舱、叶片等大型零件准确升至相应位置。该装置就位后，其支柱撑在海床上，主要的外壳在海面以上，受天气影响相对较小，具有一定优势。在寿命周期内，风电场可能会因为大修、维护或维修工作而升高，这一点要求该设施有较大的起重重量。对于更大型或时间周期更长的维修工作，移动自升式装置则提供了一个固定的工作平台，该平台可以通过舷梯与风电机组的地基直接相连，该舷梯则可以保证升重设施上的设备可以轻松地运至风电机组。图 8.6 展示了一种未来可能使用的自升式装置。

图 8.6 移动自升式装置示例（来源：Swire Blue Ocean）

其优势如下：

1）风电场每年交通情况达到要求；
2）在油气行业已有操控相应船只的经验；
3）能够停留在某个地点以利用短暂的天气窗口期；
4）可搬运大量配件及重型零件；
5）运用船上的设施，维修人员能够实行更稳定的轮班模式；
6）为重量较大的起重设施提供稳固平台。

该设施的缺点在于：

1）成本较高；
2）某一时间只能为一台风电机组工作；
3）升降重物、更换位置均需要较好的天气状况。

8.5.7 小结

上文中的分析说明了下述维修工作的每小时运维成本：运送船 73 镑/h；现场支援船 393 镑/h；小型直升机 400 镑/h；大型直升机 1200 镑/h。但同时也说明了运输船虽然对于近岸的风电场来说是个划算的方案，但对于离岸较远的风电场却没有什么用处[3]。直升机已经成功应用于某些近岸的风电场（见图 8.4），但对于离岸较远的风电场，其飞行距离和升力无法满足需求，可能需要用到更大型的起重式直升机。直升机的替代方案包括可能更划算一些的大型油田支援船，自升式船只或是带有风电场基础变电设施的固定式装置。这些替代方案都正在尝试中，但目前看来，以固定式装置为主、直升机运输船为辅的方案可能是最划算的方案。

对于离岸较远的海上风电场，其交通运输方式在未来还有一种方案，那就是为此特意定制的船只。如果签订长于20年的合同，且风电场的风电机组数量存在达到3位数的能力，在行业发展初期建造这类船只还是很划算的。这类船只应该设计成可半沉没式的，或是船体设计成双体船式来提升稳定性和浪高较高时的可操作性。这类船只无需下锚固定在电缆或设施附近，而是保持动态的定位。这类船只配有直升机加班，可以满足直升机进行人员运输、医疗撤离的需求。这类船只在返港获取再补给之前，应能够在海上风电场停留数月。由于这类船只还未被建造出来，购买、租用以及日常运行的成本也还未知。

8.6 海上风电场维护数据管理

8.6.1 数据来源与获取

运行人员、维护人员和风电机组原始设备生产商（OEM）用来管理风电机组的可靠性、可利用率及维修工作的数据有许多来源。这些不同的数据已在表8.7中列出。由于合同的安排，运行人员并不能接触到所有的信息。不过可以很清楚地看到，为了得到表8.7中第7、8项数据，第4~6项的数据需要在一个基准值上进行汇总与测量，基准值可能是其他海上风电场的运行数据，但同样也需要包括以第1项为基础的测量数据。

表8.7 可靠性、可利用率及维护数据

条目	数据	数据拥有人	
		保修期内	保修期外
1	风电场零件可靠性基线数据，该数据来自于风电机组原始设备生产商及其他风电场零件供应商	风电机组和风电场零件原始设备生产商	风电机组和风电场零件原始设备生产商
2	风电机组样机测试数据	风电机组原始设备生产商	风电机组原始设备生产商
3	风电场零件生产测试数据	运行人员	运行人员
4	风电场试运行数据	运行人员	运行人员
5	SCADA和CMS数据，该数据来自风电机及风电场变电站	风电机组原始设备生产商	风电机组原始设备生产商或运行人员，具体视维护合同而定
6	风电场维护记录	运行人员/风电机组原始设备生产商	运行人员
7	资产管理策略	运行人员	运行人员
8	合约中的生产目标	运行人员/开发人员	运行人员

表8.7中的主要难题在于如何以风电行业可以认同的方式去整合数据，使运行人员、资产及维护工作的管理团队以及负责维护的技师能够使用这些数据，实现表中第7、8项中的策略和目标，使能源成本保持在较低水平。这个难题既和合同有关，也和技术有关，需要完成第5章中的图5.4和第6章中的图6.8所示的设计、运行流程。接下来的章节将会开发出一个针对海上风电场的信息管理系统。

8.6.2 海上风电场信息管理系统

8.6.2.1 架构、数据流与风电场

有一些相互联系密切的工业组织与海上风电场的运维有关。接下来给出的结构由作者的研究团队开发出来，并需要进一步的修改来适应各类组织以及独立运行人员、风电机组原始设备生产商的各种情况。该团体可以划分为6个专门的部门：

1）健康监测（HM）；

2）资产管理（AM）；

3）运行管理（OM）；

4）维护管理（MM）；

5）现场维护（FM）；

6）信息管理（IM）。

各部门相应的输入、功能和输出以框图的形式在图8.7中给出。

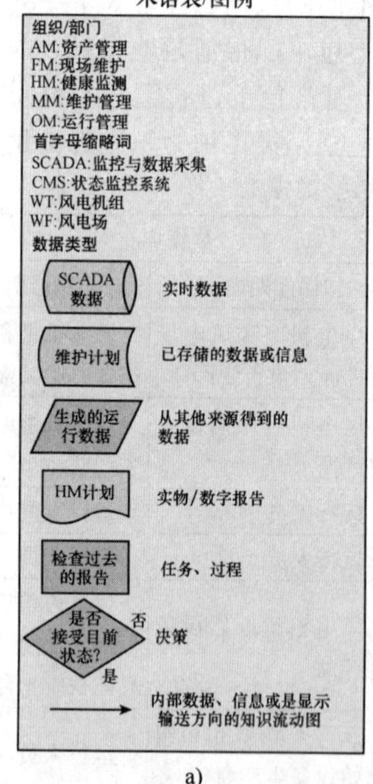

a)

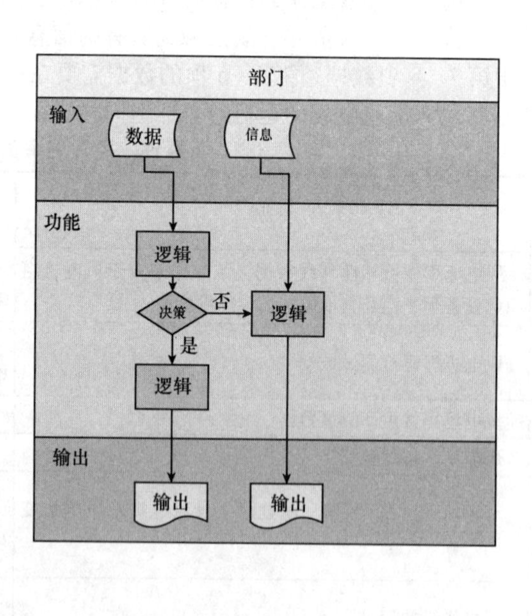

b)

图8.7 所提及的海上风电场信息管理系统中的术语表、结果和组织示意图：

a）术语表；b）结构；c）数据流

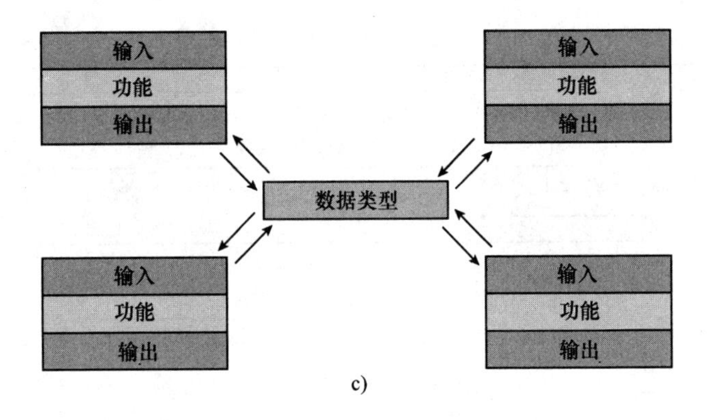

图 8.7 所提及的海上风电场信息管理系统中的术语表、结果和组织示意图：（续）
c）数据流

各类部门将在下一章节中通过图 8.7 所示的关键词/术语和信息流进行展示。风电场也会产生许多组实时数据，如图 8.8 所示。

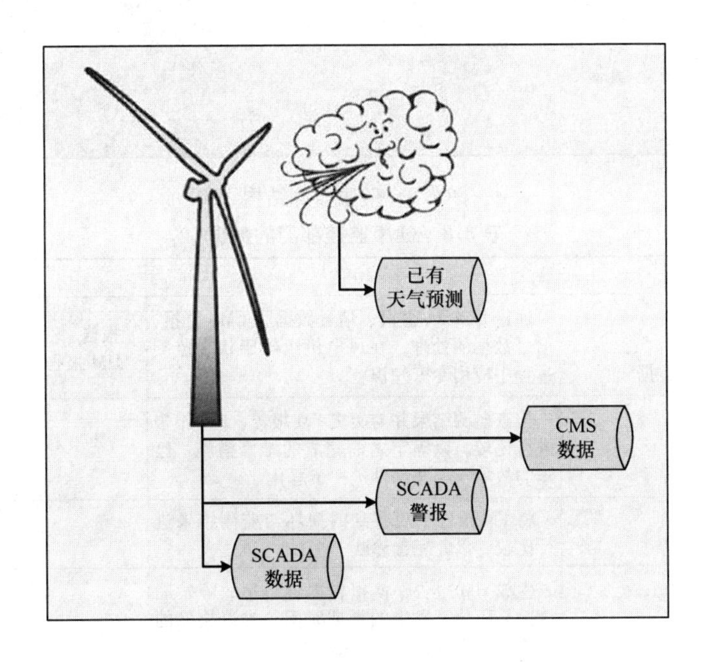

图 8.8 海上风电场产生的实时数据

8.6.2.2 健康监测

健康监测（见图 8.9）负责对风电机组的连续监测，为其他工作组就风电机组现有的、正在恶化的故障进行警示，并对故障的严重程度提供意见（见表 8.8）。

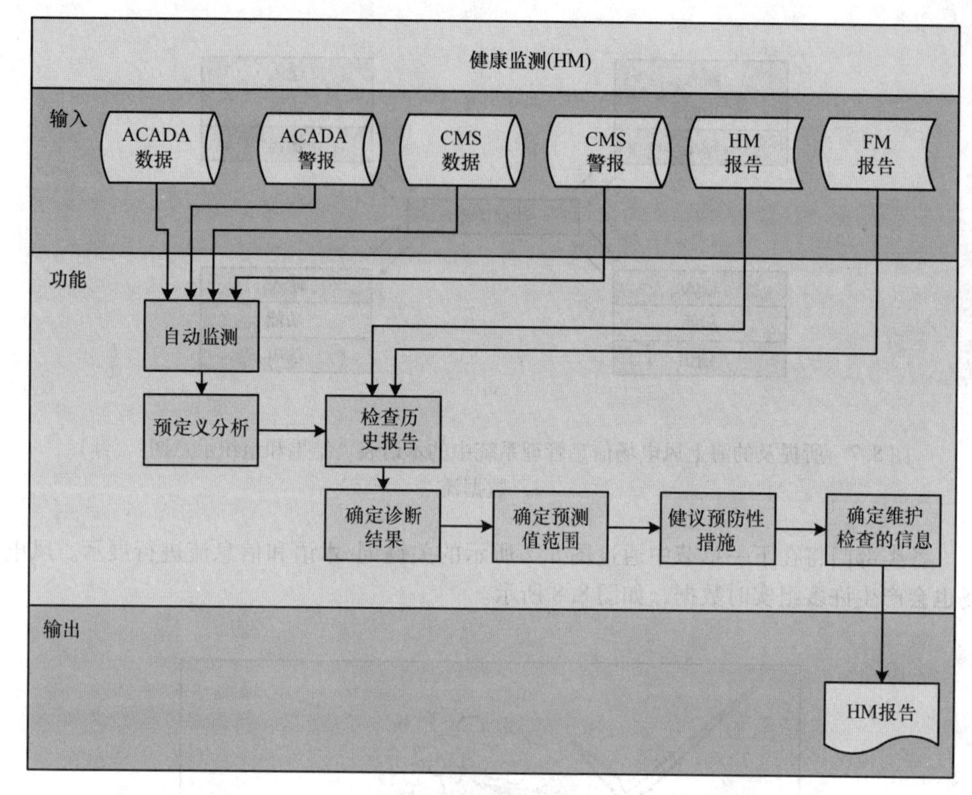

图 8.9　健康监测结构

表 8.8　健康监控部门的数据

输入	功能	输出
实时数据 SCADA 警报、信号数据 CMS 警报、信号数据	通过 SCADA 警报、信号数据和 CMS 警报、信号数据的处理，在风电机组健康状态监测过程中应用专家知识	**报告** HM 报告
已存储信息 FM 报告 设备健康管理报告	检查监测结果并与历史 FM 报告、HM 报告进行比较，以确定之前完成的维修措施、已知的故障及哪些部件进一步恶化	
	将 FM 报告中观察到的损坏与监测结果进行比较，以此完善诊断	
	生成 HM 报告，该报告内容包括故障发展情况、距故障发生的预期时间、推迟故障的措施以及推荐的维护手段	
	确认 FM 判断维修完成所需用到的具体信息，并写入 HM 报告	

8.6.2.3　资产管理

资产管理（见图 8.10）主要是保证运行人员的资产设备在成本效率最高、最有价值的条件下运行，以此保证长期可盈利的运行（见表 8.9）。

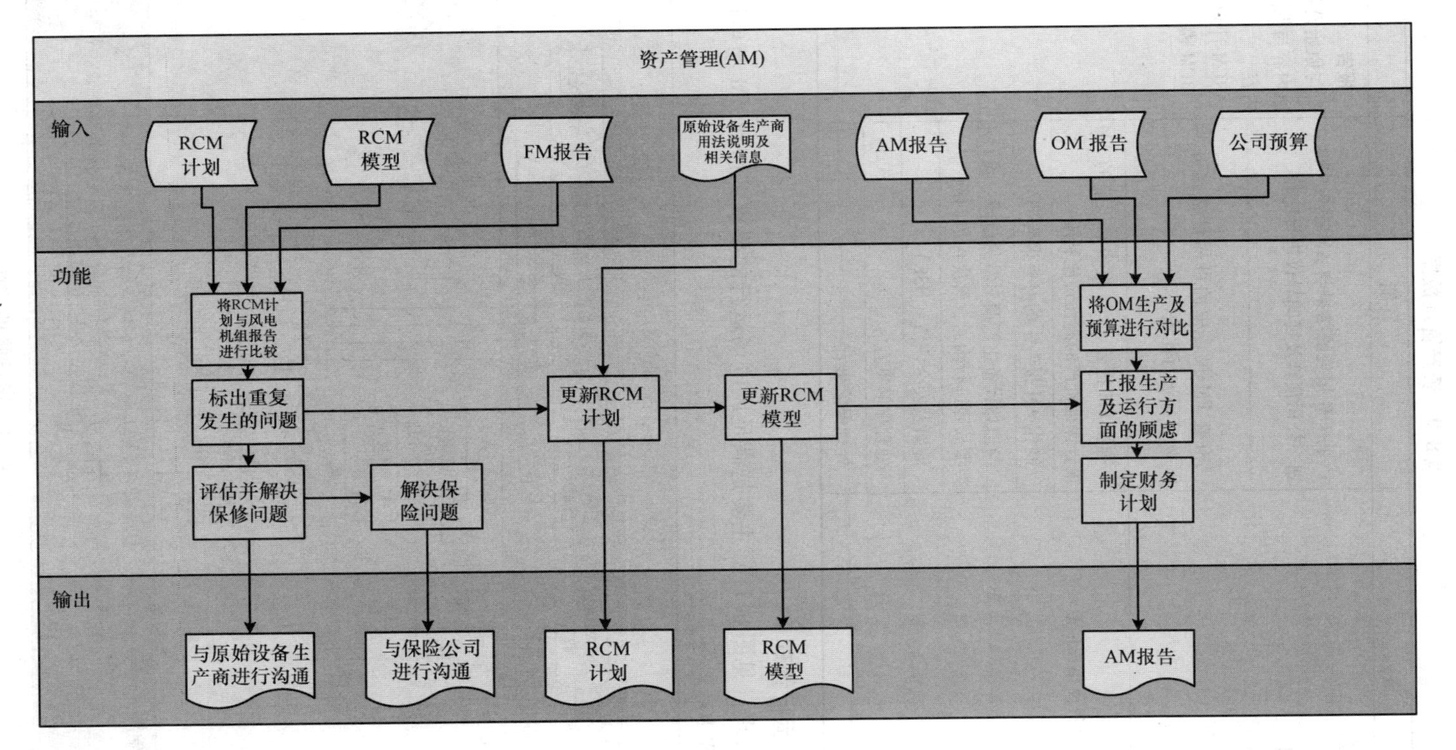
资产管理(AM)
输入
RCM
计划
RCM
模型
FM报告
原始设备生产商
用法说明及
相关信息
AM报告
OM 报告
公司预算
功能
将RCM计
划与风电
机组报告
进行比较
标出重复
发生的问题
评估并解决
保修问题
解决保
险问题
更新RCM
计划
更新RCM
模型
将OM生产及
预算进行对比
上报生产
及运行方
面的顾虑
制定财务
计划
输出
与原始设备生
产商进行沟通
与保险公司
进行沟通
RCM
计划
RCM
模型
AM报告

图8.10　资产管理结构

表 8.9 资产管理数据

输入	功能	输出
已存储信息 公司预算 RCM 计划 RCM 模型 FM 报告 AM 报告 OM 报告	将 OM 报告的结果与 AM 报告中的计划、公司预算及疑问异议进行比较	**报告** 与原始设备生产商的沟通内容与保险方面的沟通内容 RCM 计划 RCM 模型 AM 报告
	检查 FM 报告中的可靠性数据并与 RCM 模型进行比较	
外界信息 OEM 用法说明及相关信息	利用 FM 报告、OM 报告和以前的 AM 报告保证资产的高性价比利用	
	制作 AM 报告中的财务报告部分	
	与原始设备生产商对常见故障、设计/类型故障进行沟通，解决保修问题	
	健康及安全评估（HSE）	
	处理保修事宜	
	处理保险事宜	

8.6.2.4 运行管理

运行管理（见图 8.11）主要是满足风电场运行的要求，达到 AM 与电网的相关要求（见表 8.10）。

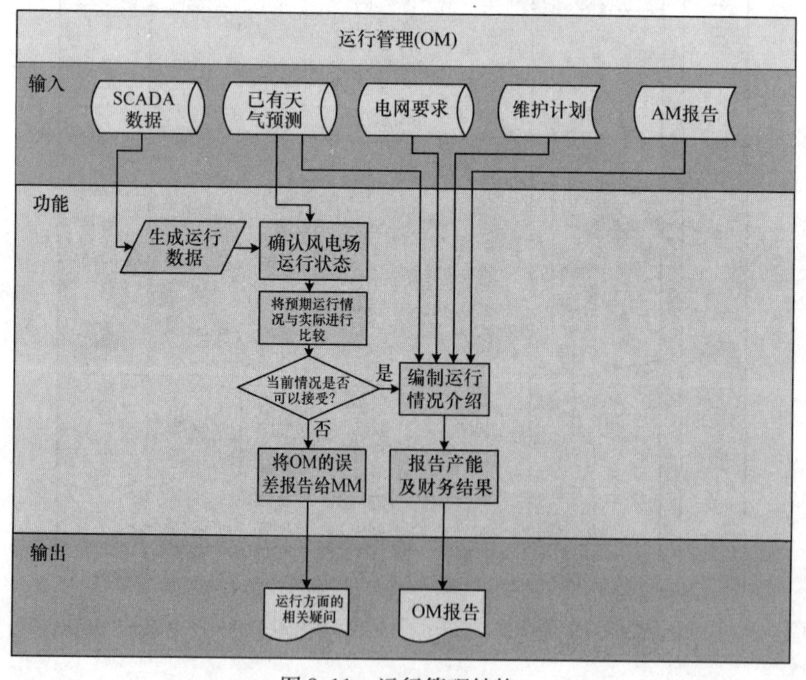

图 8.11 运行管理结构

表 8.10　运行管理数据

输入	功能	输出
实时数据 SCADA 数据 已有天气预报 电网要求	将现在的风电场运行状态（数据通过 SCADA 生成）与维护报告进行比较，并就不一致的地方查询 MM	**报告** 运维报告 **直接报告** 运行状况的相关疑问
已存储信息 维护计划 AM 报告	根据电网的要求、已有的天气预测、维护计划和 AM 报告，制订并实施风电场运行计划	
	报告财务结果和产能量，并与 OM 报告中的要求进行对比	

8.6.2.5　维护管理

维护管理（见图 8.12）主要与通过 OM 实现 AM 的要求，回应 HM 担忧的问题有关（见表 8.11）。

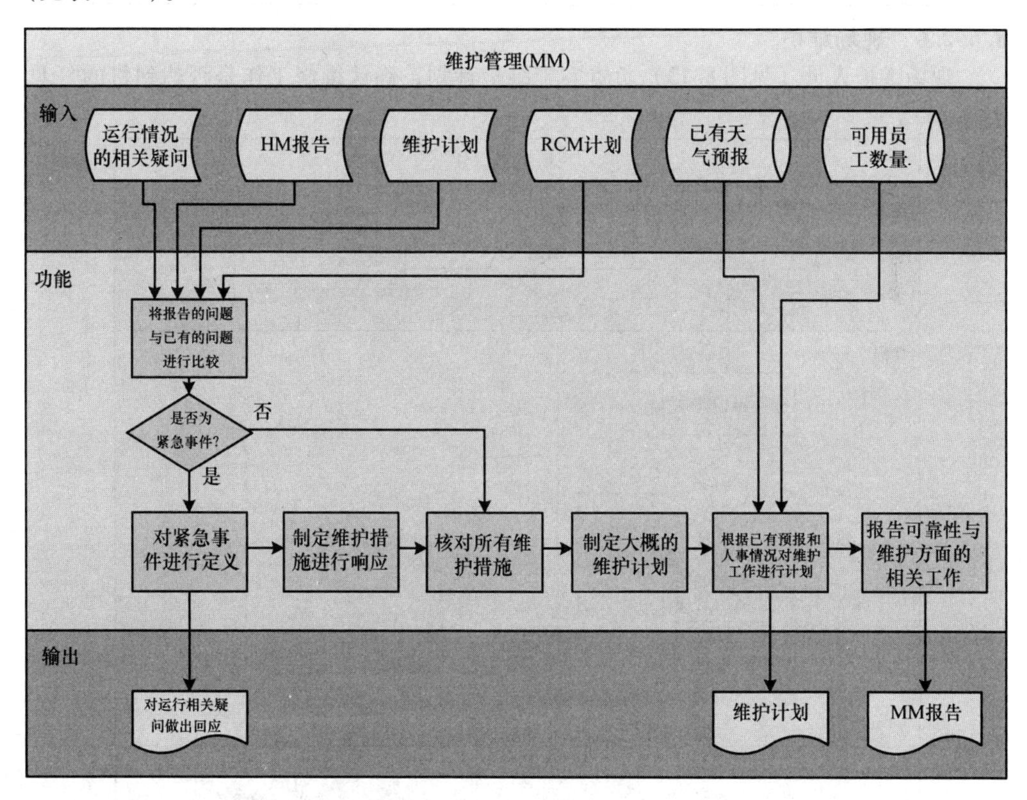

图 8.12　维护管理结构

表 8.11 维护管理数据

输入	功能	输出
实时数据 已有天气预测 可用员工数量	将运行方面的疑问、HM 报告与维护计划（其中含有的已知问题）进行对比	**报告** 维护计划 MM 报告 对运行方面疑问的回应
已存储信息 维护计划 HM 报告 RCM 计划	回应运行方面的疑问	
直接报告 运行方面的疑问	将问题与 RCM 计划进行比较	
	具体维护工作，含预防性、回应性的措施及 RCM 相关回应	
	制订成本效益较高的大体维护计划	
	根据已有的天气预报和可用员工数量更新维护计划	
	保证 RCM 措施能够达到 AM 计划的要求	
	将 MM 计划中初始可靠性数据上报	

8.6.2.6 现场维护

现场维护人员（见图 8.13）负责实施维护计划，确认维修工作是否达到目的（见表 8.12）。

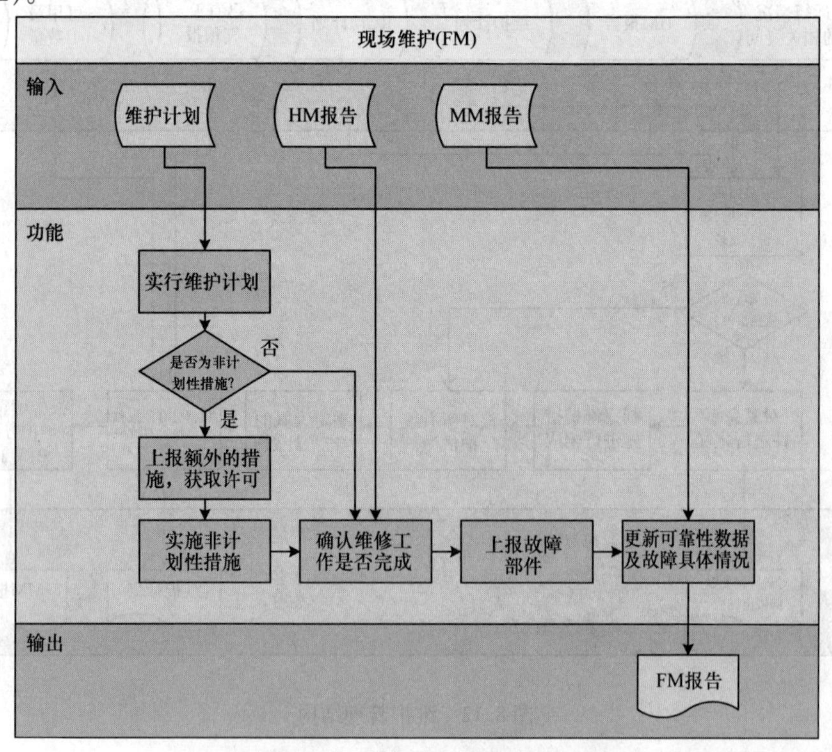

图 8.13 现场维护管理结构

表 8.12　现场维护数据

输入	功能	输出
已存储信息	实施维护计划	**报告**
MM 报告	上报并解决所有故障及隐患	FM 报告
维护计划	根据 HM 报告的建议，确认维护工作是否完成	
设备健康管理报告	更新 MM 报告中可靠性数据及故障具体情况，并加入 FM 报告中	
	在 FM 报告中对所采取措施与故障部件检查结果进行上报	

8.6.2.7　信息管理

信息管理（见图 8.14）是指对风电场产生的数据进行处理（见表 8.13）。

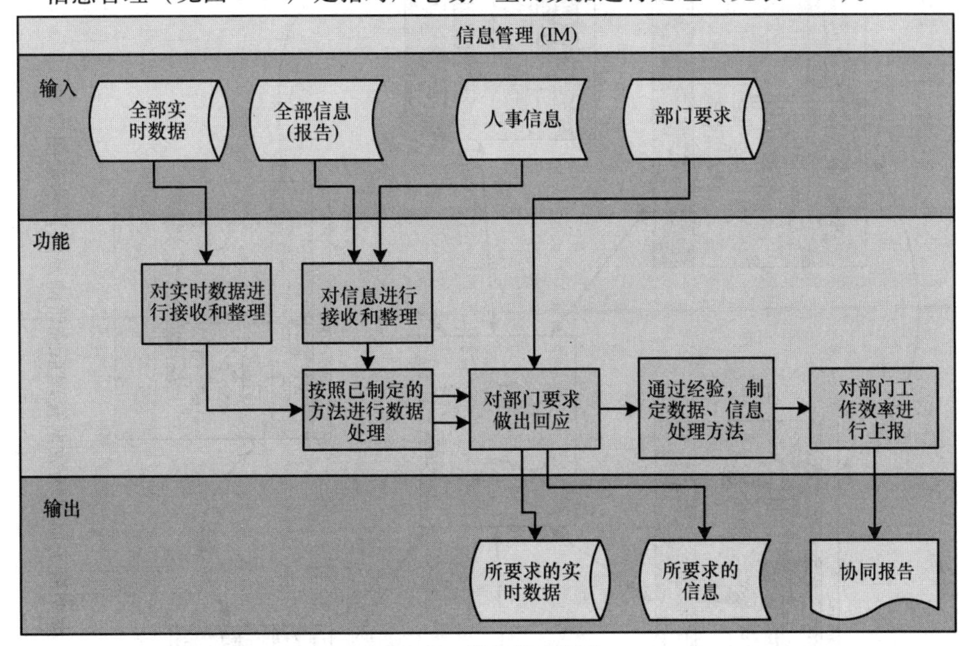

图 8.14　信息管理结构

表 8.13　信息管理数据

输入	功能	输出
所有报告	接收其他部门发出的实时数据及信息	包含所需要的数据、信息的协同报告
所有实时数据	对报告进行管理，并存储于中央储存库	
人事信息	有新报告时对其他部门进行提醒	
部门要求	根据部门要求，提供需求数据及信息	
	为各部门提供信息分析支持	
	实施数据库的维护与更新	
	对数据库维护时数据搬运工作进行管理	
	实现部门间有效的沟通，并将该高效率及相关策略在协同报告中上报	

8.6.3　完整的海上风电场信息管理系统

综上所述，本节展示了一种海上风电场信息管理系统方案，其信息的完整结构如图 8.15 所示。

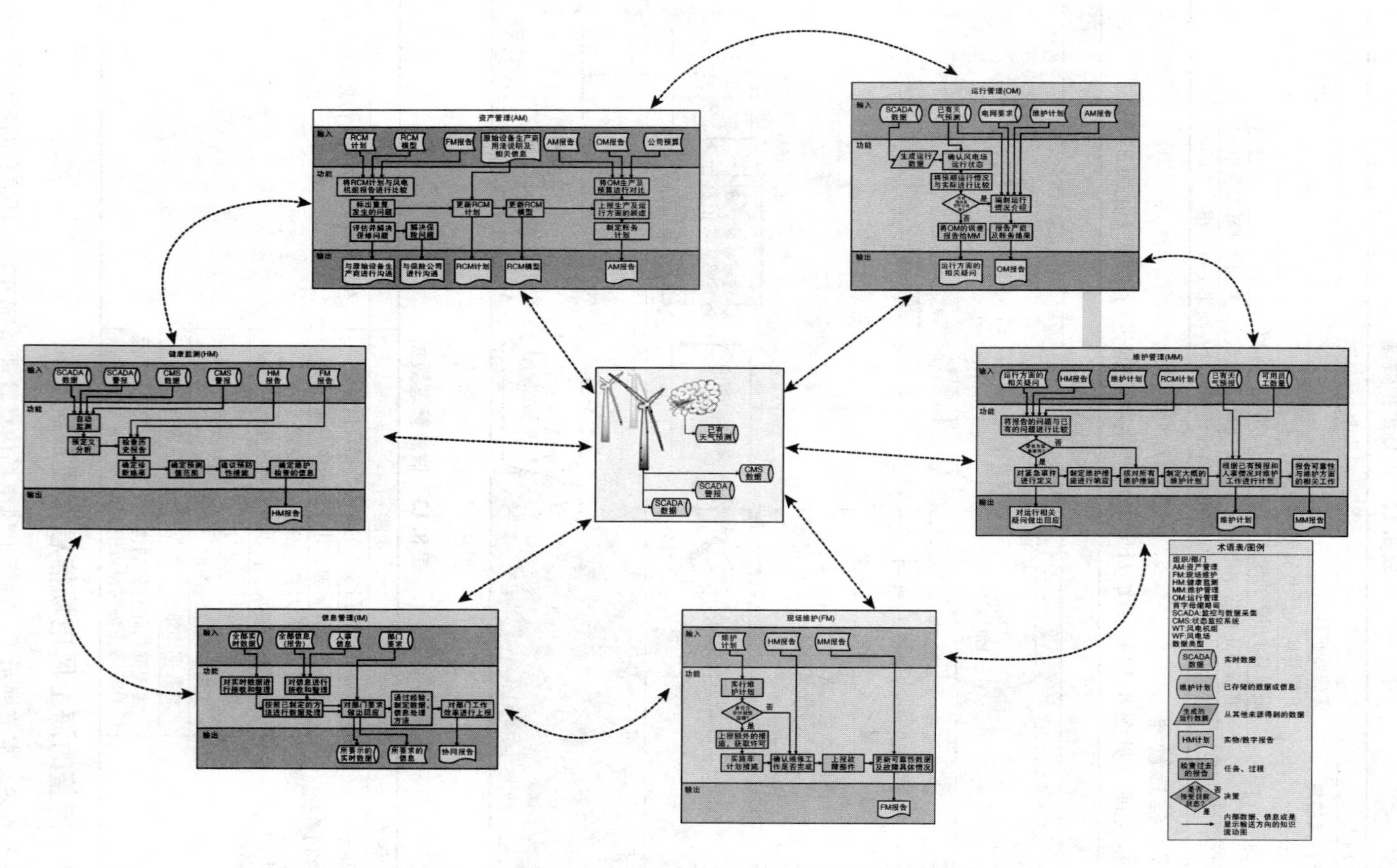

图 8.15　大型海上风电场数据管理系统监测及维护示意图

8.7　小结：面向集成维护的策略

本章对与改善海上风电场维护工作效果、提高其可利用率及可靠性相关的人事、基础设施及数据问题进行了阐述。其中的关键因素在于人员的培训，易于交通的基础设施的可利用率，以及向员工提供恰当的风电场数据来保证价格昂贵的基础设施能够得到充分的利用。

本章还提出了一项用于海上风电场的信息管理系统方案，用于处理 SCADA 系统和 CMS 的监测数据以及累积的风电场可靠性数据。结合风电场累积的可靠性数据则和维护日志，可以构造一综合系统，并以此为基础进行维护工作的计划。

8.8　参考文献

[1] Wiggelinkhuizen E., Verbruggen T., Braam H., Rademakers L., Xiang J., Watson S. 'Assessment of condition monitoring techniques for offshore wind farms'. *Journal of Solar Energy Engineering*. 2008;**130**(3):1004-1–9

[2] Richardson P. *Relating Onshore Wind Turbine Reliability to Offshore Application*. Master of Science Dissertation, Durham University, Durham; 2010

[3] Bierbooms W.A.A.M., van Bussel G.J.W. 'The impact of different means of transport on the operation and maintenance strategy for offshore wind farms'. *Proceedings of European Wind Energy Conference, EWEC2003*. Madrid, Spain: European Wind Energy Association; 2003

第9章 结论

9.1 收集数据

从前几章的内容可以看出，令海上风电场的可利用率更高、能源成本更低的关键在于：

1）对风电场及组成该风电场的风电机组的可利用率、可靠性期望值制订指标；

2）为实现这些指标，制订清晰的维护策略；

3）为在整个资产寿命周期中实行该策略，制订清晰的资产管理策略。

图5.4和图6.8说明了发展可靠的风电机组、建设可利用率高的风电场所需要实现的一系列任务。图6.8主要说明了其具体操作，这两幅图则共同说明了推进这些措施的指标所需要的数据的重要性。用于海上风电场的维护策略则在图9.1中得以总结。

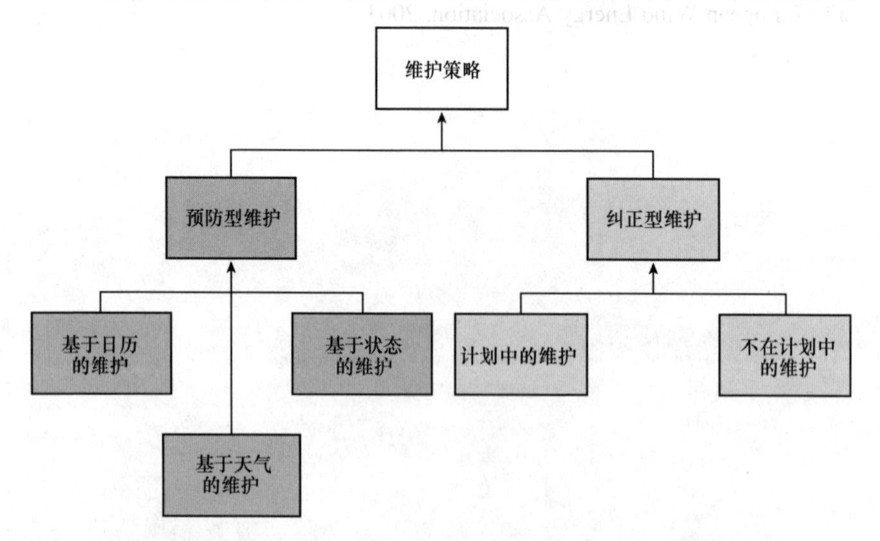

图9.1　不同维护策略摘要图解（左侧强调海上风力发电场，右侧强调陆上风力发电场）

陆上风电机组的维护主要是纠正型维护，如图9.1的右侧所示。具体的结果如图9.2所示，数据来自于Windstats陆上风电机组调查数据[1]。不同子部件的维护时长在时

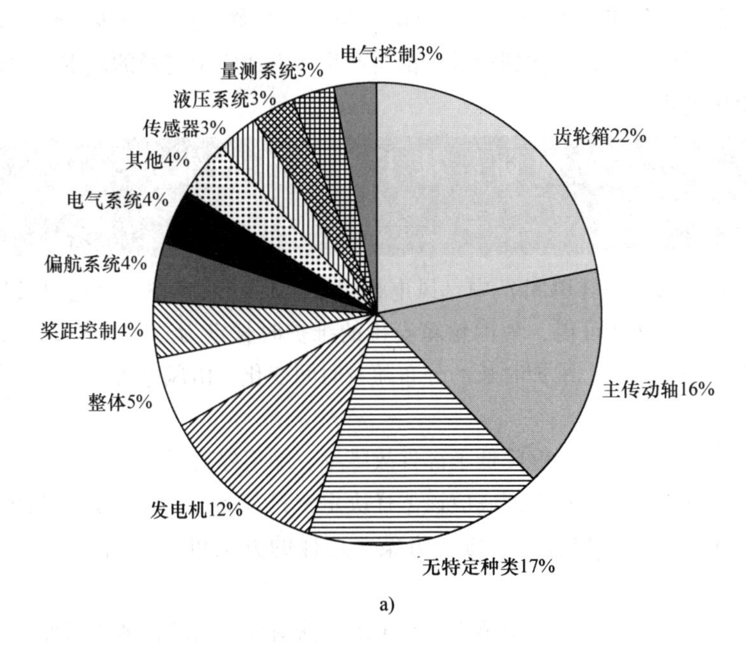

a)

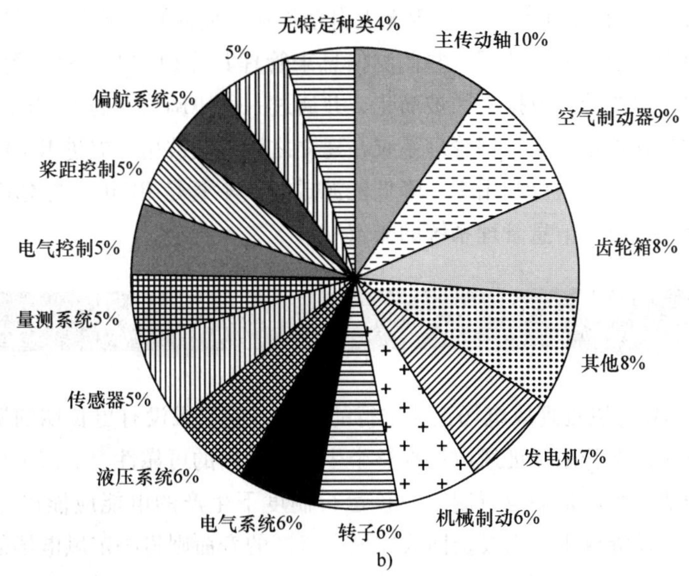

b)

图9.2 每台子部件故障平均停运时长与维护时长比较：a）每台子部件平均故障停运时长；b）每台子部件平均维护时长

间上平均分布（见图9.2b），与子部件故障导致的停运时长（见图9.2a）无关。举个例子，齿轮箱造成的停运占全部停运时长的22%，但是其维护时长仅占8%，接近于液压系统仅占全部时长的6%。这样的数据能够用于陆上风电机组，这是因为维护人员可以通过费用低廉的箱型货车便能到达风电机组，故维修时间比较少。然而如第8章所讲，对于海上风电机组，每次到达现场都会产生海上或空中交通的成本，故该数据无法应用于海上风电机组。

9.2 运维方案的规划：基于可靠性的维护与基于状态的维护

基于可靠性的维护（RCM）中，风电机组子部件的故障率、停运时长决定具体维护措施。因此从图9.2可得，为齿轮箱安排的维护时长定为总时长的22%，即考虑到齿轮箱造成的停运时长。维护时长的分布随着时间变化，由风电机组及其子部件的性能决定。

然而，除非维护工作能够降低子部件故障率、缩短停运时长，这样的维护安排可能被误导。所以维护安排的方案到底应该怎样决定？只有清楚地了解子部件的发展历史和具体性能，才可能制订出合理的维护方案。这样的方案可以通过第8章中的报告即RCM得到。

合理的维护方案也可以使用第7章给出的方法对风电机组性能进行监测，即基于状态的维护（CBM）。风电机组采用远程无人自动操作，监测范围比较大，但由于数据过大且复杂，很少有运行人员利用这些监测信息来管理其维护方案。对于海上风电机组，这一问题必须得到改善。数据必须被简化，并通过一种协调综合的方式展现出来，这便需要有一个数据管理系统。数据管理系统在建立之后，便被用于促进RCM和CBM的使用，以此来提高风电场的可利用率，降低能源成本。不管是RCM还是CBM，都推动了对适用于海上风电场的信息管理系统的需求。

9.3 资产管理

RCM和CBM可以处理风电场正在进行的操作，但如果没有更长期的资产管理，这两者无法通过它们本身来保证风电场在整个生命周期内的可靠性[2]。海上风电场昂贵的资本导致其需要一个严格的运行制度，该运行制度下生产的电能应能以适当的价格销售，以此来回收投资成本。当投资回收完成，资产的寿命则将决定风电场的长期盈利能力。这些更长期的收益必须通过长期的资产管理得到保障，即对“浴盆曲线”（见图5.5）的后段进行控制，在这个阶段，子部件的磨损情况由子部件的更换计划决定。可以清楚地看到，风电场包含大量相同或相近的风电机组资产时，能够从更换叶片、齿轮箱、发电机、逆变器甚至是机舱这些最脆弱的子部件中有所收益。事实上，更换措施还可以使子部件的使用性能、可靠性能得到提高。

9.4 考虑可靠性与可利用率的风电场设计

原始设备生产商（OEM）和运营商已有许多可用的可靠性数据，这些数据为上面提到的工作提供了非常多的帮助，风电场的设计可以以这些数据中的最佳者作为基准。这便是本书中第5章、第6章对于可靠性的内容的核心。

在早期阶段，风电行业为了保护自身的知识产权（IP）、支持个体风电场的发展，对风电场性能进行保密。由于风电场性能数据具有合同价值，运营商也对其加以保护。

然而，风电行业现在已成规模、专业化水平较高，需要找到一种非竞争的方法来在业内进行数据分享，以此来促进与化石燃料、核能及其他可再生能源进行竞争的风电行业整体水平的提高。风电行业如果想要解决海上的CAPEX（资本支出）和OPEX（运行支出）问题，并能在能源竞争中与其他能源正面竞争，必须实现数据共享[3]。

在成本方面，决定维护工作的成本效率是一件关乎可靠性、可利用率的重要问题。一些运营商为海上风电场制定了可利用率的目标。由于高可利用率永远可以通过提高运维投资实现，该方法可能有一些隐患。更合理的方式应该是在实现合理的可利用率程度的前提下决定最优的运维成本，每个海上风电场的运维成本不同，运维成本的高低则受到风电场选址、离岸距离、现场设备资产及其成本的影响。

9.5 海上风力发电成本的预期

从本书内容可以清晰地看出，与陆上风电行业不同，海上风电场高资产成本导致了更多的注意力集中在保证资产在高可利用率下工作，以此实现预期的收益目标。

高昂的成本并不意味着资本的回收无法实现。位于波罗的海的海上风电场已经实现了投资的回收，其可利用率达96%～98%。位于北海、爱尔兰海的风电场的可利用率也朝着90%～95%逐步提高。

以上的现象说明投资商、开发商和运营商正在以比陆上风电场更严格的标准来审视海上风电场及其部件的内部可靠性。

9.6 认证、安全与生产

风电机组的设计受到一认证过程控制，以此来保证所设计出的风电机组具有优势且能安全运行。而风电机组控制系统则用来保证运行的安全。Stiesdal 和 Hauge－Madesen[4]指出“经典的风电机组控制监测原则是用来保证风电机组一直处于安全状态的——这并不能自动等同于保证运行时间的最大化”。

在风电场安装、运行时期，海风也是一类有潜在危险的问题。因此，开发商和运营商在新风电机组的开发、安装和运行过程中采用了一项以认证、H&S为导向的强力手段。员工在接受培训时，已经上过了很多H&S课程，而随着风电行业选址向更深水域、更远距离发展，对于进入风电行业的新员工，H&S 课程这一方式应该继续保持。若员工已经完成了 H&S 课程的学习，这些离岸较近的海上风电场可以开始将原有的以认证、H&S 为导向的手段与一个更偏重于生产的手段相结合，类似于 20 世纪 90 年代的北海油气生产。

随着风电行业日趋成熟，由于资本计划鼓励更具有活力的生产为导向的手段，资本支出越大，对于回报的要求就越严格，因此现有的以认证、H&M 为导向的手段很有可能会改变。风电行业发展到这个阶段时，运营商、资产管理方、认证机构、保险公司和投资方之间的互动需要得到加强，更多的注意力将被放在运维和全寿命周期成本上。

还有可能出现的现象是，在 10 年内，海上风电行业的运营环境组织程度更佳，陆上风电行业向其学习的情况出现。

9.7 未来的展望

海上风电的前景光明。早期的风电场的发展已说明高水平资源是可用的，但是资本支出和运行支出成本都相当高，从而强调了以下几点的重要性：

1）降低初始资本支出成本；

2）设计高可靠性的风电场资产，以此来降低预期风险；

3）降低资产部署的成本、风险；

4）对运维进行管理，以此来限制运行支出成本；

5）在框架内，通过该风电场的位置所对应的实际情况下能达到的最高风电机组可利用率降低能源成本。

陆上风电行业的经验表明，虽然风电场初始资本成本很高，但是风电相关技术具有分散特性、可重复性，这使其学习曲线时间常数（对于陆上风电场大约是 5 年）相对较短，很多制造、安装、运行和维护相关的课程都可以快速完成学习。海上风电的学习曲线随时间保持不变的周期将会更长，从图 1.6 可看出是 7 ~10 年。

9.8 参考文献

[1] *Windstats (WSD & WSDK) quarterly newsletter, part of WindPower Weekly, Denmark*. Available from http://www.windstats.com [Last accessed 8 February 2010]

[2] Bertling L., Allan R.N., Eriksson R.A. 'Reliability-centred asset maintenance method for assessing the impact of maintenance in power distribution systems'. *IEEE Transactions on Power System*. 2005;**20**(1):75–82

[3] Barberis Negra N., Holmstrøm O., Bak-Jensen B., Sorensen P. 'Aspects of relevance in offshore wind farm reliability assessment'. *IEEE Transactions on Energy Conversion*. 2007;**22**(1):159

[4] Stiesdal H., Hauge-Madsen P. 'Design for reliability'. *Proceedings of European Wind Energy Offshore Conference EWEAO2005*; Copenhagen, 2005

第10章

附录1：风力发电机的发展历程

年份	发展	相关技术	图片
公元前200年	风车在波斯地区使用		
公元后70年	Hero发明了应用气体力学的蒸汽轮机	该汽轮机是Hero发明的还是模仿其他风车制造出来的，尚存争论	
公元7世纪（维基百科），公元11世纪（Shepherd 1998），公元634～644年（Rashidun Caliph Umar）	第一批具有实用性的风车建于伊朗的希斯坦省，该地区为波斯和阿富汗边境地区。这些风车被用来碾磨谷物、抽水，至1963年，在伊朗的Neh地区还有50台风车仍在使用	采用垂直轴结构，配有垂直轴、垂直驱动轴以及矩形叶片 风车被一面两层楼的圆弧墙面围绕，磨石在上，转子在下 转子：由6～12根竖直的辐条支撑，每一辐条由布包裹来形成单独的帆	
1119	荷兰	衍架风车（水平轴结构） 功能：排水，碾磨谷物，锯木材。风车偏角的调整比较容易，但风车的支撑可能是个问题	
1191	英格兰第一台风车出现在西萨福克地区		

（续）

年份	发展	相关技术	图片
1219	中国的垂直轴风车	Sheng Ruozi 引用了湛然居士耶律楚材（1190～1244）关于风车的描写。这位学者实际上是一位金元年间杰出的政治家，这段文字是在1234 年金国败给蒙古后他写下的	风车的帆可以调整方向，迎风运行，即风车转动时可自调节的帆的方向与风况相对应 古老的中国风车（B Zhang，2009）
13 世纪	采用蹲式结构与木质叶片的风车出现在欧洲	4 个叶片，水平轴风车	配有可调整叶片，即能够迎风运行
1295	荷兰	采用水平轴的帽式或塔式风车。19 世纪前，欧洲大部分磨粉、抽水工作使用桁架风车，19 世纪时逐渐被塔式风车代替 塔式风车与衍架风车相比，其优势在于风车的整体结构及其相应机械装置不必全部置于风中，这也为机械装置与仓库提供了更多空间	
16 世纪早期	荷兰“Wipmolen”中空桁架风车出现	驱动扬水轮来抽水	Wipmolen 是一类更紧凑的桁架风车，其偏角调节的机械装置集中在风车的顶部，故可以被形容为帽式风车
19 世纪	荷兰	帽式风车中精密木质销与套筒齿轮装置出现	在水平轴风车转子轴与垂直墙上齿轮轴之间的木质直角齿轮箱的专利 从水平方向至垂直方向的旋转功率

（续）

年份	发展	相关技术	图片
1854	Daniel Halladay 建立了风力发动机与抽水机公司，该公司位于美国伊利诺伊州的 Batavia，之后成为最成功的风车公司之一	风车采用水平轴结构，配有多个叶片，逆风，用于抽水 自动偏航 创新点：其设计与制造工艺非常优秀 钢材的使用促进了该项转子的发展	
1866	风车用于农田的抽水、填充铁路的水槽	风车采用水平轴结构，具有多个叶片，逆风 美国大批量生产应用于大范围、偏远的机械化农田中	
1883	在美国俄亥俄州克利夫兰市，Charles Brush 发明了首台用于电池蓄电的自动操控风车	该风车额定功率为12kW，采用水平轴结构，配有144个叶片 创新点：将美国当时可用的风车生产技术与新兴的发电方法结合起来 直流发电机在美国、欧洲仅出现了5年的时间，早于柴油和汽油发动机	
1887	来自格拉斯哥皇家科学院，即现在的斯特拉思克莱德大学的 James Blyth 教授发明了为电池蓄电供电的风车	该风车额定功率为10kW，采用垂直轴结构，具有4个叶片，并驱动一台直流发电机；配有可调节仰角的叶片，同时期的相同产品则没有	

（续）

年份	发展	相关技术	图片
1887	丹麦的Poul la Cour发明了为电池蓄电供电的风车	该风车额定功率为10kW，采用水平轴结构，具有4个叶片，桨距固定，并驱动一台直流发电机 采用了创新的空气动力系统	
1888～1900	基于Halladay与Poul la Cour的设计，实验性的风车在美国和丹麦投入使用，用于发电	平坦多风的美国中西部地区的大面积、偏远的机械化农场需要电来抽水、照明，这项需求推动了美国风电行业的发展	
1900～1910	许多风电场在丹麦投入使用，2500台风车的总发电量达到了30MW	丹麦地势平坦，多风。美国的丹麦移民有没有将Poul la Cour技术带到美国来呢	
1908	据记录，丹麦有72台风车投入使用	风车的额定功率为5～25kW，采用水平轴结构，直径23m，高度24m，有4个叶片	
1910～1930	美国每年平均生产100000台农田用水平轴风车，用于抽水	结合了美国、丹麦的设计理念 美国大批量生产技术对于高品质的保证，不联网地区对能源的需求促进了此类风车的发展	
1910～1914	柴油发动机与风车之间的竞争	柴油发动机和汽油发动机驱动的发电机的发展	
1914～1918	第一次世界大战导致油气供应减少，额定功率为20～35kW的风车被生产出来		
1918战后	风车的发展减缓	与柴油发动机或汽油发动机驱动的发电机相比，小型风车发电的可靠性较低 同时，电网变得更加普及	

（续）

年份	发展	相关技术	图片
20世纪30年代	在丹麦和美国，风车在大型农场中很常见	高强度钢材价格便宜，风车常被放置在预先组装好的开放式钢架塔上	美国多叶片涡轮机理念开始衰退
20世纪20年代		第一次世界大战后，飞机的空气动力学知识起到了一定作用，如飞机机翼与螺旋桨 这些知识开始对风车的设计产生影响	
1931	现代风力发电机出现在苏联雅尔塔市	额定功率为100kW，高30m，采用水平轴风力发电机结构及齿轮驱动，连接至6.3kV的配电系统；容量使用率为32%；具有可调节的叶片 整个结构的桁架风力发电机沿着一特定轨迹旋转 早期的大型三叶片风力发电机体现了气动力学日渐重要的影响力	
1938～1944	丹麦人F. L. Smidt	风力发电机功率范围达45kW，配有两个叶片。在丹麦，每年有相当多台这样的风力发电机被安装	
1939～1945	第二次世界大战导致石油供应再一次减少，促进了风电行业的发展		

（续）

年份	发展	相关技术	图片
1940	Ventimotor公司在德国魏玛市附近建立了一个测试中心，以此来研发风力发电机从而满足德国战争的需求，Ulrich Hutter是中心的主要人员之一	绝妙地利用了空气动力学，机身轻盈且价格合理	
1941	在美国佛蒙特州卡斯尔顿的纽帽山，世界第一台兆瓦级风力发电机Smith－Putnam与当地的配电系统相连运行。该风力发电机由Palmer Cosslett Putam设计，并由S. Morgan Smith公司制造，可以说是现代风力发电机的鼻祖	风力发电机额定功率为1.25MW，直径57m，高度40m，采用水平轴风力发电机结构，配有两个叶片及齿轮驱动装置，转速恒定并采用全翼展桨距控制及失速调节，顺风运行 复杂的现代风力发电机技术 第一台与电网相连的风力发电机	
1945战后	欧洲、北美通过化石燃料燃烧供能的能源站，在全国范围内推广电气化。在丹麦、法国、德国和英国，研究项目将风电归为补充能源		
1945～1970	西欧地区的风电行业实现了新的发展，尤其丹麦按照Poul la Cour所指示的方向取得了进步		

（续）

年份	发展	相关技术	图片
1954	在奥克尼的科斯塔岬，英国首台与电网相连接的实验性风力发电机出现，该风力发电机由约翰布朗工程公司制造	风力发电机额定功率为100kW，直径18m，采用水平轴风力发电机结构、齿轮驱动和失速调节，顺风运行，并配有与电网相连的集电环感应发电机。但该风力发电机营销与需求均不足，未投入大批量生产	
1956～1966	一台实验性风力发电机在位于法国诺让莱鲁瓦的风能研究站运行	风力发电机额定功率为800kVA，采用水平轴风力发电机结构，有三叶片、齿轮驱动及失速调节，顺风运行。但该风力发电机在后来没有进一步的改进，这可能是因为法国的国家政策的中心转移到了核电上	
20世纪50年代	额定功率为100kW，直径25m，顺风运行，采用双叶片结构的气动发电机出现	位于英国圣奥尔本斯的Enfield－Andreau风力发电机	
1956	在丹麦Gedser，Juul发明了一台现代风力发电机，这台风力发电机是丹麦风力发电机概念的先驱，也被认为是现代风力发电机之母	风力发电机额定功率为200kW，直径24m，采用三叶片结构及失速调节，逆风运行，同时在转子叶片上还配有空气动力翼尖制动器，在过速时会自动工作 翼尖制动器是一项优秀的发明	

（续）

年份	发展	相关技术	图片
1972	赎罪日战争引发了国际石油危机，也导致了风电行业的复兴		
1976～1981	现代小型风力发电机	额定功率为1～10kW，采用垂直轴或水平轴风力发电机结构	沿袭20世纪30年代美国、丹麦小型风力发电机技术的风力发电机 此时相应的市场仍充满不确定性，这是因为小型风力发电机技术还未达到完全没问题
1979	在英国卡玛森湾，垂直轴风力发电机450出现	风力发电机额定功率为130kW，采用垂直轴风力发电机结构，配有卷曲的叶片，非常与众不同，但是无法工作	
1979	在丹麦的Nibe，有两台实验性的风力发电机开始工作，一台含有桨距控制，另外一台则没有	风力发电机额定功率为200kW，直径24m，采用齿轮驱动及失速调节，配有三个叶片，转速固定，逆风运行。风力发电机转子叶片上配有空气动力翼尖制动器	

（续）

年份	发展	相关技术	图片
	如果将 Gedser 风力发电机比作现代风力发电机之母，这两台风力发电机可以比喻成其最强壮的两个孩子	风力发电机额定功率为 630kW，直径 40m，采用水平轴风力发电机结构及齿轮驱动，配有三个叶片及全翼展桨距调节装置、失速调节装置，转速固定，逆风运行	
20 世纪 80 年代	价值 3000 万美金，单叶片结构的圆柱式风力发电机项目（MMB）开启 在 Wihelmshaven 附近，三种 600kW 的原型机仍在使用中；该项目中风力发电机直径从 15 ~ 56m 不等	风力发电机额定功率为 600kW，直径 15 ~ 56m，采用水平轴风力发电机结构、齿轮驱动及单叶片，逆风运行 该类风力发电机非常新颖，性能很好，机体重量轻 部分风力发电机仍在运行中，但该类风力发电机设计理念现今已不再流行	
20 世纪 80 年代	加利福尼亚州风电热潮来袭，出现大批额定功率低于 100kW 的风力发电机，这些风力发电机大部分是水平轴风力发电机，也有一部分为垂直轴风力发电机	很多风力发电机的设计方案可靠性非常差	
1980	在荷兰，现代风力发电机被发明出来	风力发电机额定功率为 300kW，采用齿轮驱动、失速调节及三叶片结构，转速固定	

（续）

年份	发展	相关技术	图片
	在美国，MOD0 风力发电机出现	风力发电机额定功率为200kW，采用水平轴风力发电机结构及齿轮驱动，配有两个叶片及全翼展桨距控制装置，顺风运行	
	在美国，MOD 1 风力发电机出现	风力发电机额定功率为2MW，采用水平轴风力发电机结构及齿轮驱动，配有两个叶片及全翼展桨距控制装置，顺风运行 该风力发电机重量过大，可靠性不高	
1981	在美国，波音 MOD 2 风力发电机出现	风力发电机额定功率为2.5MW，直径91m，采用水平轴风力发电机结构及齿轮驱动，配有两个叶片及全翼展桨距调节装置，顺风运行 质量非常轻，但由于没有双叶片轮毂，叶片中心会受到超额的压力	
1982	在瑞典，WTS 75－3 风力发电机出现	风力发电机额定功率为2MW，采用水平轴风力发电机结构及齿轮驱动，配有3个叶片及全翼展桨距控制装置，逆风运行	

（续）

年份	发展	相关技术	图片
1982	在美国，WTS4 风力发电机出现	风力发电机额定功率为4MW，采用水平轴风力发电机结构，配有三个叶片和全翼展桨距控制装置，顺风运行 其设计精密 体积庞大，比较复杂	
1983	德国对大型风力发电机Growian投资了5500万美元，然而该风力发电机仅工作了420h，其轮毂便发生疲劳损坏	风力发电机额定功率为3MW，直径100m，高100m，采用水平轴风力发电机结构及齿轮驱动，配有两个叶片及全翼展桨距控制装置，顺风运行，还配有全功率周波变流器 该风力发电机非常独特，体积庞大，风险也比较大，并不是很可靠	
1987或1988	联网运行的风力发电机原型被设计出来，并由英国奥克利群岛布尔加尔山的Wind Energy Group建造	风力发电机额定功率为3MW，直径60m，采用水平轴风力发电机结构及齿轮驱动，配有两个叶片及全翼展桨距控制装置，逆风运行 该风力发电机非常独特，体积庞大，风险也比较大，并不是很可靠	
1987	在英国里奇伯勒，大型联网风力发电机出现	风力发电机额定功率为1MW，采用水平轴风力发电机结构及齿轮驱动，配有3个叶片及失速调节装置，转速固定，逆风运行。该风力发电机的转子还配有空气动力翼尖制动器	

（续）

年份	发展	相关技术	图片
2002	在德国，Enercon E－112风力发电机出现	风力发电机额定功率为4.5～6MW，直径112m，水平轴风力发电机结构及直接驱动，配有三个叶片及全翼展桨距控制装置，逆风运行 该风力发电机由Growian风力发电机改进而来，但其可靠性良好 所有电能均通过全功率变流器与电网连接 Enercon风力发电机的拥有者Alois Wobben是一位电力电子工程师	
2010	在挪威，挪威国家石油公司的Hywind项目启动	西门子SWT2.3风力发电机配有三个叶片，逆风运行，采用齿轮驱动，转速可调节。配有桨距控制装置的风力发电机安置于一停泊的漂浮沉箱上	

第11章

附录2：风电工业可靠性数据收集

11.1 引言

11.1.1 背景

风电机组生产商、运营商、维护方及投资方均认为实现高容量系数及高可利用率，以此来以较低的成本产生电能，对于风电机组的高可靠性非常重要。实现以上目标的重要因素之一便是风电机组在设计时应追求可靠性可达到的最大值。现今，欧洲风电行业中，陆上风电机组的可利用率达到96%～97%，海上风电机组可利用率达到90%～95%。这些可利用率如果能够提高，则将是令人满意的，而针对可靠性进行的设计工作则会帮助实现这一目的。

可靠性相关的设计工作的一个重要要求就是采用精确的平均故障时间（MTTF）、平均修复时间（MTTR）以及平均两次故障相隔时间（MTBF）来量测、预测和分析风电机组的可靠性。这些标准的术语由国际标准规定，并在1.6.1节中列出。

风电机组相关术语和分类的定义，采集到的风电机组可靠性数据，以及IEC 614000[1]定义的可靠性与风电机组设计之间的关系，均需要标准化。同样还有一点也很明显，为实现风电机组可靠性的提高，需要在遵守商业机密性的前提下，获取风电行业更大量、更高质量的可靠性数据。

本附录为欧盟第七框架计划ReliaWind联盟的提议，对以下信息提出了标准化的建议：

1）风电机组的分类；

2）各零部件名称的英文术语；

3）风电机组可靠性数据现场采集方法；

4）风电机组故障现场上报方法。

这些标准化的目的在于改善风电机组的现场可靠性，提高风电机组的可利用率，并降低相应的能源成本。这些问题也影响着其他行业，如海上油气、发电、输电、军事及航空。海上油气行业的可靠性数据的一个实例如OREDA所示[2]。海上油气行业可靠性数据采集的标准则在EN ISO 14224：2006中给出[3]。

11.1.2 以前的方法

在1996～2006年期间，德国联邦政府经济与科技部资助了一项基于250MW风能测试项目的风电机组可靠性数据采集活动，该次数据采集为之前所有公开数据的采集中最详细的一次，包括了WMEP项目以及现在由Fraunhofer IWES机构管理的科学量测及评估项目[4]。该数据采集是基于之前Schimid和Klein的工作进行的[5]。风电机组运营商使用标准化故障上报表格将信息返回至IWES，见附录3。Schimid和Klein[5]还提供了珍贵的数据采集表格示例。下文中的提议来源于这部分经验。

11.2 风电机组分类方法的标准化

11.2.1 引言

本节总结了几条准则和方针，分类的方法便以此为基础。该分类方法以由本书作者及其他联盟成员为欧盟第七框架计划ReliaWind联盟项目制订的一份已交付计划为基础。

分类方法应能够适用于风电机组所需要的常见的可靠性分析，如故障模式、故障效果及紧急程度分析[6]，故障率帕累托分析，可靠性增长分析以及威布尔分析。

采用此分类方法的目的在于克服数据采集方法的现有缺陷，如：

1）风电机组系统、子系统、部件、子部件及零件命名不一致；

2）所监控系统的不可追溯性；

3）风电机组技术或相关概念不明；

4）不同参与者交换数据时遇到的保密性问题。

11.2.2 分类的指导原则

风电机组分类方法，是指使用标准术语对某台风电机组主要特点进行命名的一种结构，标注术语如图11.1所示。

1）分类法必须以可靠性为导向，尤其是要考虑到分析层面。大家普遍认为，这样是对行业多种多样的需求的最好折中，通常行业里多种多样的需求可能导致一个不同的系统崩溃，具体的分组与术语则可以由简单零件的描述得到。

2）分类法将会包括风电机组技术理念中5种层次的所有零件。数据会通过风电机组技术概念的代码进行恢复，这保证了对于任意已有的数据组，风电机组模型的绘图均可以通过分类法完成。

3）分类法是在采用丹麦技术理念的风电机组的基础上制定的，该风电机组逆风运行，配有三个叶片及水平轴，不含输电线路。当行业吸收其他技术理念取得进步时，分类法也会包括其他技术理念。

4）在最高的层次中，即分类之上，风电机组的设计理念由一串编码表示。举个例

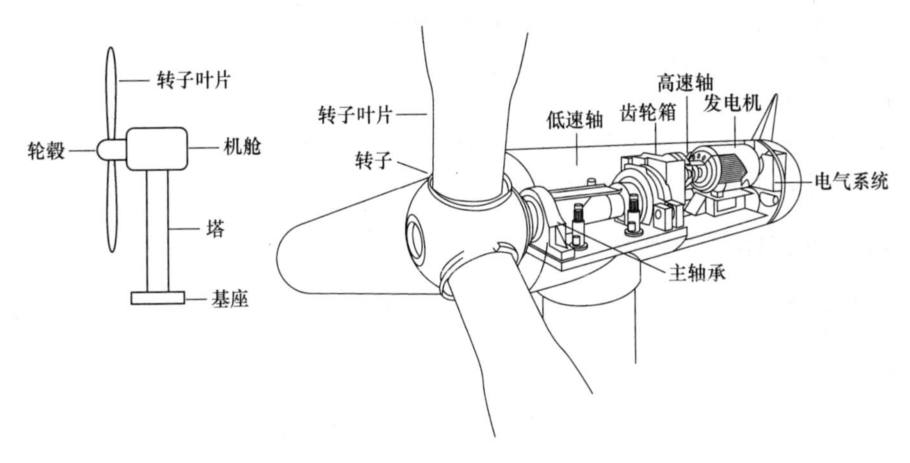

图 11.1 含术语的风电机组及其机舱布局示意图

子，采用失速调节、主动失速调节或桨距调节，转速固定或转速可变，齿轮驱动或直接驱动，双馈感应发电机、感应发电机、笼型感应发电机、绕组式发电机或永磁同步发电机均使用代码表示。即分类法中的每一项将能非常清楚地与代表不同技术理念的编码联系起来。

5）由于分类法主要用于监控与数据采集（SCADA）与运行中的风电场的可用运行日志数据，故无论是（SCADA）系统、状态监测系统（CMS）还是警报，分类法都能向风电机组提供这些监测输入/输出（I/O）的结构的相关信息。因此，I/O 装置的零件术语[7]应该与分类中的零件术语一致。

6）分类应含有 5 种互相交错的层次。每一层应该通过简短的描述进行说明，描述内容包括本层分组的原理及预期用途。

7）分类的前 5 个互相交错的层次应与图 11.2 的内容相符，例如表 11.2。分类可能未覆盖更细微的零件，如单独的电容器。如果有需要，分析人员可以添加额外的偏低分层，但这些分层必须能与分类的最高 5 层相互兼容。如果非常需要，分析人员也可以在 1 ~5 层添加额外的组成元素，通常用前缀 CUSTOM 标记，不过这样的特别手段尽可能不要使用。

8）对于每一层每一项，分类均有一个简短的字符式名称与之对应。可以预见到，虽然风电行业有时更喜欢文字编码，这些名称的分配应该与使用了字符式代码的参考文献［8］中的准则一致。

9）最低层次的零件应根据以下两类理念进行分类：

① 信号传输、监视与控制零件应按照功能进行分类，如桨距编码器归类到控制与交流系统中，而低压电气系统中的零件则应归为一类；

② 按照位置对机械零件进行分类，如齿轮、桨距系统、叶片、变频器、发电机等。

打个比方，发电机温度传感器与桨距编码器都是控制系统里的零件。然而风电机组与信号传输、监控、控制相关的零部件遍布整个风电机组，而机械装置则均位于风电机组的某个特定的地方，这一特性使两者不得不被隔离开来，详见表 11. 1。

10）对于不是很明确的内容，名称将会按照上文的顺序，先按照功能进行分类，再按照位置进行分类。

11）对于相互交叉的最底层，零件名称与不同部件中的相似零件的名称不能分不清，如桨距系统里的小齿轮与偏航系统里的小齿轮。

11. 2. 3 分类体系的结构

风电机组所采用的系统、子系统、部件、子部件和零件如图 11. 2 所示。可以认为风电机组其本身就是一个系统。

此类术语的示例如表 11. 2 所示。

含有子系统、部件和子部件的完整分类则可参考 11. 6 节。

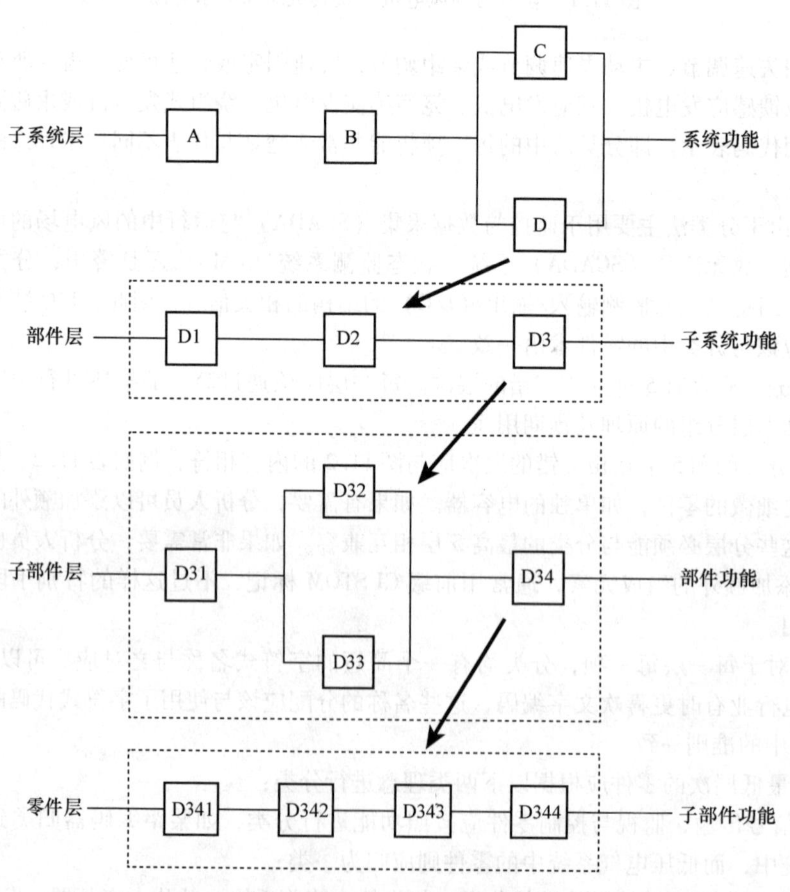

图 11. 2 系统、子系统、部件、子部件及零件结构（参照图 2. 7）

表 11.1　部件分组示例

按照功能进行分类	按照位置进行分类
控制与通信系统	发电机
雷电防护系统	桨距调节系统
110V 电气辅助系统	齿轮箱
220V 电气辅助系统	偏航系统
400V 电气辅助系统	叶片
风电机组发电系统	轮毂
SCADA 系统	主轴
采集系统	基座
电网连接装置	塔
液压系统	

表 11.2　术语应用示例

系统	子系统	部件	子部件	零件
风电机组	转子	电气桨距调节系统	调桨电动机	电刷
风电机组	驱动系统组件	齿轮箱	齿轮箱	一级行星齿轮
风电机组	电气模块	变频器	电力电子器件	IGBT（绝缘栅双极型晶体管）

11.3　收集风电机组可靠性数据的标准化方法

在 ReliaWind 联盟项目采用了以下方法，风电机组的可靠性数据应按照以下 5 个表格的形式来采集（见表 11.3）。

表 11.3　事件

风电场	风电机组编号	事件发生日期、时间	修复时长/h	实际修复时长/h	系统	子系统	部件	子部件	零件	故障模式	根本原因	维修工作种类	严重程度	其他信息
A	1	2008－04－01 11：28：01	54.2	N/A	风电机组	驱动系统	齿轮箱部件	齿轮箱	N/A	N/A	N/A	4	3	N/A
A	23	2008－04－24 01：56：11	168.4	3.5	风电机组	风能	桨距系统	N/A	N/A	N/A	N/A	3	2	N/A
B	2	2008－04－25 08：43：24	2.5	1	风电机组	发电系统	发电机部件	发电机	定子 b 相绕组	开路	电流过大	1	1	连续故障
…	…	…	…	…	…	…	…	…	…	…	…	…	…	…

实际现场运行中，记录内容如下：

风电场	应保密性的要求，风电场采用匿名的标识码
风电机组编号	风电场内风电机组的标识码
事件发生时间	采用 ISO 格式记录时间，如 yyyy - mm - dd hh：mm：ss
平均停运时间（MDT）	风电机组不在运行状态的总小时数，举个例子，该时间包括了将风电机组修复至运行状态所需要的所有时间
维修时间（TTR）	完成维修工作的实际小时数，举个例子，该时间不含与维修工作相关的后勤工作所花费的时间，比如将零件运送到现场的时间、安排技术人员所花费的时间
系统结构	所采用的系统结构如 11.2.3 节所示
子系统	子系统从一已审批的清单中选取，详见表 11.6；故障通常可以归因于某一特定的子系统
部件	部件从一已审批的清单中选取，详见表 11.6；故障通常可以归因于某一特定的部件
子部件	子部件从一已审批的清单中选取；详见表 11.6；故障通常可以归因于某一特定的子部件
零件	零件从一已审批的清单中选取；故障通常可以归因于某一特定的零件
故障模式	故障发生的方式，与故障发生的原因无关；故障模式可能比较主观，但如果能找出会非常有用
根本原因	引起故障的原因可能比较主观，但如果能找出会非常有用
维修分类	描述维修工作对故障的影响： 1. 手动重起 2. 小修 3. 大修 4. 大规模更换部件
严重程度分类	基于 4.4.3 节中的 MIL - STD - 1629A 对故障的严重程度进行描述，严重程度与系统安全、高效地完成指定功能的能力有关： 1. 轻微的 2. 不重要的 3. 临界状态的 4. 毁灭性的
附加信息	相关的评价

依据以下标准，表 11.3 中列出了详细的事件清单：

1）故障事件需要人工介入来实现机器的重起动。

2）故障事件导致了不小于 1h 的停运。

3）故障事件的记录中没有遗漏故障或时间段；如有遗漏，应记录下遗漏的时间段及响应原因。

4）表格中的每个单元应记有数据，否则应填 N/A。

表 11.4 完全来自于表 11.3，没有加入新的信息。但实际上，表 11.3 中的数据无法满足平均每个零件的故障率的计算。按照标准，故障率需要每年报告一次，但表 11.6 的信息则可以基于特定风电场已有的信息，对一年中的每个运行时段、每吉瓦时发电量，每次革新，或是其他度量下平均故障率进行计算，而不是基于某台风电机组。按照保密性的要求，这些信息可能要以整个风电场为基础进行汇总，而不是基于某台风电机组。信息可以通过图表表示，如图 3.6a 所示。

表 11.5 完全来自于表 11.4，没有加入新的信息。停运时间应以小时为单位来表示。按照保密性的要求，这些信息可能要以整个风电场为基础进行汇总，而不是基于某个风电机组。信息可以通过图表表示，如图 3.6b 所示。

表 11.4 故障率

风电场	风电机组	子系统	部件	年			
				1	2	3	…
A	1	驱动系统	齿轮箱	0	2	1	…
A	1	发电系统	发电机	2	1	2	…
A	1	风轮	桨距调节装置	1	2	1	…
…	…	…	…	…	…	…	…

表 11.5 停运时间

风电场	风电机组	子系统	部件	年			
				1	2	3	…
A	1	驱动系统	齿轮箱	24	5	1	…
A	1	发电系统	发电机	65	4	2	…
A	1	风轮	桨距调节装置	21	5	5	…
…	…	…	…	…	…	…	…

表 11.6 风电场结构

风电场	风电机组	额定功率/MW	平均风速/（m/s）	平均湍流强度	轮毂高度/m	风轮直径/m	地势类型	控制类型	…
A	20～40	1～2	6～8	0.25～0.50	60	40	海上	A	…
B	0～20	2～3	8～10	0.50～0.75	55	30	陆地上，露天	B	…
…	…	…	…	…	…	…	…	…	…

表 11.7　风电机组的其他信息

风电场	月份	发电量/GWh	旋转次数	…
A	2008－01	50	1.544×10^5	…
A	2008－02	70	2.422×10^5	…
…	…	…	…	…

表 11.6 分为两个版本：

1）表 11.6a 含有具体的数值，末端用户的数据的保密性得到保障；

2）表 11.6b 对风电联盟可见，但风电机组的具体特点不会详细给出，可识别的参数被划分到合适的范围，从而保证数据的匿名性，如以上示例所示。

"控制类型"一栏根据一标准清单进行填写。根据各风电场的可用数据，表 11.6 可以添加更多栏。

保密性的规定要求表 11.6 中的信息不能公开。进行数据测量的风电场风电机组数量最好不少于 15 台，且风电机组在受到调查委托后运行时间超过 2 年。以上表格中的数据应由风电机组运营商提供。

11.4　记录停机事件的标准化方法

本书推荐的方法是对停机事件进行描述，并将其分类成停运大于等于 1h、需要至少一次人工重起的事件，停机事件可以按照以下组别进行分类：

1）第一类：手动重起；

2）第二类：小修；

3）第三类：大修；

4）第四类：大规模更换部件。

11.5　记录故障事件的标准化方法

11.5.1　故障命名

当故障发生时，将故障的细节记录下来是很重要的。在附录 3 中的 WMEP 故障报告表采用了简单的勾选项框的方式来记录。

这使得维护工作以及根本原因分析缺少足够的细节，而下文所示的方法来自参考文献［4］的推荐，可以详细地记录故障或维护工作日志。故障的命名如 11.6 节所示，与图 11.2 所展示的结构一致，图 11.2 的示例如表 11.2 所示。推荐的故障模式包括了 ReliaWind WP2 的 WP 成员所认同的故障模式。

11.5.2　故障记录

本节提供了故障记录的大致方法，而不是尽力记录下每一种不同的故障模式。举个例子，轴承的故障可以包含：

1）内圈故障；

2）外圈故障；

3）轴承罩故障；

4）零件故障。

我们所推荐的故障记录命名方法在一定程度上是呈递归关系的，依次提及零件、子部件、部件、子系统和系统，以表 11.2 为例进行命名的过程如图 11.2 所示。举个例子，若用 11.7 节的命名方法来记录行星齿轮的轴承故障，故障描述应采用以下格式：

轴承故障：行星齿轮轴承；行星齿轮部分；齿轮箱；驱动系统；风力发电机。

11.5.3　故障位置

零件如轴承等的故障定位需要用到位置指示器，一个部件或子部件中可能有好几个位置指示器，若遇到这样的情况，可遵循以下的规定，以上文中的故障情况为例：

1）如果行星齿轮含有两级或是更多，第一级则定位最接近风力发电机转子的那一级，以此类推；

2）对于平行主轴齿轮，小齿轮转动时，齿轮被其带动；

3）齿轮箱的两端分别为转子端和发电机端；

4）当一根齿轮箱轴具有两个轴承时，距离齿轮较近的轴承称为内轴承，距离齿轮较远的轴承称为外轴承；

5）发电机轴承分为传动端（DE）和非传动端（NDE）。

11.6　风电机组分类详细列表

系统	子系统	部件	子部件	零件
风电机组	驱动系统模块	齿轮箱	轴承	承载轴承
风电机组	驱动系统模块	齿轮箱	轴承	行星齿轮轴承
风电机组	驱动系统模块	齿轮箱	轴承	轴轴承
风电机组	驱动系统模块	齿轮箱	冷却系统	软管
风电机组	驱动系统模块	齿轮箱	冷却系统	泵
风电机组	驱动系统模块	齿轮箱	冷却系统	散热器
风电机组	驱动系统模块	齿轮箱	齿轮	空心轴
风电机组	驱动系统模块	齿轮箱	齿轮	行星齿轮架
风电机组	驱动系统模块	齿轮箱	齿轮	行星齿轮
风电机组	驱动系统模块	齿轮箱	齿轮	环形齿轮
风电机组	驱动系统模块	齿轮箱	齿轮	正齿轮
风电机组	驱动系统模块	齿轮箱	齿轮	中心齿轮

（续）

系统	子系统	部件	子部件	零件
风电机组	驱动系统模块	齿轮箱	外壳	套管
风电机组	驱动系统模块	齿轮箱	外壳	机箱
风电机组	驱动系统模块	齿轮箱	外壳	支架
风电机组	驱动系统模块	齿轮箱	外壳	转矩臂系统
风电机组	驱动系统模块	齿轮箱	润滑系统	软管
风电机组	驱动系统模块	齿轮箱	润滑系统	电动机
风电机组	驱动系统模块	齿轮箱	润滑系统	电动机
风电机组	驱动系统模块	齿轮箱	润滑系统	主过滤器
风电机组	驱动系统模块	齿轮箱	润滑系统	泵
风电机组	驱动系统模块	齿轮箱	润滑系统	蓄油箱
风电机组	驱动系统模块	齿轮箱	润滑系统	密封
风电机组	驱动系统模块	齿轮箱	润滑系统	二次过滤器
风电机组	驱动系统模块	齿轮箱	传感器	磨粒
风电机组	驱动系统模块	齿轮箱	传感器	油位
风电机组	驱动系统模块	齿轮箱	传感器	压力 1
风电机组	驱动系统模块	齿轮箱	传感器	压力 2
风电机组	驱动系统模块	齿轮箱	传感器	温度
风电机组	驱动系统模块	发电机	冷却系统	冷却风扇
风电机组	驱动系统模块	发电机	冷却系统	过滤器
风电机组	驱动系统模块	发电机	冷却系统	软管
风电机组	驱动系统模块	发电机	冷却系统	散热器
风电机组	驱动系统模块	发电机	润滑系统	泵
风电机组	驱动系统模块	发电机	润滑系统	蓄油箱
风电机组	驱动系统模块	发电机	转子	换向器
风电机组	驱动系统模块	发电机	转子	励磁机
风电机组	驱动系统模块	发电机	转子	电阻控制器
风电机组	驱动系统模块	发电机	转子	转子铁心片
风电机组	驱动系统模块	发电机	转子	转子绕组
风电机组	驱动系统模块	发电机	转子	集电环
风电机组	驱动系统模块	发电机	传感器	核心温度传感器
风电机组	驱动系统模块	发电机	传感器	编码器
风电机组	驱动系统模块	发电机	传感器	功率表
风电机组	驱动系统模块	发电机	定子	磁铁
风电机组	驱动系统模块	发电机	定子	定子铁心片
风电机组	驱动系统模块	发电机	定子	定子绕组
风电机组	驱动系统模块	发电机	结构型及机械型子部件	前轴承
风电机组	驱动系统模块	发电机	结构型及机械型子部件	外壳
风电机组	驱动系统模块	发电机	结构型及机械型子部件	后轴承
风电机组	驱动系统模块	发电机	结构型及机械型子部件	轴
风电机组	驱动系统模块	发电机	结构型及机械型子部件	阻尼器
风电机组	驱动系统模块	主传动轴组	高速侧	联接器
风电机组	驱动系统模块	主传动轴组	高速侧	转子制动器
风电机组	驱动系统模块	主传动轴组	高速侧	轴
风电机组	驱动系统模块	主传动轴组	高速侧	传动轴
风电机组	驱动系统模块	主传动轴组	低速侧	支撑轴承
风电机组	驱动系统模块	主传动轴组	低速侧	压缩联轴节
风电机组	驱动系统模块	主传动轴组	低速侧	连接片

（续）

系统	子系统	部件	子部件	零件
风电机组	驱动系统模块	主传动轴组	低速侧	主轴承密封
风电机组	驱动系统模块	主传动轴组	低速侧	主轴承温度传感器
风电机组	驱动系统模块	主传动轴组	低速侧	主轴
风电机组	驱动系统模块	主传动轴组	低速侧	径向轴承
风电机组	驱动系统模块	主传动轴组	低速侧	转子制动器
风电机组	驱动系统模块	主传动轴组	低速侧	集电环
风电机组	驱动系统模块	主传动轴组	机械制动器	卡尺
风电机组	驱动系统模块	主传动轴组	机械制动器	圆盘
风电机组	驱动系统模块	主传动轴组	机械制动器	衬垫
风电机组	驱动系统模块	主传动轴组	机械制动器	变速齿轮箱锁
风电机组	驱动系统模块	主传动轴组	传感器	高速传感器
风电机组	驱动系统模块	主传动轴组	传感器	低速传感器
风电机组	驱动系统模块	主传动轴组	传感器	位置传感器
风电机组	电气模块	辅助电气系统	电气辅助	直流24V馈线
风电机组	电气模块	辅助电气系统	电气辅助	辅助变压器
风电机组	电气模块	辅助电气系统	电气辅助	制动器
风电机组	电气模块	辅助电气系统	电气辅助	电气柜
风电机组	电气模块	辅助电气系统	电气辅助	风扇
风电机组	电气模块	辅助电气系统	电气辅助	熔丝
风电机组	电气模块	辅助电气系统	电气辅助	电网继电保护
风电机组	电气模块	辅助电气系统	电气辅助	照明
风电机组	电气模块	辅助电气系统	电气辅助	机械开关
风电机组	电气模块	辅助电气系统	电气辅助	电源插座
风电机组	电气模块	辅助电气系统	电气辅助	保护柜
风电机组	电气模块	辅助电气系统	电气辅助	按钮
风电机组	电气模块	辅助电气系统	电气辅助	继电器
风电机组	电气模块	辅助电气系统	电气辅助	局部供热器
风电机组	电气模块	辅助电气系统	电气辅助	电涌放电器
风电机组	电气模块	辅助电气系统	电气辅助	热保护
风电机组	电气模块	辅助电气系统	电气辅助	不间断电源
风电机组	电气模块	辅助电气系统	防雷系统	接闪器
风电机组	电气模块	辅助电气系统	防雷系统	连接零件
风电机组	电气模块	辅助电气系统	防雷系统	接地线
风电机组	电气模块	辅助电气系统	防雷系统	接地避雷组
风电机组	电气模块	辅助电气系统	防雷系统	滑动触点
风电机组	电气模块	辅助电气系统	防雷系统	火花隙系统
风电机组	电气模块	辅助电气系统	防雷系统	电涌放电器
风电机组	电气模块	控制与通信系统	辅助设施	制动器
风电机组	电气模块	控制与通信系统	辅助设施	通信柜温度传感器
风电机组	电气模块	控制与通信系统	辅助设施	电缆
风电机组	电气模块	控制与通信系统	辅助设施	接触器
风电机组	电气模块	控制与通信系统	通信系统	模拟I/O单元
风电机组	电气模块	控制与通信系统	通信系统	数字I/O单元
风电机组	电气模块	控制与通信系统	通信系统	以太网模块
风电机组	电气模块	控制与通信系统	通信系统	现场总线主控器
风电机组	电气模块	控制与通信系统	通信系统	现场总线受控器

（续）

系统	子系统	部件	子部件	零件
风电机组	电气模块	控制与通信系统	通信系统	频率单元
风电机组	电气模块	控制与通信系统	状态监测系统	状态电缆
风电机组	电气模块	控制与通信系统	状态监测系统	数据记录器
风电机组	电气模块	控制与通信系统	状态监测系统	数据记录器的协议配置卡
风电机组	电气模块	控制与通信系统	状态监测系统	传感器
风电机组	电气模块	控制与通信系统	控制器硬件	控制器电源
风电机组	电气模块	控制与通信系统	控制器硬件	CPU
风电机组	电气模块	控制与通信系统	控制器硬件	内部通信系统
风电机组	电气模块	控制与通信系统	控制器硬件	主 I/O 单元
风电机组	电气模块	控制与通信系统	控制器硬件	监控单元
风电机组	电气模块	控制与通信系统	控制器软件	闭环控制软件
风电机组	电气模块	控制与通信系统	控制器软件	监管控制软件
风电机组	电气模块	控制与通信系统	安全链	紧急按钮
风电机组	电气模块	控制与通信系统	安全链	最高速度开关
风电机组	电气模块	控制与通信系统	安全链	电源开关
风电机组	电气模块	控制与通信系统	安全链	短路开关
风电机组	电气模块	控制与通信系统	安全链	振动开关
风电机组	电气模块	控制与通信系统	安全链	监控开关
风电机组	电气模块	控制与通信系统	安全链	结束开关
风电机组	电气模块	变频器	变流器辅助设备	辅助电源
风电机组	电气模块	变频器	变流器辅助设备	柜体
风电机组	电气模块	变频器	变流器辅助设备	柜体加热系统
风电机组	电气模块	变频器	变流器辅助设备	柜体传感器
风电机组	电气模块	变频器	变流器辅助设备	通信与接口单元
风电机组	电气模块	变频器	变流器辅助设备	控制板
风电机组	电气模块	变频器	变流器辅助设备	发电机侧风扇
风电机组	电气模块	变频器	变流器辅助设备	电网侧风扇
风电机组	电气模块	变频器	变流器辅助设备	量测单元
风电机组	电气模块	变频器	变流器辅助设备	电源
风电机组	电气模块	变频器	变流器辅助设备	电源 24V
风电机组	电气模块	变频器	变流器辅助设备	转速表接头
风电机组	电气模块	变频器	变流器辅助设备	恒温器
风电机组	电气模块	变频器	变流器辅助设备	分路器
风电机组	电气模块	变频器	变流器辅助设备	电容器
风电机组	电气模块	变频器	变流器辅助设备	接触器
风电机组	电气模块	变频器	变流器辅助设备	发电机侧变流器
风电机组	电气模块	变频器	变流器辅助设备	发电机侧电源模块
风电机组	电气模块	变频器	变流器辅助设备	电网侧变流器
风电机组	电气模块	变频器	变流器辅助设备	电网侧电源模块
风电机组	电气模块	变频器	变流器辅助设备	电感
风电机组	电气模块	变频器	变流器辅助设备	负荷开关
风电机组	电气模块	变频器	变流器辅助设备	预充电单元
风电机组	电气模块	变频器	电源调节	共模滤波器
风电机组	电气模块	变频器	电源调节	撬棍电路
风电机组	电气模块	变频器	电源调节	直流斩波电路
风电机组	电气模块	变频器	电源调节	发电机侧滤波器

（续）

系统	子系统	部件	子部件	零件
风电机组	电气模块	变频器	电源调节	线路滤波器
风电机组	电气模块	变频器	电源调节	极限电压单元
风电机组	电气模块	电源电气系统	量测	
风电机组	电气模块	电源电气系统	量测	
风电机组	电气模块	电源电气系统	电源电路	电缆
风电机组	电气模块	电源电气系统	电源电路	电机接触器
风电机组	电气模块	电源电气系统	电源电路	电机变压器
风电机组	电气模块	电源电气系统	电源电路	中压母线/隔离器
风电机组	电气模块	电源电气系统	电源电路	中压开关
风电机组	电气模块	电源电气系统	电源电路	软启动电子设备
风电机组	机舱模块	液压系统	液压电源组	电动机
风电机组	机舱模块	液压系统	液压电源组	泵
风电机组	机舱模块	液压系统	液压电源组	压力泵
风电机组	机舱模块	液压系统	液压电源组	过滤器
风电机组	机舱模块	液压系统	致动器	套管
风电机组	机舱模块	液压系统	致动器	气缸
风电机组	机舱模块	液压系统	致动器	软管/配件
风电机组	机舱模块	液压系统	致动器	液压线性驱动
风电机组	机舱模块	液压系统	致动器	极限开关
风电机组	机舱模块	液压系统	致动器	联动装置
风电机组	机舱模块	液压系统	致动器	各类液压系统
风电机组	机舱模块	液压系统	致动器	位置控制器
风电机组	机舱模块	液压系统	致动器	比例阀
风电机组	机舱模块	液压系统	致动器	泵
风电机组	机舱模块	液压系统	变扭器	
风电机组	机舱模块	液压系统	差速器	
风电机组	机舱模块	液压系统	粘液耦合器	
风电机组	机舱模块	机舱辅助	气象传感器	风速计
风电机组	机舱模块	机舱辅助	气象传感器	风向标
风电机组	机舱模块	机舱辅助	机舱传感器	紧急振动传感器
风电机组	机舱模块	机舱辅助	机舱传感器	偏航编码器
风电机组	机舱模块	机舱辅助	安全系统	信号灯
风电机组	机舱模块	机舱辅助	安全系统	引下线
风电机组	机舱模块	机舱辅助	安全系统	防坠器
风电机组	机舱模块	机舱辅助	安全系统	消防系统
风电机组	机舱模块	机舱辅助	安全系统	机舱外罩金属网
风电机组	机舱模块	机舱辅助	安全系统	防雷终端
风电机组	机舱模块	机舱辅助	安全系统	起重机
风电机组	机舱模块	机舱辅助	底座	螺栓
风电机组	机舱模块	机舱辅助	底座	铸件或焊接结构零件
风电机组	机舱模块	偏航系统	外壳	玻璃纤维
风电机组	机舱模块	偏航系统	外壳	舱口
风电机组	机舱模块	偏航系统	发电机结构	螺栓
风电机组	机舱模块	偏航系统	发电及结构	铸件或焊接结构零件
风电机组	机舱模块	偏航系统	偏航制动器	偏航制动器卡钳
风电机组	机舱模块	偏航系统	偏航制动器	偏航制动器片

（续）

系统	子系统	部件	子部件	零件
风电机组	机舱模块	偏航系统	偏航制动器	偏航制动器软管
风电机组	机舱模块	偏航系统	偏航制动器	偏航制动器线路
风电机组	机舱模块	偏航系统	偏航驱动	阻尼器
风电机组	机舱模块	偏航系统	偏航驱动	偏航轴承
风电机组	机舱模块	偏航系统	偏航驱动	偏航齿轮箱
风电机组	机舱模块	偏航系统	偏航驱动	偏航电动机
风电机组	机舱模块	偏航系统	偏航驱动	偏航小齿轮
风电机组	机舱模块	偏航系统	偏航传感器	终止计数器
风电机组	机舱模块	偏航系统	偏航传感器	偏航编码器
风电机组	转子模块	叶片	叶片防雷终端	叶片防雷终端
风电机组	转子模块	叶片	叶片防雷引下线	叶片防雷引下线
风电机组	转子模块	叶片	去冰系统	去冰系统
风电机组	转子模块	叶片	前缘连接	前缘连接
风电机组	转子模块	叶片	螺母和螺栓	螺母和螺栓
风电机组	转子模块	叶片	油漆与图层	油漆与图层
风电机组	转子模块	叶片	转子底部结构	转子底部结构
风电机组	转子模块	叶片	夹层外壳	夹层外壳
风电机组	转子模块	叶片	翼梁盒	翼梁盒
风电机组	转子模块	叶片	翼梁帽	翼梁帽
风电机组	转子模块	叶片	翼梁肋	翼梁肋
风电机组	转子模块	叶片	后缘连接	后缘连接
风电机组	转子模块	轮毂	舱口	舱口
风电机组	转子模块	轮毂	锥体	锥体
风电机组	转子模块	桨距调节系统	桨距柜	电池
风电机组	转子模块	桨距调节系统	桨距柜	电池充电器
风电机组	转子模块	桨距调节系统	桨距柜	加热器
风电机组	转子模块	桨距调节系统	桨距柜	局部控制器
风电机组	转子模块	桨距调节系统	桨距柜	配电盘
风电机组	转子模块	桨距调节系统	桨距驱动	电动机
风电机组	转子模块	桨距调节系统	桨距驱动	电动机冷却零件
风电机组	转子模块	桨距调节系统	桨距驱动	电动机冷却系统
风电机组	转子模块	桨距调节系统	桨距驱动	电动机驱动
风电机组	转子模块	桨距调节系统	桨距驱动	小齿轮
风电机组	转子模块	桨距调节系统	桨距驱动	桨距轴承
风电机组	转子模块	桨距调节系统	桨距驱动	桨距齿轮箱
风电机组	转子模块	桨距调节系统	桨距传感器	位置编码器
风电机组	转子模块	桨距调节系统	桨距传感器	温度传感器
风电机组	转子模块	桨距调节系统	桨距传感器	电压表
风电机组	支撑结构	基座	重力基座	混凝土
风电机组	支撑结构	基座	重力基座	钢筋
风电机组	支撑结构	基座	单桩	防腐蚀保护
风电机组	支撑结构	基座	单桩	桩
风电机组	支撑结构	基座	单桩	过渡连接件
风电机组	支撑结构	基座	陆上部件	混凝土
风电机组	支撑结构	基座	陆上部件	螺母和螺栓
风电机组	支撑结构	基座	陆上部件	桩

（续）

系统	子系统	部件	子部件	零件
风电机组	支撑结构	基座	陆上部件	钢筋
风电机组	支撑结构	基座	空间框架/三脚架	防腐蚀保护
风电机组	支撑结构	基座	空间框架/三脚架	桩
风电机组	支撑结构	基座	空间框架/三脚架	结构
风电机组	支撑结构	塔架	进入现场设备	梯子
风电机组	支撑结构	塔架	进入现场设备	停机坪
风电机组	支撑结构	塔架	进入现场设备	防雷
风电机组	支撑结构	塔架	塔架	攀爬辅助设备
风电机组	支撑结构	塔架	塔架	维修吊车
风电机组	支撑结构	塔架	塔架	螺母和螺栓
风电机组	支撑结构	塔架	塔架	油漆/涂层
风电机组	支撑结构	塔架	塔架	塔节
风电场	采集系统	电缆	电缆	电缆
风电场	气象站	气象站	气象站	气象站
风电场	运行设备	运行设备	运行设备	运行设备
风电场	变电站	并网部件	高压线路	高压线路
风电场	变电站	并网部件	变电站变压器	变电站变压器
风电场	变电站	并网部件	设施通信及控制	设施通信及控制

11.7　风电机组故障命名详细列表

子系统	部件	子部件或零件	ReliaWind WP2 认定的故障或故障模式
基座	单桩		冲刷；侵蚀；腐蚀
	三脚架		侵蚀；腐蚀
	重力基线		冲刷；侵蚀
	过渡连接件		泥浆下滑；泥浆流失
	顶托支架		疲劳
	螺栓		疲劳；腐蚀；侵蚀
塔架	结构		疲劳
	螺栓		腐蚀；超载；疲劳
	攀爬系统		腐蚀；超载
	升降机		电动机故障；联锁故障
转子模块	转子	转子轮毂	断裂；腐蚀
		转子叶片	机械不平衡；空气动力不平衡
		柱体	开裂；外层脱落
		涂层	表面粗糙化；撞击
		分层	脱落；雷击破坏；撞击
		前缘	侵蚀；结冰
		后缘	脱落；结冰
		翼尖制动器	尖端损毁
		翼尖制动器电线	被勾住；损坏
转子模块	桨距调节系统		调桨轴承故障；卡住；超载；电动机故障
	桨距调节系统		液压用油污染；液压用油泄漏；液压泵故障
	桨距调节系统		集电环磨损

（续）

子系统	部件	子部件或零件	ReliaWind WP2 认定的故障或故障模式
	桨距调节系统		叶片配错；空气动力不平衡
机舱模块	偏航系统		偏航轴承故障；偏航环故障；偏航环变形或损坏；偏航电动机故障；偏航制动器故障；偏航制动器卡住；偏航校准误差
	液压系统	液压电源组；电动机	绕组故障；温度过高
		液压电源组；泵	温度过高；密封失效
		液压电源组；压力阀	密封失效
		液压电源组；过滤器	堵塞
	风速计		结冰；卡住；校准漂移；撞击
	风向标		结冰；卡住；校准漂移；撞击
	电气系统		见子系统
	接入系统		磨损；松动；破损
	发电机支撑结构		开裂；弯曲；松动
驱动系统	主轴承		轴承故障；未对准；润滑问题
	主轴		开裂；永久弯曲
	机械制动器		垫片磨损；过热；制动盘磨损；液压故障
	齿轮箱	齿轮箱体	断裂
		悬吊系统	磨损；松动
		转矩臂	磨损；松动
		润滑系统	润滑剂损耗；润滑剂被污染；润滑剂泵故障；润滑剂过滤器堵塞；润滑剂喷嘴堵塞
		行星齿轮零件，行星架	润滑问题
		行星齿轮零件，行星轴承	轴承故障；润滑问题
		行星齿轮零件，行星齿轮	轮齿故障；润滑问题
		行星齿轮零件，内齿轮	轮齿故障；润滑问题；断裂
		行星齿轮零件，中心齿轮	轮齿故障；润滑问题
		行星齿轮零件，轴	开裂；周期损坏
		平行轴零件，齿轮	轮齿故障；润滑问题
		平行轴零件，轴承	轴承故障；润滑问题
		平行轴零件，小齿轮	轮齿故障；润滑问题
		平行轴零件，轴	开裂；周期损坏
		高速轴	开裂；永久弯曲
	发电机	联结器	未对准；老化；磨损
		转子	断裂

（续）

子系统	部件	子部件或零件	ReliaWind WP2 认定的故障或故障模式
		转子绕组	匝短路；接地故障；线棒损坏
		定子	匝短路；接地故障
		定子绕组	匝短路；接地故障
		轴承	轴承故障；润滑故障
		定子冷却系统	堵塞；温度过高
		集电环	电刷磨损；温度过高
		编码器	编码器故障
电气模块	变频器	电力电子器件	器件故障；连接处故障
		电网侧滤波器	器件故障
		电网侧逆变器	IGBT 故障；温度过高
		直流母线	电容器故障
		发电机侧逆变器	IGBT 故障；温度过高
		发电机侧滤波器	器件故障
		撬棍电路	晶闸管故障
		撬棍电阻	温度过高；元件故障；熔丝故障
		直流斩波电路	元件故障
		直流斩波电阻	温度过高；元件故障；熔丝故障
	变压器	绕组	绕组故障；温度过高
		铁心	温度过高
		油系统	油变质；温度过高
	开关柜		断路器故障

11.8　参考文献

[1] IEC 61400-3:2010 draft. Wind turbines – Design requirements for offshore wind turbines. International Electrotechnical Commission

[2] OREDA, offshore reliability data:

- OREDA-1984. *Offshore Reliability Data Handbook*. 1st edn. VERITEC – Marine Technology Consultants, PennWell Books
- OREDA-1997. *Offshore Reliability Data Handbook*. 3rd edn. SINTEF Industrial Management. Det Norske Veritas, Norway
- OREDA-2002. *Offshore Reliability Data Handbook*. 4th edn. SINTEF Industrial Management. Det Norske Veritas, Norway

[3] EN ISO 14224:2006, Petroleum, petrochemical and natural gas industries – Collection and exchange of reliability and maintenance data for equipment

[4] Faulstich S., Durstewitz M., Hahn B., Knorr K., Rohrig K. Windenergie Report. Institut für solare Energieversorgungstechnik, Kassel, Deutschland; 2008

[5] Schmid J., Klein H.P. *Performance of European Wind Turbines*. London and New York: Elsevier, Applied Science; 1991. ISBN 1-85166-737-7

[6] Arabian-Hoseynabadi H., Oraee H., Tavner P.J. 'Failure modes and effects analysis (FMEA) for wind turbines'. *International Journal of Electrical Power & Energy Systems*. 2010;**32**(7):817–24

[7] IEC 61400-25-6:2010. Wind turbines – Communications for monitoring and control of wind power plants – Logical node classes and data classes for condition monitoring. International Electrotechnical Commission

[8] VGB PowerTech, Guideline, Reference Designation System for Power Plants, RDS-PP, Application Explanation for Wind Power Plants, VGB-B 116 D2. 1st edn. 2007

第 12 章

附录 3：WMEP 运行人员报告表

******* (公司名称)
维护和维修报告

工作完成时间：日 | 月 | 年

报告编号：

邮编

风电场ID编号

故障原因

- ☐ 风速过大
- ☐ 电网故障
- ☐ 雷击
- ☐ 结冰
- ☐ 控制系统故障
- ☐ 零件磨损或故障
- ☐ 零件松动
- ☐ 其他原因
- ☐ 不明原因

维修程序

- ☐ 计划性维护(仅含检查及功能检验)
- ☐ 计划性维护，含磨损零件的替换或故障排除
- ☐ 故障发生后，计划外的维护或维修工作

故障影响

- ☐ 超速
- ☐ 超载
- ☐ 噪声
- ☐ 振动
- ☐ 输出功率减少
- ☐ 引起后续故障
- ☐ 风电场停运
- ☐ 其他后果

停运次数

☐ 未停运　☐ 停运

从

到

日　月　年

小时计数器读数

故障排除

无需后续维修的非故障排除型操作

- ☐ 控制复位
- ☐ 改变控制参数

维修或更换的零件：

- ☐ 转子轮毂
  - ☐ 轮毂
  - ☐ 变桨距装置
  - ☐ 桨距轴承
- ☐ 转子叶片
  - ☐ 叶片螺栓
  - ☐ 叶片外壳
  - ☐ 空气制动器
- ☐ 发电机
  - ☐ 绕组
  - ☐ 电刷
  - ☐ 轴承
- ☐ 电气系统
  - ☐ 逆变器
  - ☐ 熔丝
  - ☐ 开关
  - ☐ 电缆/接线
- ☐ 传感器
  - ☐ 风力计/风向标
  - ☐ 振动测控器
  - ☐ 温度开关
  - ☐ 油压开关
  - ☐ 功率传感器
  - ☐ 转速表
- ☐ 控制系统
  - ☐ 电子控制单元
  - ☐ 继电器
  - ☐ 量测装置电缆及接线
- ☐ 齿轮箱
  - ☐ 轴承
  - ☐ 齿轮
  - ☐ 齿轮轴
  - ☐ 密封
- ☐ 机械制动器
  - ☐ 制动盘
  - ☐ 制动片
  - ☐ 闸瓦
- ☐ 驱动系统
  - ☐ 转子轴承
  - ☐ 驱动轴
  - ☐ 联轴器
- ☐ 液压系统
  - ☐ 液压泵
  - ☐ 泵电动机
  - ☐ 阀门
  - ☐ 液压管道/软管
- ☐ 偏航系统
  - ☐ 偏航轴承
  - ☐ 偏航电动机
  - ☐ 齿轮
- ☐ 结构零件/外壳
  - ☐ 基座
  - ☐ 塔/塔架螺栓
  - ☐ 机舱框架
  - ☐ 机舱外壳
  - ☐ 梯子/起重机

成本计算结果

材料		英镑
人工		英镑
交通		英镑
总成本(含税)		英镑

注解

运行人员

地点/日期

签名

更换的主要零件

若有完整零件被更换，请打钩

- ☐ 机舱
- ☐ 转子叶片
- ☐ 转子轮毂
- ☐ 齿轮箱
- ☐ 发电机
- ☐ 偏航系统
- ☐ 塔
- ☐ 控制柜
- ☐ 电网侧变压器

来源：第 11 章参考文献［4］。

第 13 章

附录 4：商用风电机组 SCADA 系统

13.1 引言

风电场现有的 SCADA 数据流是个有价值的资源，它可以被风电机组原始设备生产商（OEM）、运营商和其他观测的专家系统监控，来达到使风电机组性能最优化的目的。为了有效地进行 SCADA 数据分析，一些数据分析的工具是必备的。

这项调查主要探讨了当今风电机组工业中正在使用的商用 SCADA 系统。

13.2 SCADA 数据

SCADA 系统是一种在大型风电机组和风电场中的标准装置，它们的数据是从独立风电机组控制器中采集的。根据参考文献［1］中所述，SCADA 系统利用安装在风电机组上的传感器——比如风速计、热电偶和开关——来评估风电机组及其子系统的状态。这些期间的信号以较低的频率进行监控与记录，通常为 10min 一次。SCADA 数据展示了风电机组的运行情况。现今，很多大型风电机组都安装有状态监测系统（CMS），如加速度计、着陆高度计和油粒计数器等对转子驱动系统进行监控。通常 CMS 是和 SCADA 系统分离开来的，并且它采集数据的速率要快得多。

通过分析 SCADA 数据，可以观察到不同信号间的关系，也因此可以推断出风电机组子装置的健康状况。从实用性的角度考虑，如果数据可以被自动分析与转换从而来支持运行设备使其检测出缺陷，那将会是十分有益的。

13.3 商用 SCADA 数据分析工具

表 13.1 是基于网上收集的信息而提供的一份可用的 SCADA 系统的摘要。产品顺序是依据产品名称的首字母排序而来的。

表 13.1 商用 SCADA 系统

序号	产品与公司信息			产品详情	
	产品名称	所属公司	原产国	描述	主要功能
1	BaxEnergy 风力仪表盘[2]	BaxEnergy GmbH	德国	BaxEnergy 风力仪表盘可以提供一套广泛而完整的 SCADA 系统应用和软件的定制服务	实时数据获取与可视化，警报分析与数据汇报
2	CitectSCADA[3]	施耐德电气	澳大利亚	CitectSCADA 对任何工业自动监控和控制应用来说都是一个可靠、灵活并且性能很好的系统	图像过程可视化，优越的警报管理，内建报告功能和强大的分析工具
3	CONCERTO[4]	AVL	奥地利	CONCERTO 是一个商用分析和后处理系统，可以处理大量数据	一种有多种应用的工具，可完成所有数据后处理任务，拥有高级的数据管理功能
4	Enercon SCADA 系统[5]	Enercon	美国	Enercon 公司的 SCADA 系统被用来获取数据，远程监控，对独立风电机组和风电场进行开闭环控制。它使得用户和 Enercon 服务都可以监控设备运行状态并且分析存储的运行数据	请求状态数据，存储运行数据，为风电场提供通信和回路控制
5	Gamesa 风网[6]	Gamesa	西班牙	在风电场中的风网 SCADA 系统是由基于 Windows 技术的基本软硬件平台构成。用户界面操作方便，可以使用有关风电场（包括诸如风电机组、气象天线和变电站等设备）的最大监管与控制的具体 SCADA 应用选项	风电机组与气象天线的监管与控制，警报与警告管理，汇报生成和用户管理
6	GE - HMI/SCADA - iFIX 5.1[7]	通用电气	美国	iFIX 是一个性能优越的实时信息管理和 SCADA 解决方案。它开放、灵活并且可扩展，具有引人注目的下一代可视化技术、可靠的控制引擎、强大的嵌入式历史数据库以及更多功能	实时数据管理和控制，信息分析
7	GH SCADA[8]	劳氏加勒德哈森（GL Garrad Hassan）	德国	GH SCADA 是由加勒德哈森和风电机组原始设备生产商（OEM）、风电场运营者、开发者和资助者联合设计的，可以满足所有有关风电场运行、分析和报告的功能需求	独立风电机组的远程控制，在线数据观测、汇报和分析
8	可再生能源 ICONICS[8]	ICONICS	美国	ICONICS 公司提供完整运行的入口，包括能源分析、数据历史和报告、有气象更新的 GEO SCADA	为全部运行、历史数据和报告、含气象更新信息的 GEO SCADA 数据提供传送服务
9	InduSoft 风电解决方案	InduSoft	美国	InduSoft 网络工作室软件带来一个功能强大的 HMI/SCADA 包裹，它可以监控和调整任何控制器或逻辑控制器中的运行集合点	风电机组监控、维护协助和控制室

（续）

序号	产品与公司信息			产品详情	
	产品名称	所属公司	原产国	描述	主要功能
10	INGESYS 风力信息技术（Wind IT）[10]	IngeTeam	西班牙	INGESYS Wind IT 完全可以将所有的风电场集成到一个系统里。它提供了高级的报告服务	高级报告，用户/服务商体系结构，标准协议与格式
11	reSCADA[11]	Kinetic 自动化	美国	reSCADA 专门致力于可再生能源行业。在发展 HMI/SCADA 过程中可以节约时间、精力和成本	Office 2007 GUI 格式，数据可视化，日记和测绘工具
12	SgurrTREND[13]	SgurrEnergy	英国	SgurrEnergy 公司提供的多种风力监控方案可以在预期的风电场地点评估那里风力资源的潜力，并提供一站式服务，从应用规划、数据收集和天线撤除到能量产量预测的风力分析服务，项目规划和设计服务	风力监控，数据处理和存档，以及报告服务
13	SIMAP（第 7 章参考文献［10］）	Molinos Del Ebro，S. A.	西班牙	SIMAP 是基于人工智能技术的。它可以创造并动态适应正被监控的风电机组的维修日历。有关这项预测性维护方法的新颖性和正确性已经在风电机组中被测试过了	持续性的数据收集和信息处理，失败风险预测以及动态维护日程
14	Wind Capture[14]	SCADA 解决方案（solutions）	加拿大	WindCapture 是个用来监测、控制、采集数据以及向风电机组汇报的软件包。它是专门为风能项目和设施的原始设备生产商、运营商、开发商和维修管理者的需求而设计的	最准确的实时数据汇报，高级 GUI
15	风力系统（Wind Systems）[15]	SmartSignal	美国	SmartSignal 对实时数据进行分析，并对风电场即将可能产生的问题进行探测和提醒，使得风电场拥有者可以更早和更有效地解决问题	模型维护，监控服务和预测性诊断
16	风力资产监控解决方案（Wind Asset Monitoring Solution）[12]	Matrikon	加拿大	该方案弥补了仪器仪表和管理系统之间的隔阂，通过恢复以及更好地管理难以获取的数据来保证并维持运行的出色性	监控和管理所有远程资产，杠杆调节和整合 SCADA 与 CMMS

从表 13.1 的摘要总结中可以看出：

1）有 3 种产品的开发是与风电机组原始设备生产商有关联的（4、5 和 6）；

2）有 2 种产品是可再生能源咨询公司开发的（7 和 12）；

3）有 9 种产品是由工业用软件公司开发的，包括风电机组控制器的生产商（1、2、3、8、9、11、14、15 和 16）；

4）有 1 种产品是由风电机组运营商开发的（13）；

5）有1种产品是由电气设备供应商开发的（10）。

在这16种产品中，Gamesa 风网（5）和 Enercon SCADA 系统（4）属于风电场集群管理系统。两者都为独立风电机组和风电场的数据获取、远程监控、开闭环控制和数据分析提供了框架。Enercon SCADA 系统于1998年投入使用，现在已被用来连接超过11000台风电机组。Gamesa WindNet 为连接到一个运行中心的风电场提供了一个广域网（WAN）系统。

GE - HMI/SCADA - iFIX 5.1（6）是由通用电气公司开发的，它也是一家风电机组原始设备生产商。它完美地契合了SCADA复杂的实际应用。其软件也使得风电场运行的智能控制更快更好，可视性更强。

GH SCADA（7）和 SgurrTREND（12）是由可再生能源咨询公司与风电机组原始设备生产商、风电场运营商、开发商和赞助商联合开发的，来满足所有有关风电场运营、分析和汇报方面的需求。

CONCERTO（3）不是专门为SCADA数据分析设计的。它是一项通用的数据后处理工具，主要被用在对任何一种获得的数据的快速与直观的信号分析、验证、关联和汇报。Gray 和 Watson 两人曾使用它来分析风电机组 SCADA 数据（第7章参考文献［9］）。

SIMAP（13）是基于人工智能技术的。这项预测性维护方法的新型性和正确性已在风电机组中被测试过。SIMAP 已被用在一家名为 Molinos del Ebro，S. A. 的西班牙风能公司下属的风电场（第7章参考文献［10］）。

INGESYS Wind IT（10）是由一家名为 IngeTeam 的电气设备供应商开发的。此系统的目标是将风电场集成到一个单一系统中然后来优化风电场管理。INGESYS Wind IT 同时也为功率曲线分析、故障、警报和用户报告提供高级汇报服务。

其他产品如 BaxEnergy 风力仪表盘（1）、CitectSCADA（2）、可再生能源 ICONICS（8）、InduSoft 风电解决方案（9）、reSCADA（11）、WindCapture（14）、Wind Systems（15）、Matrikon 风力资产监控解决方案（16），都是由工业用软件公司开发的，它们集成了SCADA系统来为风电机组自动化、监测和控制提供可靠、灵活和高性能的应用。

13.4 小结

通过此项调查中可以得出以下结论：

1）对于风电行业来说现在有多种商用SCADA系统可用。

2）大多数商用SCADA系统都可以进行实时数据分析。

3）各SCADA系统中应用的性能分析技术不尽相同，从专门的统计方法到人工智能都有应用。

4）成功的SCADA系统为风电场提供集群管理。它们为数据获取、警报管理、汇报和分析、产品预测和气象更新提供了框架。

5）一些嵌入式诊断技术可以诊断出风电机组子部件故障。

6）最后，值得注意的是，SCADA系统的发展方向是为风电机组自动化监控提供一个可靠、灵活和高性能的系统。这个行业已经注意到了运行参数的重要性，比如负载与速度，所以技术已经开始更好地适应风电机组环境，从而得到更可靠的风电机组诊断方法。

13.5　参考文献

[1] Wind on the Grid. Available from http://www.windgrid.eu/Deliverables_EC/D6%20WCMS.pdf

[2] BAX Energy. Available from http://www.baxenergy.com/integration.htm [Accessed 18 October 2010]

[3] CitectSCADA. Available from http://www.citect.com/index.php?option=com_content&view=article&id=1457&Itemid=1314 [Accessed 23 September 2010]

[4] CONCERTO. Available from https://www.avl.com/concerto [Accessed 15 October 2010]

[5] ENERCON SCADA system. Available from http://www.enercon-eng.com/ or http://www.windgrid.eu/Deliverables_EC/D6%20WCMS.pdf [Accessed 23 September 2010]

[6] Gamesa WindNet. Available from http://www.gamesacorp.com/en/products/wind-turbines/design-and-development/gamesa-windnet or http://www.windgrid.eu/Deliverables_EC/D6%20WCMS.pdf [Accessed on 23 September 2010]

[7] GE – HMI/SCADA. Available from http://www.ge-ip.com/products/3311?cid=GlobalSpec [Accessed 23 September 2010]

[8] GH SCADA. Available from http://www.gl-garradhassan.com/en/software/scada.php [Accessed 23 September 2010]; ICONICS for Renewable Energy. Available from http://www.iconics.com/industries/renewable.asp [Accessed 23 September 2010]

[9] InduSoft Wind Power solutions. Available from http://www.indusoft.com/PDF/wind_brochure_090803b.pdf [Accessed 23 September 2010]

[10] INGESYS Wind IT from IngeTeam Integrated Wind Farm Management System. Available from http://pdf.directindustry.com/pdf/ingeteam-power-technology-sa/ingesys-it-scada-technical-information/62841-117937.html [Accessed 25 May 2012]

[11] reSCADA. Available from http://www.kineticautomation.com/pc.html [Accessed 23 September 2010]

[12] MATRIKON™ Wind Asset Monitoring Solution. Available from http://www.matrikon.com/power/wind.aspx [Accessed 29 October 2010]

[13] SgurrTREND. Available from http://www.sgurrenergy.com/Services/FullLifeCycle/windMonitoring.php [Accessed 23 September 2010]

[14] WindCapture. Available from http://www.scadasolutions.com/livesite/prods-scada.shtml [Accessed 23 September 2010]

[15] Wind Systems. Available from http://www.smartsignal.com/industries/wind.aspx [Accessed 23 September 2010]

第 14 章 附录 5：商用风电机组状态监测系统

14.1 引言

在偏远地区与海上，风能更加重要，这需要有效且可靠的状态监测技术。发电行业的传统状态监测方法已经被一些工业公司所使用，并在商业上应用于风电机组。

本次数据调查面向对象为现在应用于风电行业的商用状态监测系统（CMS）。近几年，从参考文献和网站中，作者对产品手册、技术文件和与公司代表的交谈中的相关信息进行收集。这项研究作为 Supergen 风电技术集团的一部分工作来开展，该集团的目标在于设计出应用于风电机组的全面 CMS。此次数据调查还围绕风电机组 CMS 的实际应用，从交通、成本、连通性和经济方面，论证了现有的商用 CMS 的优缺点。

14.2 风电机组可靠性

基于第 3 章的公共数据，最近关于风电机组可靠性的定量分析已经开展。这些研究表明，风电机组的齿轮箱技术已经成熟，其可靠性不随时间变化，或随着时间有轻微下降。这说明风电机组齿轮箱在可靠性方面不存在问题，然而，WMEP 和 LWK[1,2] 开展的调查显示，齿轮箱平均每次故障的停机时长在所有陆上子部件中是最长的。这一点在图 3.5 中得以说明，也可以通过图 3.5 看到这两项调查中齿轮箱的故障率一直较低，然而每次故障的停机时长较长。Egmond aan Zee 风电场[3] 的运行数据也显示了相同的结果，齿轮箱的故障率并不高，但停机时间长，故障成本高。齿轮箱和驱动系统可靠性零件的早期可靠性较差，使风电机组的 CMS 着重监视驱动系统零件，重视相应的振动分析。

复杂的维修流程使齿轮箱故障停机时间较长。海上风电机组维护比较特殊，需要用到支援船、起重机等专业设备，但是这需要考虑潜在的不利天气、波浪条件等。欧盟资助的 ReliaWind 项目[4] 研发了一套系统化、一致化的流程来处理从运行中的风电场获取的具体商业数据。此流程包括了上文提及的 10min 采集一次的 SCADA 数据，自动故障记录和运行维护报告。不过，海上风电机组可靠性、停机时间的近期数据表明，风电机组 CMS 的重点应该从驱动系统拓宽至风电机组的电气系统与控制系统[5]。

早期风电机组，尤其是大型风电机组的可靠性低，而风电机组的主要趋势为向海上发展，这使得状态监测系统愈发重要。德国劳埃德保险公司发布了应对 CMS 的认证[6]，陆上、海上风电机组的认证的相应指南[7,8]，这也促进 CMS 的重要性增加。

14.3　风电机组监测

由于各种各样的原因，需要对风电机组进行监测。监测系统可以设置在不同的结构等级中。图 14.1 阐述了这些不同等级的大致布局以及相互作用。

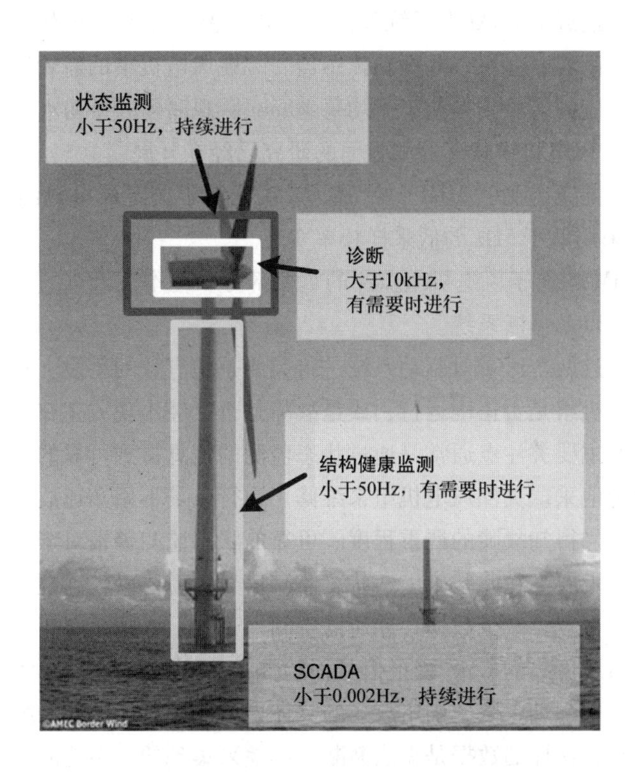

图 14.1　风电机组结构健康及状态监测

首先，使用 SCADA 系统。这些系统最初为风电机组发电以及每 5 ~ 10min 确认风电机组处于运行状态等工作提供了量测服务，量测信息被发送至中心数据库。SCADA 系统还能够对风电机组驱动系统将发生的故障提供警告。现代 SCADA 系统平均每 10min 产生一次信号，信号主要包括：

1）有功功率输出（以及每 10min 测量的数据标准偏差）；

2）风速计测量的风速（以及每 10min 测量的数据标准偏差）；

3）齿轮箱轴承温度；

4）齿轮箱润滑油温度；

5）发电机绕组温度；

6）功率因数；

7）无功功率；

8）相电流；

9）机舱温度（每小时平均值）。

该 SCADA 装置用于体现风电机组的运行状态，但并不一定会对风电机组健康状态给出说明。不过，最近的 SCADA 系统包括了额外的警告设置，该设置以温度和振动传感器为基础。通常而言，会将一些振动传感器安装在风电机组的齿轮箱、发电机轴承以及主轴承上。其相应的警报则是基于平均每 10min 所观测到的振动水平而圈定的。通过 SCADA 分析实现的风电机组状态监测方面的研究已经在开展[9]。

接下来是结构健康监测（SHM）系统。该系统用于决定风电机组塔架和基座的完整性。SHM 通常采用低于 5Hz 的低采样频率实现。

SCADA 与 SHM 均属于风电机组监测的重要部分。但本次调查的主要内容为状态监测的其余两个层级以及诊断系统。

一般认为，通过两个区域对驱动系统进行监测是最有效的手段。状态监测有时被看作是一种确定风电机组是否正确运行，或是故障是否已经出现或正在发展中的方法。风电机组运行人员的主要关注点通常是通过状态监测的信息得到可靠的警报信息，从而使运行人员可以确定地采取关停风电机组来维修。运行人员不用知道故障的具体性质，但是可以通过警报信号得知故障的严重程度。可靠的状态监测警报对于风电机组的任何一位运行人员都非常重要。在此基础上，状态监测信号不需要以较高频率进行采集，这样会减少数据传输的带宽，减少数据存储所需空间。

当某一故障通过可靠的 CMS 警报信号而检测出来时，诊断系统会自动起动，或是由某一监测工程师来起动，以此确定故障的具体性质及位置。诊断系统需要较高频率采集的数据进行分析，这样的数据是无法断断续续地采集到的。系统的运行时间应按照能够为具体分析提供足够数据的要求来设置，而不是令多余的信息充斥于检测系统与数据传输网络中。

图 14.2 为含有风电机组三个部分的示意图，这三个部分可能需要在可靠性数据方面[9]进行监测。这三个部分是不同的整体，状态监测设备必须将这三者之间的界限模糊化，以此来提供清晰的警报与相应的诊断信息。

由于 CMC 与诊断系统的相互作用较多，本次数据调查面向的许多 CMC 是 CMS 与诊断系统的组合。

图 14.2 风电机组机舱内部三类 CMC 的布局

14.4 商用状态监测系统

表 14.1 对几种广泛使用、比较流行的风电机组 CMS 进行了总结。数据采集花费了较长时间，数据通过 CMC、风电机组原始设备生产商以及产品手册之间的交互得到。不过，由于有一部分数据通过与销售人员、产品代表谈话得到，并非来自已发行的手册，故表格所含信息的准确程度视已有信息而定。表 14.1 所示系统以产品名称按照字母顺序排列。

首先可以看到的是，CMS 的监测重点是以下几类风电机组子部件：

1）叶片；

2）主轴承；

3）齿轮箱内部；

4）齿轮箱轴承；

5）发电机轴承。

通过对表 14.1 中的数据进行总结，可以得到：

1）有 20 类系统主要以传动系统振动分析为基础（1～20）；

2）有 3 类系统仅对油磨屑进行监测（21～23）；

3）有 1 类系统使用振动分析对风电机组叶片进行监测（24）；

4）有 2 类系统在风电机组叶片中使用光纤应变测量（25、26）。

表 14.1　商用状态监测系统

序号	产品及公司信息			产品细节（通过已有文献获取，或通过与行业相关方进行交流得到，如 2008 ~ 2011 年的国际风能大会）				
	产品	供应商或生产商（已知用户）	原产国	产品描述	主要监测零件	监测技术	分析方法	数据传输速率或采样频率
1	ADAPT. wind	GE Energy	美国	该系统对每台风电机组多达 150 种静态变量进行监测。系统的行星齿轮的累计脉冲探测算法对齿轮箱行星级部分的油液磨粒进行探测。系统的动态能量指数算法对 5 个波段的运行数据进行调整，以此实现频谱能量的计算以及早期故障探测。系统的警报、诊断、分析及上报功能可以提出可行的建议，用于风电机组的维护。系统也可以整合到 SCADA 系统中	主轴承，齿轮箱，发电机	振动相关技术（加速计），油液磨粒计数器	FFT 频域分析，时域分析	—
2	APPA System	OrtoSense	丹麦	基于干扰分析的振荡技术可以复制人耳接收声音的功能	主轴承，齿轮箱，发电机	振动相关技术（加速计），油液磨粒计数器	声音感知脉冲分析（APPA）	—
3	Ascent	Commtest	新西兰	该系统可工作于三种复杂程度。程度 3 包括了频带警报、机器模型创建、统计数据报警	主传动轴，齿轮箱，发电机	振动相关技术（加速计）	FFT 频域分析，包络分析，时域分析	—
4	Brüel & Kjaer Vibro	Brüel & Kjaer（Vestas）	丹麦	每隔一段固定的时间，系统对振动及过程中的数据进行监测，远程送至诊断服务器。系统根据用户要求的频率分析与时序分析产生时序波形。在用户定义事件发生前后，系统自动对时序波形进行存储，从而对振动实现先进的事后分析，以此找出正在恶化的故障	主轴承，齿轮箱，发电机，机舱，机舱温度，机舱噪声	振动相关技术，温度传感器，声学技术	时域 FFT 分析	频率可变，最高可达 40kHz
5	CMS	Nordex	德国	该系统在初始阶段获得振动“指纹”元件。系统使用频率分析、包络分析与阶次分析，自动将实际数据与已存储的参考数据进行比较	主轴承，齿轮箱，发电机	振动相关技术（加速计）	基于初始振动“指纹”建立的时域分析	—

6	基于状态的维护系统（CBM）	GE（Bently Nevada）	美国	该系统建立在 Bently Nevada ADAPT. wind 和 System 1 技术的基础上。System 1 的技术基础提供了驱动系统的检测与诊断参数，如振动、温度等。系统将电机信息与电机转速、电气负荷、转速等运行信息进行关联。警报则通过 SCADA 网络发送	主轴承，齿轮箱，发电机，机舱备选轴承及油温	振动相关技术	FFT 频域分析，加速度包络分析	—
7	基于状态的监测系统	Bachmann Electronic GmbH	奥地利	每个模块有多达9种压电式加速传感器。基础的振动分析则通过7个传感器实现。PRÜFTECHNIK 固体声音传感器则被用来实现风电机组低速轴的慢速旋转轴承的低频分析	主驱动系统元件，发电机	振动相关技术（加速计）	时域 FFT 频率分析	每个频道采用24bit，190kHz 的采样频率
8	状态诊断系统	Winergy	丹麦	每个模块有多至6个输入信号。系统可以对振动水平、负荷以及油液进行高级的信号处理，从而完成设备健康状态的自动诊断、预测以及正确措施的推荐。系统还具有自动识别错误功能，相应的信息则通过自动生成的表格发送给运行维护中心，这一过程中不需要任何专家。信息从而得以实时向相关方面进行传递。该系统还可以对桨距、控制器、偏航角以及逆变器进行监测	主传动轴，齿轮箱，发电机	振动相关技术（加速计），油液磨粒计数器	时域 FFT 频域分析	每个频道采用96kHz 采样频率
9	状态管理系统	Moventas	芬兰	该系统较为紧凑，可以对温度、振动、负荷、压强、转速、油液老化以及油液磨粒数量进行量测。通过适配器，该系统可以拓展至16个模拟数据通道，数据可以通过 TCP/IP 远程获取。该系统配有移动接口	齿轮箱，发电机，转子，风力发电机控制器	振动相关技术，油质/油液磨粒，转矩，温度	时域分析（可能为 FFT）	—

（续）

序号	产品及公司信息			产品细节（通过已有文献获取，或通过与行业相关方进行交流得到，如2008～2011年的国际风能大会）				
	产品	供应商或生产商（已知用户）	原产国	产品描述	主要监测零件	监测技术	分析方法	数据传输速率或采样频率
10	分布式状态监测系统	National Instruments	美国	该系统配有32个频道及默认设置；配有16个加速计和送话器，4个近距离探头以及8个转速计输入通道。该系统还能够对张力、温度、声音、电压、电流及功率进行混合测量。油液磨粒技术及光线传感器也能够加入系统中。该系统也能够整合至SCADA系统中	主轴承，齿轮箱，发电机	振动相关技术，声学技术	频谱分析，标高测量，阶次分析，瀑布图，阶次跟踪，传动轴中心线量测，伯德图	24bit，23.04kHz带宽，每个加速器或送话器通道均配有反锯齿滤波器
11	OneProd wind system	Areva (01dB - Metravib)	法国	该系统设有8～32个通道。具体设施包括起动数据获取的运行状态通道、用于监控及诊断的量测通道等。当相同的运行状态被联系起来时，运行数据将被进行比较；当连续异常情况发生时数据警报系统则将发出警报，开始故障模式的诊断；系统内置诊断工具。对于传动轴移位，系统设有备选的其他传感器；对于永久性的油质监测，风电机组上设置了低频传感器；对于发电机，系统设置了电流电压传感器来实现监测	低速传动轴主轴承，低速传动轴齿轮箱轴承，中级齿轮箱传动轴、高速传动轴齿轮箱、发电机轴承，油液磨粒，结构，传动轴移位，电气信号，主传动轴，齿轮箱，发电机	振动相关技术，电气特征分析，红外热成像，油液磨粒计数	时域FFT频率分析	—
12	SMP-8C	Gamesa Eolica	西班牙	该系统对主传动轴、齿轮箱和发电机进行在线连续振动量测。系统可对频谱的变化趋势进行分析。系统的预警与警报传输功能可以与风电场管理系统相连	主传动轴，齿轮箱，发电机	振动相关技术	FFT频域分析	—
13	System 1	Bently Nevada(GE)	美国	该系统可以对振动、温度等驱动系统相应参数进行检测与诊断。该系统将电机信息与电机转速、电气负荷、风速等运行信息进行关联	主轴承，齿轮箱，发电机，机舱备选轴承及油温	振动相关技术（加速计）	FFT频域分析，加速包络分析	—

14	TCM（风电机组状态监测）Enterprise V6 Solution with SCADA integration	Gram& Juhl A/S	丹麦	该系统采用先进的信号分析技术，结合自动化的相应规定与生成参考值、警报信号的算法，对信号进行处理。M系统软件的特点在于，该系统具有12/24个同步通道，以及结构振动监测与RPM传感器接口。TCM服务器能够存储数据，并完成后期数据处理工作。控制室则配有基于网络的运行界面	塔架，叶片，传动轴与机舱主轴承，齿轮箱和发电机	振动相关技术（加速计），声音分析，张力分析，过程数据分析	FFT与小波频域分析，包络分析，RMS分析，阶次跟踪分析	—
15	Wind AnalytiX	ICONICS	美国	该软件通过故障探测与诊断技术，对设备和能源效率低的情况进行识别，指出可能的故障原因以此来协助预测发电厂运行状况，从而减少停机时间及诊断维修的成本	风电机组主要零件	振动相关技术（加速计）	不明	—
16	Wind Con 3.0	SKF（REpower）	瑞典	SKF ProCon软件可以实现润滑系统、叶片与齿轮箱系统的远程监控。WindCon 3.0则可以实现运行数据的采集、分析与编辑，从而适应相应的管理人员、运行人员以及负责维护的工程师们	叶片，主轴承，传动轴，齿轮箱，发电机，塔架，发电机电气部分	振动相关技术（加速计，近距离探头），油液磨粒计数器	FFT频域分析，包络分析，时域分析	模拟信号：直流至40kHz（采样率可变，视通道而定），数字信号：0.1Hz～20kHz
17	Wind Turbine In－Service	ABS Consulting	美国	该系统的数据来源于各类检查、振动传感器以及SCADA系统。Ekho风力软件的特点在于其定期诊断、动态性能报告、关键性能指示、fleet－wide分析，预测/计划以及资产基准分析的功能。该系统能够发出警报与通知，并发出检查、维护的工作指令	主轴承，齿轮箱和发电机，齿轮箱和齿轮油，转子叶片及外壳	振动相关的检查技术	FFT频域分析，时域分析	—

（续）

序号	产品及公司信息			产品细节（通过已有文献获取，或通过与行业相关方进行交流得到，如2008～2011年的国际风能大会）				
	产品	供应商或生产商（已知用户）	原产国	产品描述	主要监测零件	监测技术	分析方法	数据传输速率或采样频率
18	Win TControl	Flender Service GmbH	德国	当对应负荷、转速的机制被触发时，系统将进行振动量测。系统也可以实现时域、频域分析	主轴承，齿轮箱，发电机	振动相关技术（加速计）	FFT 频域分析，时域分析	32. 5kHz
19	WiPro	FAG Industrial Services GmbH	德国	该系统使用相应的传感器对振动及其他参数进行测量。在报警状态下，系统将进行时域与频域分析。该系统可以实现速度相关的频率带宽追踪，还具有对应不同速度的警报水平	主轴承，传动轴，齿轮箱，发电机，温度（可调节输入量）	振动相关技术（加速计）	FFT 频域分析，时域分析	采样率可变，最高可达50kHz
20	WP4086	Mita－Teknik	丹麦	该系统具有8个加速计，可以实现实时频域、时域分析。根据基于振动极限得到的预设统计数据或阈值，系统功能涵盖了时域、频域的预警/警报系统。系统还对运行参数，以及振动信号/频带进行了量测，还能够与SCADA系统进行全面融合。系统配备了算法工具箱，从而可以进行诊断分析。不同的生产层级总共有5000～8000个变量	主传动轴，齿轮箱，发电机	振动相关技术（加速计）	FFT 振幅谱分析，FFT 包络谱分析，时域幅值分析，梳齿滤波，白化，Kurtogram 分析	12bit 通道，频率可变，最高为10kHz
21	HYDAC Lab	HYDAC Filtertechnik GmbH	德国	该产品具有永久监测系统，对液压系统与润滑油系统中的磨粒（包括气泡）进行监测	润滑油及冷却液的质量	油液磨粒计数器	N/A	—
22	PCM200	Pall Industrial Manufacturing（Pall Europe Ltd）	美国（英国）	液体清洁度检测器对检测数据进行实时上报，保证持续评估工作的进行。该系统既可以永久安装，也可以是便携式的	润滑油的洁净度	油液洁净度传感器	N/A	—

23	TechAlert 10 TechAlert 20	MACOM	英国	TechAlert 10 是一款电感型传感器，可以对循环油系统中的含铁粒子与不含铁粒子进行计数与体积测量。TechAlert 20 则是一款磁力型传感器，用于对含铁粒子进行计数	润滑油的质量	电感型或磁力型油液磨粒计数器	N/A	—
24	BLADEcontrol	IGUS ITS GmbH	德国	该系统中，加速计与叶片直接相连，轮毂量测单元则将数据无线传输至机舱处。系统将叶片的频谱数据与已存储的常见状态数据进行比较，从而对叶片进行评估。该系统对量测数据与分析数据进行集中存储，叶片状态则通过浏览器的形式展示出来	叶片	加速计	FFT 频率分析	1kHz
25	FS2500	FibreSensing	葡萄牙	该系统配有 BraggSCOPE 量测单元，可适用于工业运行环境，并能够对多达 4 个光纤光栅传感器进行询问。加速、倾斜、移位、张力、温度和压强均可以测量	叶片	光纤	不明	最高可达 2kHz
26	RMS（转子监测系统）	Moog Insensys Ltd.	英国	该产品包括了模块化叶片传感系统，该系统具有 18 个传感器，每个叶片配有 6 个传感器，传感器安装在每个叶片的柱状根部位置，从而测量到叶片边缘方向与翼面方向的弯矩数据。该产品既可以在风电机组在生产时被设计进风电机组结构中，也可以之后再安装。系统可以对风电机组转子性能、质量与空气动力不平衡问题、叶片弯矩、结冰、损坏以及雷电进行监测。该系统还能够作为外部输出，整合到商用 CMS 中	叶片	光纤应变传感器	时域应变分析	每配置一个传感器，便增加 25Hz

这些系统所采用的监测技术大部分来自于其他手段，如传统的旋转电机行业。在表14.1中的26类系统中，有19类系统的监测系统建立在使用加速器的振动监测技术上，尤其是使用类似于图14.3中的配置，该图中的配置为Mita - Teknik WP4086 CMS（20）。

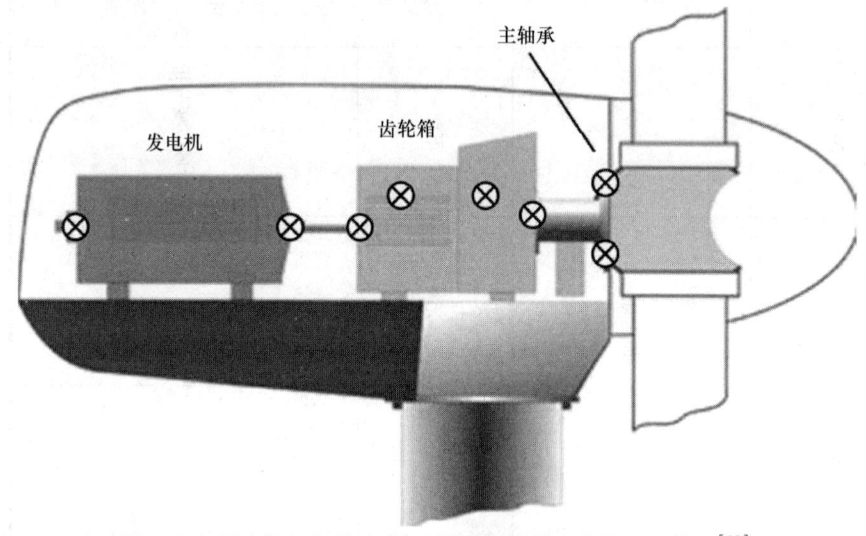

图14.3　风电机组机舱内典型CMS加速器安装位置示意图[10]

当一个故障被检测出来后，以上19类CMS均可以实现某些类型的诊断流程。对于大多数情况，通过对高频数据进行傅里叶变换（FFT），可以探测出故障特有频率，从而实现状态监测。对于SKF WindCon 3.0（16）、Areva OneProd wind system（11）以及其他几类产品，运行参数的设置可以开始进行高频率的数据获取。举个例子，SKF WindCon 3.0 CMS在某一时间段，或是风电机组达到某一特定负荷或速度时，对振动频谱进行采集。这样的动作是为了采集可直接在不同点进行比较的数据，更重要的是，这使得频谱以静止状态进行记录。这对于通过静态信号才能获取清晰结果的传统信号处理方法，如FFT是非常重要的。Mita - Teknik WP4086（20）则有所不同，该产品声称采用了先进的信号处理技术，如梳齿型滤波、白化处理以及Kurtogram分析，结合重复采样与顺序排列的方法，可以克服风电机组转速变化带来的影响。

OrtoSense APPA System（2）则是一项基于振动的新型产品，该方法以听力感知脉冲分析为基础。这一专利技术能够捕捉具体的干扰模式，探测到电机/风电机组内部损坏、磨损元件最小的故障迹象，优于人耳。OrtoSense声称其产品比市场流行的其他产品的敏感程度高出4~10倍。

还有5种通过振动进行监测的CMS也声称，其产品可以监测风电机组齿轮箱润滑油中的粒子。不仅如此，在表14.1中的3类产品（21~23）本身并不是CMS。在与工业界的交流和讨论中指出，油粒子是齿轮箱元件损坏、故障的重要因素，故这3类产品属于油质监测系统或传感器，而不是功能全面的CMS。通过油粒子对系统进行状态监测的产品通常使用累计粒子计数方法或粒子计数率方法。

在 20 类通过振动实现功能的 CMS 中，有一些产品可以在记录振动的同时还能够记录下其他参数，如负荷、风速、发电机转速以及温度，不过由于信息不全，部分系统的记录功能不详。在风电机组状态监测中，运行参数比较重要。这是因为 FFT 及其他许多分析手段适用于恒定转速与恒定负荷的环境中，风电机组的转速、负荷发生变化会带来一定的困难。不过，经验丰富的状态监测工程师仍可以使用这些技术成功地检测到故障。

最近的状态监测方案，如（1）、（10）、（14）和（20）可以应用于现有使用标准协议的 SCADA 系统中，并完全融合。两者的融合使风电场可以直接对整个控制器网络的风电机组现在的性能与运行情况等其他信号、变量进行分析，无需重复安装传感系统。相应的数据库则从发电厂运行的角度整合为一个统一的数据库，从而使风电机组状态的趋势分析得以进行。

在某些情况下，CMS 公司也提供相关的客户服务方案，这些方案包括全天候远程遥控以及对应客户需求的技术支持，例如 GE Energy ADAPT. wind（1）、ABS Consulting Wind Turbine In－Service（17）以及其他几类产品。

在表 14.1 中，有两类产品（25 和 26）属于叶片监测系统（BMS），使用光纤传感器进行应变测量。这两类产品的功能是探测风电机组叶片是否损坏，举个例子，Moog Insensys RMS（26）可以对叶片结冰、质量不均以及雷击损坏进行检测。这两类产品均可以之后再安装到风电机组叶片上。相比于通过振动进行监测的技术，这类系统通过观察时域内的变化实现功能，故可以在相对较低的采样率下工作。通常，这类系统应该整合到风电机组控制系统内，但有时该系统也可以作为外部输入，整合到市售的传统振动型 CMS 上。除了（25）和（26）之外，同类型产品还有 IGUS BLADEcontrol（24），该产品使用加速计对风电机组叶片的损坏、结冰与雷击进行监测。该系统将叶片加速计的傅里叶变换结果与已存储的相同运行情况下的范围进行比较，并根据相应结果自动关停或重起风电机组。该系统目前在业界较受欢迎。

14.5　未来的风电机组状态监测

通过现有 CMS 的数据调查，可以清楚地看出 CMS 向着振动型状态监测发展的趋势。这大概是因为在其他的行业我们已经积攒了大量的知识。这样的趋势很有可能还会继续，不过其他状态监测与诊断技术加入现有的系统中也是有可能的。

现阶段，其他状态监测与诊断技术包括了油粒子监测与光纤应变量测。然而，信号处理技术才是最有可能产生重大变革的环节。尤其是在行业已经认识到负荷、速度等运行参数的重要性时，相应的技术进一步适应风电机组工作环境，可产生更可靠的 CMS、诊断及报警信号。

随着风力发电机台数增加，运行人员对风电机组数据进行人工检查不再现实，状态监测的自动化以及诊断系统的发展也可能成为一项重大的进步。可靠自动的诊断在开发时应包含多种信号，这样才能提高故障检测效果，使运行人员对于警报信号更加有信心。

不过需要注意的是，CMS及诊断技术的发展过程中存在着一定阻力，那就是数据保密性。数据保密性要求仅能有少数几位运行人员能够获取、外传所负责的风电机组数据。当状态监测技术迅速发展时，数据保密是一个必须解决的问题。数据保密同时还带来一个问题：公开可用的风电机组状态监测的成本依据较少，尤其是在海上风电这类可利用率位于首要位置的时候，风电机组状态监测会获得压倒性的支持。

14.6 小结

从本章的数据调查结果中，可以得到以下结论：

1）现阶段，在运行的风电机组中有非常多种类的商用CMS正在运行；

2）风电机组的监测技术通常是从传统旋转电机行业等其他行业的监测技术发展而来；

3）性能优良的CMS必须能适用于非静止、转速变化的风电机组；

4）现阶段，商用CMS大部分为振动型，该类产品使用标准时域、频域技术进行分析；

5）传统技术可以应用于风电机组故障的检测，但需要经验丰富的状态监测方面的工程师进行数据分析与诊断；

6）部分商用CMS开始逐渐适应风电机组的运行环境，并开始完全整合至现有的SCADA系统中；

7）一批广泛的新兴技术或正在发展的技术正在逐步进入风电机组状态监测市场。

总而言之，在风电机组行业中，对风电机组CMS未来的发展路径的看法还没达成一致。本章及参考文献提出，风电机组的状态监测对大型陆上风电机组比较重要，而对所有海上风电机组的发展则至关重要，风电行业应该对陆上、海上风电机组状态预测进行整体、谨慎的考虑。

14.7 参考文献

[1] Windstats (WSD & WSDK) quarterly newsletter, part of WindPower Weekly, Denmark. Available from www.windstats.com [Last accessed 8 February 2010]

[2] Landwirtschaftskammer (LWK). Schleswig-Holstein, Germany. Available from http://www.lwksh.de/cms/index.php?id¼1743 [Last accessed 8 February 2010]

[3] Noordzee Wind Various Authors:
a. 'Operations Report 2007', Document No. OWEZ_R_000_20081023, October 2008. Available from http://www.noordzeewind.nl/files/Common/Data/OWEZ_R_000_20081023%20Operations%202007.pdf?t=1225374339 [Accessed January 2012]
b. 'Operations Report 2008', Document No. OWEZ_R_000_ 200900807, August 2009. Available from http://www.noordzeewind.nl/files/Common/Data/OWEZ_R_000_20090807%20Operations%202008.pdf [Accessed January 2012]
c. 'Operations Report 2009', Document No. OWEZ_R_000_20101112, November 2010. Available from http://www.noordzeewind.nl/files/Common/Data/OWEZ_R_000_20101112_Operations_2009.pdf [Accessed January 2012]

[4] ReliaWind. Available from http://www.reliawind.eu [Last accessed 8 February 2010]

[5] Tavner P.J., Faulstich S., Hahn B., van Bussel G.J.W. 'Reliability and availability of wind turbine electrical and electronic components'. *European Journal of Power Electronics*. 2011;**20**(4):45–50

[6] Germanischer Lloyd. *Guideline for the Certification of Condition Monitoring Systems for Wind Turbines*. Edition. Hamburg, Germany: Germanischer Lloyd; 2007

[7] Germanischer Lloyd. *Guideline for the Certification of Wind Turbines*. Edition 2003 with Supplement 2004, Reprint. Hamburg, Germany: Germanischer Lloyd; 2007

[8] Germanischer Lloyd. *Guideline for the Certification of Offshore Wind Turbines*. Edition 2005, Reprint. Hamburg, Germany: Germanischer Lloyd; 2007

[9] Crabtree C.J., Feng Y., Tavner P.J. 'Detecting incipient wind turbine gearbox failure: A signal analysis method for online condition monitoring'. *Proceedings of European Wind Energy Conference, EWEC2010*. Warsaw: European Wind Energy Association; 2010

[10] Isko V., Mykhaylyshyn V., Moroz I., Ivanchenko O., Rasmussen P. 'Remote wind turbine generator condition monitoring with WP4086 system'. *Proceedings of European Wind Energy Conference, EWEC2010*. Warsaw: European Wind Energy Association; 2010

第15章

附录6：天气对海上风电可靠性的影响

15.1 风况、天气与大型风电机组

15.1.1 引言

在工程方面，天气情况难以用简明的语言描述出来，而天气情况的哪个方面对于风电机组运行比较重要，这一点还未明晰。不过，从1805年开始，海上的天气量测工作便已开始，表15.1中的蒲福风级能够帮助我们理解海上的天气对海上风电机组的影响。

表15.1中有重要的一点值得注意，作为全天候运行的远程无人自动操作的电源设备，大型风电机组所遭遇的天气情况类型极多，在这些天气下风电机组能够正常运行。

请将以上情况与传统的化石燃料供能电厂、核电厂或水电站所处的相对温和的环境进行比较。

海浪、海风对运行中的海上风电机组的影响已在表15.1中按照基座、底部、塔架、机舱及运行部件等不同影响范围分类列出，风电行业的全体人员都应该将这些影响记住，尤其是运行管理人员。需要注意的是，风速与波高（或是海况）在按照蒲福风级记录时，可能并不是同步的，这是因为在暴风雨来临前，风速可能已经增加，而波高还未完全确定，而当暴风雨过去后，浪涌仍然很大，而风速已经变缓。

本章对现阶段对海上风电场影响较大的各类天气状况进行了更深入的分析。

15.1.2 风速

风电场的运行风速范围为：2～3m/s的切入风速，26m/s的切出风速，如表15.1所示。该风速范围即为蒲福风级的2～9级，即轻风到烈风。而某些风电机组特别是Enercon大型风电机组，采用了风暴控制，当风速达到26m/s时风力发电机并不直接切出，而是在风速为28m/s时保持全功率输出，风速若继续增加则功率逐渐降低，直至风速到达34m/s时系统输出功率为零，这样风电机组便可以在10级风速即暴风的情况下仍保持运行了。

表 15.1　蒲福风级[1]

蒲福数	表述	风速	波高	海况
0	无风	<1km/h <0.3m/s <1mile/h <1kn①	0m 0ft	平静如镜
1	软风	1.1～5.5km/h 0.3～2m/s 1～3mile/h 1～2kn	0～0.2m 0～1ft	波纹柔和，无波峰
2	轻风	5.6～11km/h 2～3m/s 4～7mile/h 3～6kn	0.2～0.5m 1～2ft	有小波；波峰似玻璃，光滑而无破裂
3	微风	12～19km/h 3～5m/s 8～12mile/h 7～10kn	0.5～1m 2～3.5ft	小波较大，波峰开始破裂，波浪中有白浪
4	和风	20～28km/h 6～8m/s 13～17mile/h 11～15kn	1～2m 3.5～6ft	小浪出现，波峰破裂；白浪比较频繁
5	清风	29～38km/h 8.1～10.6m/s 18～24mile/h 16～20kn	2～3m 6～9ft	中浪，形状较长，白浪更多，重点有浪花飞溅
6	强风	39～49km/h 10.8～13.6m/s 25～30mile/h 21～26kn	3～4m 9～13ft	大浪形成，白浪更加频繁，浪花增加
7	疾风	50～61km/h 13.9～16.9m/s 31～38mile/h 27～33kn	4～5.5m 13～19ft	海面涌突，浪花白沫沿风成条吹起，浪花略多
8	大风	62～74km/h 17.2～20.6m/s 39～46mile/h 34～40kn	5.5～7.5m 18～25ft	巨浪渐升，波峰破裂，浪花明显成条沿风吹起，浪花极多
9	烈风	75～88km/h 20.8～24.4m/s 47～54mile/h 41～47kn	7～10m 23～32ft	猛浪惊涛，海面渐呈汹涌，浪花白沫增浓，能见度降低

（续）

蒲福数	表述	风速	波高	海况
10	暴风	89～102km/h 24.7～28.3m/s 55～63mile/h 48～55kn	9～12.5m 29～41ft	猛浪翻腾波峰高耸，浪花白沫堆集，海面一片白浪，能见度降低
11	狂风	103～117km/h 28.6～32.5m/s 64～72mile/h 56～63kn	11.5～16m 37～52ft	狂涛极高，浪花白沫堆集掩盖海面，出现极大量白浪，能见度大减
12	飓风	118km/h (32.8m/s)	14m	狂涛骇浪，海面完全由泡沫与浪花覆盖，空中充满浪花白沫，能见度恶劣

注：风电机组运行允许的范围为3～9级风速；到达海上风电机组可用的小型船只航行允许范围则为浪高0～2m[1]。

① 1kn = 1.852km/h。

从第3章图3.2可以看出，作者最初发现，风电机组的高故障率与较高的风速有关，对于在1998年与1999年的冬天的丹麦、德国风电机组而言更为显著。参考文献［2］对丹麦的风电场进行了研究，参考文献［3］则在其之后对德国的三个特定的风电场进行了更加详细的研究，相关的研究成果见15.3.1～15.3.4节。所研究的三个特定的德国风电场位置分别如下：

1）Fehmarn，波罗的海的一个小岛，邻近德国石勒苏益格－荷尔斯泰因海岸；

2）Krummhörn，位于德国下萨克森州的北海海岸附近；

3）Ormont，位于德国莱茵兰－普法尔茨的高地。

以上三个地点一年内的风速变化如图15.1所示。

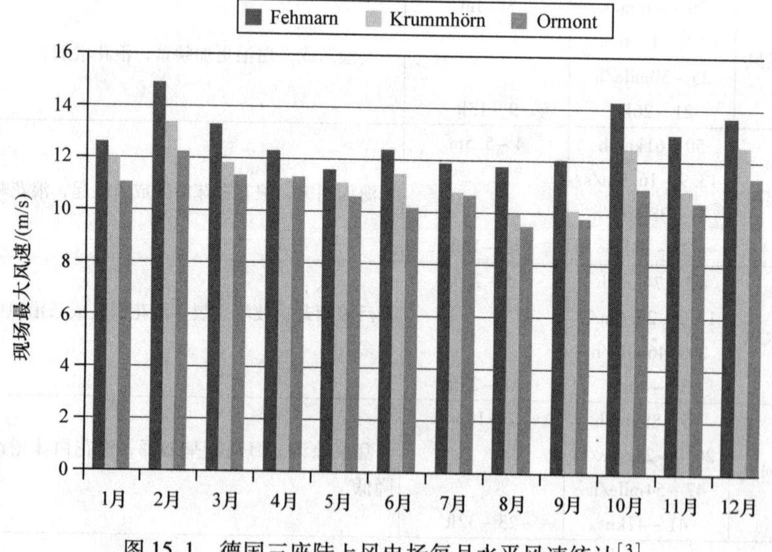

图15.1　德国三座陆上风电场每月水平风速统计[3]

15.1.3 风湍流

风速对风电机组的可靠性有非常大的影响，但与之相比，风湍流对风电机组可靠性的影响更加巨大。

风湍流是指在较短的时间内风速发生波动。不过，对于风速变化的时间段还没有正式的规定。如参考文献［4］所说，“虽然……风湍流……的研究已有一个世纪的历史……对湍流进行精确地定义仍然是非常困难的”。温度梯度的出现，或是风吹过某一粗糙的表面，再或是风因为遇到树、山坡、建筑物而中断，就可能造成湍流的漩涡。邻近风电机组的尾流效应也很可能导致该风电机组受到涡流的影响。由于海上风电场附近没有阻碍物，风所经过的表面也相对光滑，海上风电场遭遇的湍流比陆上风电场少很多，不过这也与海面上的温度梯度及海面状况有关。

虽然参考文献［4］说明了定义湍流的困难，但它仍然尝试着对风所形成的湍流涡流大小进行说明。该文献指出，湍流最大的漩涡直径可达 100m，最小的则仅为 1mm 左右。这意味着大部分湍流的变化在同一位置上仅持续了不到 100s。

功率谱分析显示，风速发生变化的时间段内包含了大部分的能量。van der Hoeven[5]完成了相关的定义工作，定义了“湍流峰”，即在 1min 左右的时间内在高度为 100m 处的风速，如图 15.2 所示。湍流漩涡对风电机组及其驱动系统的影响最大，风电机组的驱动系统受湍流影响极易疲劳，具体可见第 3 章。大型风电机组叶片长度、圆盘直径可达 25～125m，而与湍流漩涡的规格相比，数量级是相当大的。

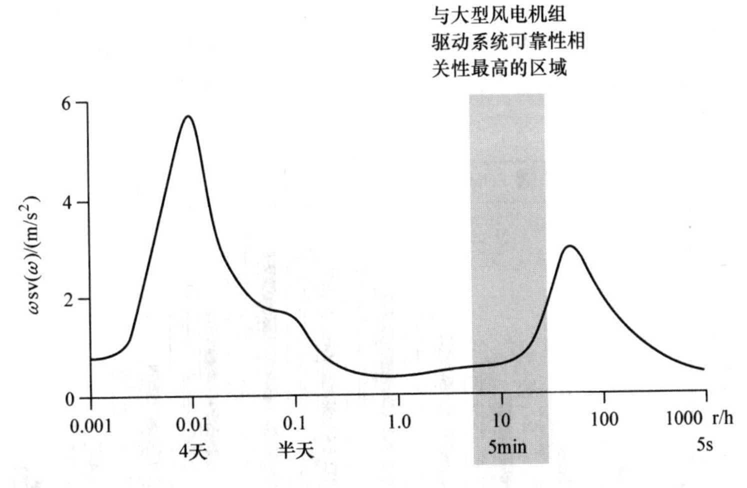

图 15.2 Van der Hoeven 水平风速功率谱分析[1]

IEC 标准[6]采用了湍流密度 I 作为测量尺寸，即每 10min 报告期风速标准偏差 σ 与平均风速 u 的比值。这便是整个风电行业所使用的湍流测量方法，I 和 u 均符合标准，并且可以在大部分风电机组的 SCADA 系统中找到。

$$I = \frac{\sigma}{u} \tag{15.1}$$

由以上定义可以看出，当u很小时，I的值会变得很大，但实际上是无意义的。因此，也有人提议，风速低于8~10m/s时的I与负荷是不相关的。

当I所包括的时长超过10min时，I必须利用10min的I值来求出某些平均值。风电行业使用了一些稍有不同的术语，如：标准的第二个版本[6]使用的是特征湍流强度I_{char}；第三个版本使用的是典型湍流强度I_{rep}。两者的不同在于，I_{char}为平均值减去标准偏差，而I_{rep}使用的是90%的值。I_{char}与I_{rep}均在风电行业中使用，但是I_{char}使用的更多，下文的互相关性中使用I_{char}。

对于术语"阵风"的定义也尚不明确。对于IEC 61400-1标准[6]，短期的极端的时间比较符合该术语的定义，IEC 61400-1还提供了一个极限运行阵风（EOG）模型，EOG可以导致风速的猛增，如5s内风速增长24~36m/s。基于本章内容，阵风则特指在某一风速谱内的特殊情形，通常为短期、极端类型的湍流。

15.1.4 浪高与海况

使用如图8.2所示的小型船只在海上风电场安全运送人员的浪高、海况范围如表15.1所示。可适用的范围为蒲福风级的0~4级风，即最强风为和风。目前尚未有关于海况对海上风电机组可靠性造成系统性影响的相关信息。

15.1.5 温度

3座德国陆上风电场所在位置的温度年变化曲线如图15.3所示。需要注意的是，Fehmarn所在的位置温度波动最小，海上的情况可能与之相同。

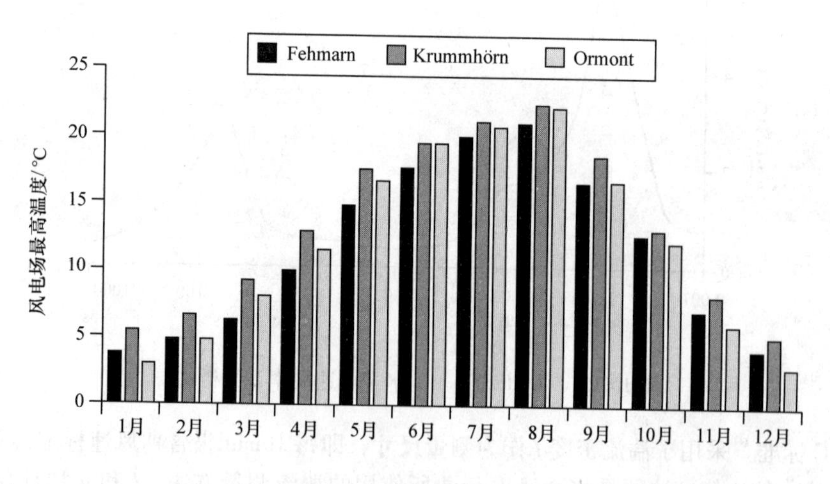

图15.3 3座德国陆上风电场温度年变化统计[3]

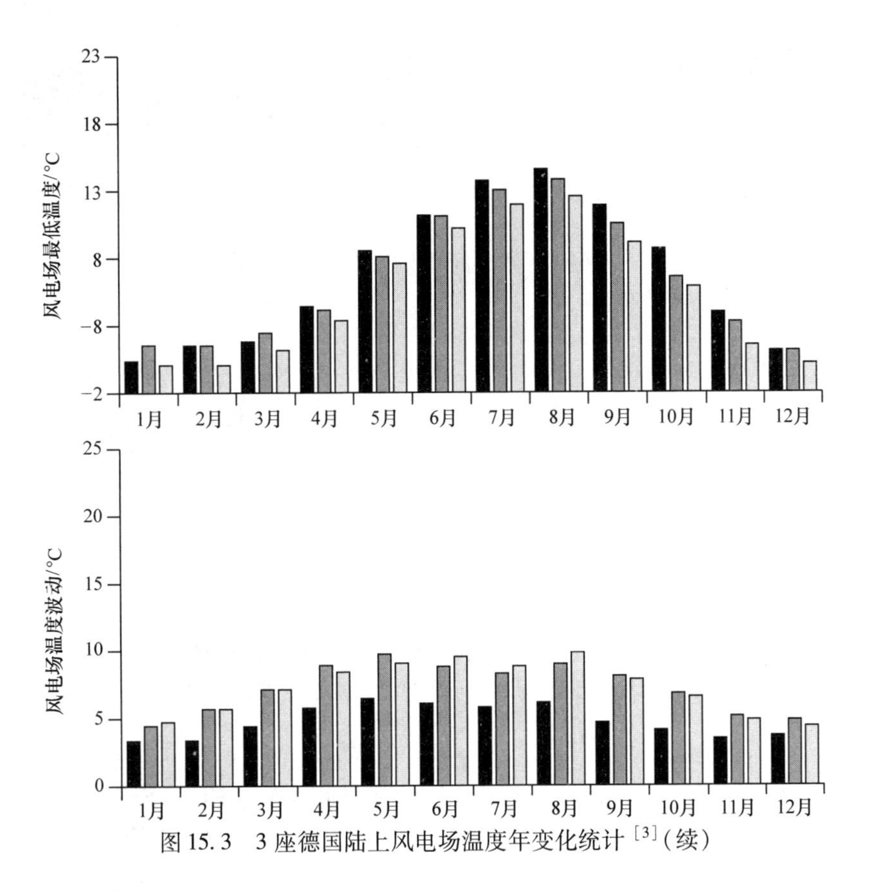

图 15.3　3 座德国陆上风电场温度年变化统计[3]（续）

15.1.6　湿度

上文中 3 座德国陆上风电场所在位置的湿度变化如图 15.4 所示。同样需要注意的是，Krummhörn 海岸的平均湿度最高而湿度波动最小，海上的情况可能与之相同。

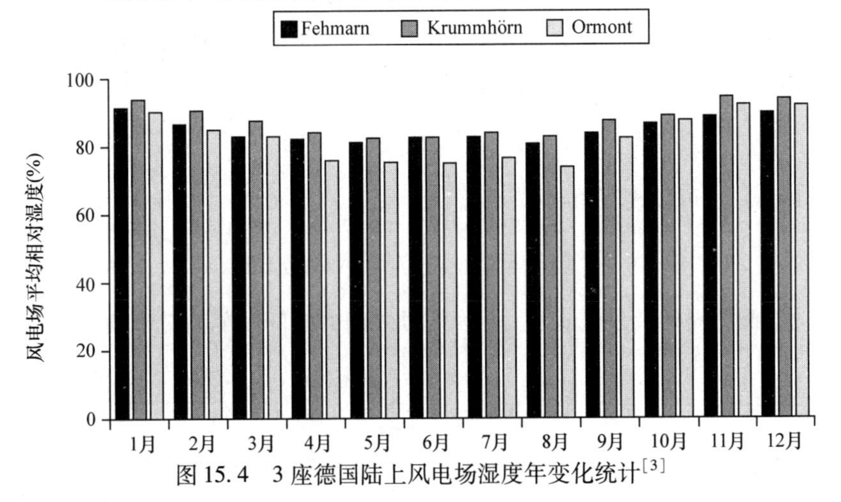

图 15.4　3 座德国陆上风电场湿度年变化统计[3]

15.2 分析天气影响的数学方法

15.2.1 概述

参考文献［2］与［3］采用故障时间周期图与故障－环境交叉相关图来对环境因素对于故障的影响进行分析。

15.2.2 周期图

该方法使用傅里叶分析将时域数据转换为频域数据。假设某一信号 $f(t)$ 是周期的，即

$$f(t) = f(t+T) \tag{15.2}$$

那么该函数便可能在频域中描述出来，即

$$F(s_k) = \frac{1}{T}\int_{-T/2}^{T/2} f(t)\,\mathrm{e}^{-\mathrm{j}2\pi s_k t}\mathrm{d}t \tag{15.3}$$

式中，$k=0$，± 1，± 2……，并可以得到基频（$1/T$）的 k 次谐波。

在该例中，时域数据通过抽样得到，故时域－频域变换过程可以用下式表示：

$$F(s_k) = \frac{1}{N}\sum_{n=0}^{N-1}[f(t_n)]\,\mathrm{e}^{-\mathrm{j}2\pi nk/N} \tag{15.4}$$

该变换式通过 FFT 进行计算，对于离散的傅里叶变换（FT），FFT 是一种较为成熟、计算效率高的方法。该方法仅在对周期信号进行傅里叶变换时才是严格有效的。当对信号进行傅里叶变换时，假设基频是信号长度的倒数。如果信号不满足该项要求，则会出现信号不连续的问题，导致频域数据中出现谐波泄漏。就目前而言，该假设很有可能不成立，故有必要采用汉宁窗来将谐波泄漏降至最低。

15.2.3 交叉相关图

交叉相关是一种时域上的处理方法，用于测量两个信号线性相关的程度。对于两个固定的时域信号 $f(t)$ 与 $g(t)$，其交叉相关函数可以表示为

$$R_{\mathrm{fg}}(\tau) = \int_{-\infty}^{\infty} f(t)g(t+\tau)\mathrm{d}t \tag{15.5}$$

式（15.5）也可以改写为

$$R_{\mathrm{fg}}(\tau) = \lim_{T\to\infty}\frac{1}{2T}\int_{-T}^{T} f(t)g(t+\tau)\mathrm{d}t \tag{15.6}$$

式中，T 为观测的周期及信号长度；τ 为信号之间的时间间隔。对于抽样采集的信号，式（15.6）可以表示为

$$R_{\mathrm{fg}}[m] = \lim_{N\to\infty}\frac{1}{2N+1}\sum_{-N}^{N} f[n]g[n+m] \tag{15.7}$$

式中，N 为数据点的个数；m 为时间间隔。请注意，为了将时间间隔看作为时移，时间

序列必须均匀采样。

交叉相关函数中，信号 $f(t)$ 和 $g(t)$ 的长度有限，故可以对该函数进行估算。对于采样信号，有偏交叉相关可以通过下式计算得到：

$$R_{\mathrm{fg}}[m] = \frac{1}{N}\sum_{n=1}^{N-m+1} f[n]g[n+m] \tag{15.8}$$

无偏交叉相关则为

$$R_{\mathrm{fg}}[m] = \frac{1}{N-|m|}\sum_{n=1}^{N-m+1} f[n]g[n+m] \tag{15.9}$$

式中，$m=1, \cdots, M+1$。

15.2.4　相关疑虑

对于以上分析方法，故障、气象数据的相对频率方面存在着较大的顾虑。故障数据通常每天或每周采集一次，而气象数据可能每分钟就要采集一次。两者的频率差别过大，在进行交叉相关分析时会产生问题。

实际情况则是，风电机组的故障机理（见图 3.2）通常是累积的、综合性的，这一点需要在分析方法中得到处理。

15.3　天气与故障率的关系

15.3.1　风速

基于上文中的分析手段，丹麦就风速对风电机组故障率的影响进行了研究。丹麦所用的详细故障数据、天气数据可从参考文献［2］获得。此次研究说明了风电机组故障率与月份之间相关性很强，风速更高的月份故障率更高，交叉相关因子可达 44%。该结果可从图 15.5 中看到，图中，从 1994 ~2004 年，每年风电机组故障率在 2 月、10 月达到最高值，而 2 月份的风速是全年最高的。

更有启发作用的一点是：不同子部件的故障率与风速的交叉相关随着子部件种类的不同而变化，具体如图 15.6 所示。

此次数据调查发现，发电机竟然是对高风速最敏感的子部件，而不是与空气动力相关的子部件，如偏航系统或控制系统等。对这一结论的实际解释是，风电机组的发电机是通过商业获取的标准子部件，并未针对风电行业运行环境而进一步加固。

该项研究的优点在于，研究涵盖了大量的风电机组，并覆盖了较长的时间周期，包括了大量的故障事件。该项研究的缺点在于其把很多并不相同的风电机组设计结构的可靠性归为一项，对丹麦全国各处的风速仅求出一个月度平均值，掩盖了风速对于风电机组可靠性的更多细微影响。

针对德国的数据，一项有所改进的研究[3]正在开展中，该研究着重研究某一特定类型的陆上风电场故障率，该风电场所处位置的精确天气数据是可以获取的。该研究确定了 3 座风电场位置，这 3 座风电场所处位置的气候、运行情况不同，而风电机组的类型

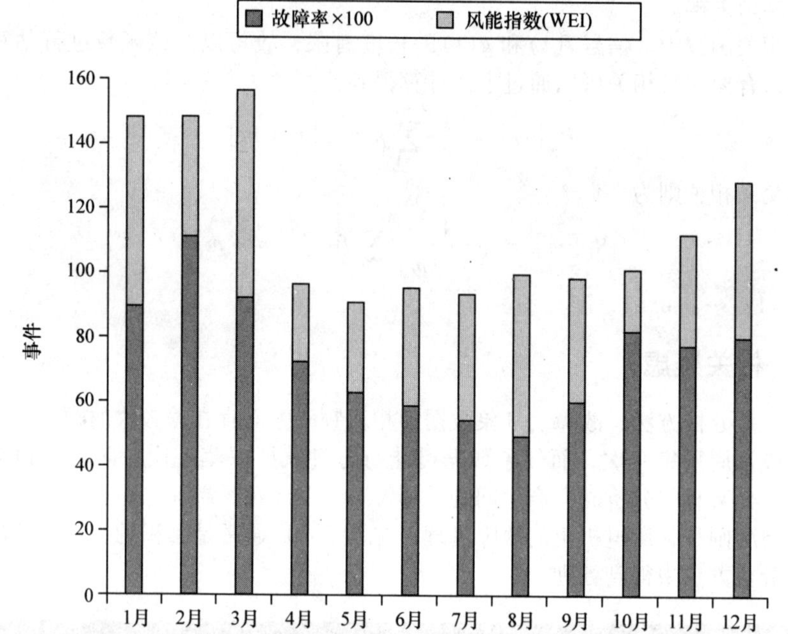

图 15.5 丹麦陆上风电机组每月故障率及风能指数与风速的关系（1994~2004 年 1~12 月）[2]

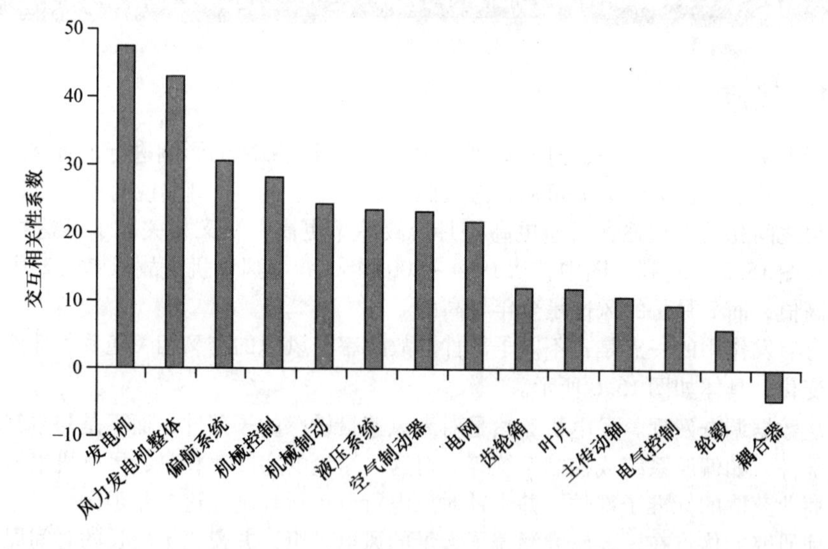

图 15.6 1994~2004 年丹麦陆上风电机组子部件故障率与风速的交叉相关图[2]

相同，风电场信息可见 15.1.2 节。通过更集中的分析手段，对之前丹麦进行的故障数据研究的缺点进行了改正，并发现了更多天气、选址对于风电场可靠性的重要影响。不过，该研究并未对故障与风速进行交叉相关分析，但却对故障率与其他天气因素的交叉相关进行了研究，如下文所示。

15.3.2　温度

参考文献［3］也对温度对于风电机组故障的影响进行了总结，具体如图 15.7 所示。

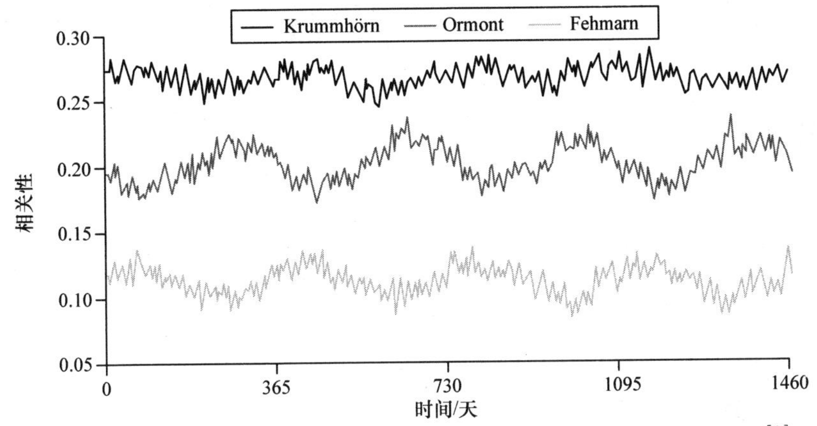

图 15.7　3 座陆上风电场故障率变化与每日最高温度的整体交叉相关图[3]

可以看出，3 座风电场的故障率均与温度有关，一年内，故障率随着季节发生变化，但两者的交叉相关存在着一定时间变化，温度对故障率的总体影响在夏天会比在冬天更大一些。

在同一地点的风电场内，将电气相关子部件与机械相关子部件的故障分开，可以得到更详细的结构，具体如图 15.8 所示。

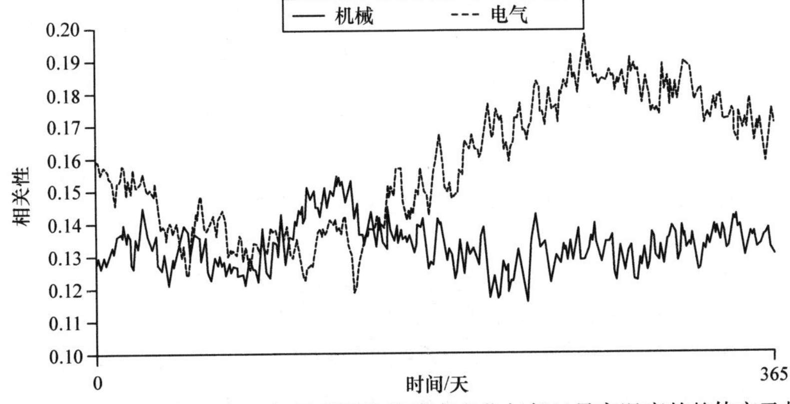

图 15.8　Fehmarn 处风电场电气、机械子部件故障率变化与每日最高温度的整体交叉相关图[3]

图 15.8 说明，温度与故障的交叉相关主要由电气子部件决定，而不是机械子部件。使用受环境控制的密封海上风电机组机舱可以处理该问题。

15.3.3　湿度

参考文献［3］的结论指出，在岛屿及海岸处，风电场故障率与湿度的交互相关较高，可达 23% ~31%，而内陆的交互相关则低了很多。这说明对于海上风电场，湿度将是一个重要的问题，同样地，该问题通过采用环境调控的密封机舱解决。

15.3.4 风湍流

如图15.9所示，对3台最高2MW、液压变桨距系统发生故障的风电机组的SCADA数据进行分析，可得故障与风湍流之间有着很强的相关性，该相关性用I_{char}表示，并在日均风速超过图中显示的风速的时候进行测量。这说明此时风湍流能够引起桨距相关故障，不过相关的数据结果比较难以理解。

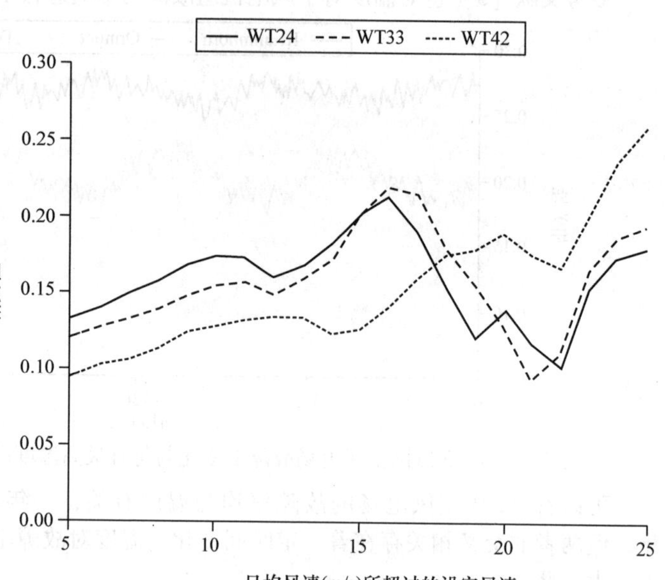

图15.9 当日均风速超过已有级数时，3座风电场风电机组桨距故障与湍流的相关图

另一项分析则面向3座风电场中的6台最高1.6MW、电动变桨距系统发生故障的风电机组的SCADA数据，该分析采用了另外一种湍流测量方法来计算I_{char}。分析结果表明故障与湍流之间的相关性很强，具体如表15.2所示。该分析采用了与风速ku_2、ku_5、ku_8、ku_{10}相关的一种湍流测量方法，并将其与风速相关性进行比较。该分析明确地指出，故障对湍流的敏感性比对风速更高；不同的风电场分析结果有所不同，运行人员指出风电场2所经受的湍流情况更多，更易发生桨距相关的故障。

对于以上风电机组的进一步分析则包含了阵风对于桨距故障的影响，其中风电场2并未表现出特别的敏感性，整体结果则证明了表15.2中的相关性结果。

这3组结果说明风电机组变桨距装置故障对风速、风湍流与阵风的敏感度是可以进行研究的，其影响效果较强，具体如表3.1所示。将以上几者联系起来，需要更多的研究工作。运行人员则应该认识到SCADA系统的测量结果可以揭示这些故障的根本原因。

表15.2 1.6MW风电机组桨距故障与风湍流的交叉相关

变量		WT1	WT2	WT3	WT4	WT5	WT6
		WF1			WF2		WF3
平均风速	u	0.15	0.24	0.23	0.15	0.11	0.18
风速湍流系数	ku_2	0.20	0.41	0.33	0.17	0.17	0.36
	ku_5	0.23	0.41	0.28	0.21	0.28	0.33
	ku_8	0.32	0.35	0.27	0.40	0.34	0.30
	ku_{10}	0.34	0.31	0.28	0.45	0.50	0.24

表 15.3　1.6MW 风电机组桨距故障与阵风的交叉相关

变量	WT1	WT2	WT3	WT4	WT5	WT6
	WF1			WF2		WF3
风速超过 2m/s 的阵风	0.28	0.24	0.23	0.23	0.18	0.19
风速超过 5m/s 的阵风	0.33	0.47	0.37	0.31	0.31	0.34
风速超过 10m/s 的阵风	0.30	0.33	0.33	0.25	0.37	0.71

15.4　工程价值与意义

15.4.1　对风电机组设计的意义

无论是从可用的数据来看，还是从所需的分析方法来看，对天气情况对风电机组可靠性的影响的研究尚处于早期阶段。不过，上文中的工作已经明确地指出，较大的风速、风湍流、阵风、温度变化及湿度均影响着风电机组的可靠性，并通过不同方式影响着不同的子部件。可以得出以下结论：

1）较大风速、风湍流及阵风会降低风电机组叶片、桨距装置以及机械传动系统可靠性；

2）温度与湿度的变化会使子部件可靠性降低，且对电气子部件的影响大于机械子部件；

3）对于海上风电机组，环境调控的密封机舱是非常重要的。

对于结冰[7]以及海况对海上风电机组可靠性的系统性影响，相关信息非常少。

15.4.2　对风电机组运行的意义

以上的结果显示，较大的风速及湍流很有可能影响风电场的可利用率。按照阵列排列在后方的风电机组，其可靠性与排列在最前沿的风电机组相比可能偏低，这是因为风湍流作用的结果。同样的，结冰、海况对于风电场的影响尚未明确。若要进一步提高海上风电的可靠性，结冰及海况的问题应是风电机组、风电场进一步调查研究的重要内容之一。

15.5　参考文献

[1] Wikipedia, *Beaufort scale*. Available from http://en.wikipedia.org/wiki/Beaufort_scale [Accessed January 2012].

[2] Tavner P.J., Edwards C., Brinkman A., Spinato F. 'Influence of wind speed on wind turbine reliability'. *Wind Engineering*. 2006;**30**(1):55–72.

[3] Tavner P.J., Greenwood D.M., Whittle M.W.G., Gindele R., Faulstich S., Hahn B.'Study of weather and location effects on wind turbine failure rates'. *Wind Energy*. (2012); in press. DOI: 10.1002/we.538, Early View.

[4] McIlveen R. *Fundamentals of Weather and Climate*. 2nd edn. London: Chapman & Hall; 1992.

[5] van der Hoeven I. 'Power spectrum of horizontal wind speed in the frequency range from 0.0007 to 900 cycles per hour'. *American Meteorological Society*. 1957;**14**(2):160–4.

[6] IEC 61400-1:2005 Wind turbines – Part 1: Design Requirements. Geneva, Switzerland: International Electrotechnical Commission.

[7] Hochart C., Fortin G., Perron J., Ilinca A. 'Wind turbine performance under icing conditions'. *Wind Energy*. 2007;**11**(4):319–33.

图书在版编目（CIP）数据

海上风电机组可靠性、可利用率及维护/（英）彼得·塔夫纳（Peter Tavner）著；张通等译．—北京：机械工业出版社，2018.3

（新能源开发与利用丛书）

书名原文：Offshore Wind Turbines: Reliability, availability and maintenance

ISBN 978-7-111-59196-2

Ⅰ. ①海… Ⅱ. ①彼… ②张… Ⅲ. ①海上工程 - 风力发电机 - 发电机组 - 研究 Ⅳ. ①TM315

中国版本图书馆 CIP 数据核字（2018）第 033114 号

机械工业出版社（北京市百万庄大街 22 号 邮政编码 100037）

策划编辑：刘星宁 责任编辑：刘星宁

责任校对：刘志文 封面设计：马精明

责任印制：孙 炜

北京中兴印刷有限公司印刷

2018 年 3 月第 1 版第 1 次印刷

169mm×239mm · 14 印张 · 281 千字

标准书号：ISBN 978-7-111-59196-2

定价：79.00 元

凡购本书，如有缺页、倒页、脱页，由本社发行部调换

电话服务	网络服务
服务咨询热线：010 - 88361066	机 工 官 网：www. cmpbook. com
读者购书热线：010 - 68326294	机 工 官 博：weibo. com/cmp1952
010 - 88379203	金 书 网：www. golden - book. com
封面无防伪标均为盗版	教育服务网：www. cmpedu. com